"十三五"普通高等教育卫星通信类规划教材

卫星动中通技术

沈晓卫　贾维敏　张峰干　编著

北京邮电大学出版社
www.buptpress.com

内 容 简 介

本书系统地介绍了卫星动中通技术。根据近几年卫星动中通的发展现状,作者结合课题组长期积累的研究成果,全面对卫星动中通的相关概念和关键技术进行了介绍,具有较高的应用价值。本书主要内容包括卫星通信、动中通天线系统、测控系统、稳定隔离技术、闭环跟踪技术等。

本书可作为高等院校和科研院所相关专业的本科生教材或参考书,也可作为从事卫星动中通的工程技术人员和科技工作者的技术和业务参考用书。

图书在版编目(CIP)数据

卫星动中通技术 / 沈晓卫,贾维敏,张峰干编著 . -- 北京 : 北京邮电大学出版社,2020.4
ISBN 978-7-5635-6002-8

Ⅰ. ①卫… Ⅱ. ①沈… ②贾… ③张… Ⅲ. ①卫星移动通信—通信技术—研究 Ⅳ. ①TN927

中国版本图书馆 CIP 数据核字 (2020) 第 031630 号

策划编辑:张向杰　　　　　责任编辑:满志文　　　　　封面设计:七星博纳

出版发行:北京邮电大学出版社
社　　址:北京市海淀区西土城路 10 号
邮政编码:100876
发 行 部:电话:010-62282185　传真:010-62283578
E-mail:publish@bupt.edu.cn
经　　销:各地新华书店
印　　刷:保定市中画美凯印刷有限公司
开　　本:787 mm×1 092 mm　1/16
印　　张:14.5
字　　数:356 千字
版　　次:2020 年 4 月第 1 版
印　　次:2020 年 4 月第 1 次印刷

ISBN 978-7-5635-6002-8　　　　　　　　　　　　　　　定　价:39.80 元

前　　言

卫星通信相当于将卫星中继站搬到地球外,具有覆盖范围广、通信距离远、线路稳定可靠等优点,使得任何人在任何时间、任何地点与任何人进行通信成为可能。近年来,受运动中远程、宽带多媒体应急通信需求的驱动,一种新的卫星通信技术——动中通卫星通信应运而生,并得到快速发展。动中通卫星通信的实质是基于固定卫星服务资源而实现的宽带移动卫星通信,可集成于飞机、轮船、汽车等移动载体上,能在快速运动中实时传递语音、数据和视频等多媒体信息。动中通具有机动灵活、通信能力强、可靠性高等特点,在军用和民用两方面都具有广阔的应用前景。

2000 年以来,国内外出现了众多研制动中通的单位,但国内外系统介绍动中通的书籍并没有。作者结合课题组多年来从事卫星动中通系统的教学科研基础,对动中通系统的相关技术及应用进行了梳理总结,重点阐述了动中通系统更为关注的测控系统、稳定隔离技术、闭环跟踪、测试方法等内容。

全书共由 9 章组成,第 1 章从系统的角度阐述了卫星动中通系统的基本概念、特点、分类,以及动中通系统的发展状况;第 2 章重点介绍了卫星通信和卫星地球站相关基础概念;第 3 章涉及动中通系统的组成和工作原理;第 4、5、6 章分别介绍了动中通系统中的天馈分系统、通信分系统和测控分系统;第 7 章和第 8 章重点介绍了动中通的稳定隔离技术和闭环跟踪技术;第 9 章讨论了动中通系统的测试方法,包括天线性能测试、天浅罩测试、测控性能测试和车载综合运行测试。

全书由沈晓卫、贾维敏和张峰干统稿,姚敏立教授负责审稿。在编写过程中,作者参考了多年的科研成果和课题组部分博硕士论文,同时还引用了诸多文献资料,在此谨向原作者表示衷心感谢。

由于动中通系统涉及技术多、知识面宽,加上时间仓促和作者水平有限,本书在编写过程中难免存在一定的纰漏与不足之处,恳请各位专家、同仁及读者批评指正。

作　者
2019 年 7 月于西安

目　　录

第1章　卫星动中通简介 ……………………………………………………… 1

1.1　卫星动中通相关概念 ……………………………………………… 1

1.1.1　卫星动中通基本概念 ………………………………………… 1

1.1.2　卫星动中通主要工作频段 …………………………………… 3

1.1.3　卫星动中通工作特点 ………………………………………… 3

1.1.4　卫星动中通技术要求 ………………………………………… 4

1.1.5　卫星动中通分类 ……………………………………………… 4

1.1.6　卫星动中通使用规定 ………………………………………… 6

1.2　动中通的发展与现状 ……………………………………………… 10

1.2.1　国外动中通的发展及现状 …………………………………… 10

1.2.2　国内动中通的发展及现状 …………………………………… 15

1.2.3　卫星动中通发展趋势 ………………………………………… 19

1.3　动中通典型应用 …………………………………………………… 22

第2章　卫星通信基础 ………………………………………………………… 24

2.1　卫星通信的基本概念 ……………………………………………… 24

2.1.1　卫星通信的定义 ……………………………………………… 24

2.1.2　卫星通信系统的分类 ………………………………………… 25

2.1.3　卫星通信的优缺点 …………………………………………… 27

2.1.4　卫星通信法规 ………………………………………………… 27

2.2　卫星通信系统组成及工作过程 …………………………………… 29

2.2.1　卫星通信系统的组成 ………………………………………… 29

2.2.2　卫星通信系统的工作过程 …………………………………… 34

2.2.3　卫星通信的多址方式 ………………………………………… 34

2.3　卫星地球站 ………………………………………………………… 38

2.3.1　卫星地球站分类 ……………………………………………… 38

2.3.2　卫星地球站功能组成 ………………………………………… 39

2.3.3　卫星地球站对星指向角 ……………………………………… 40

2.4　卫星链路预算 ……………………………………………………… 42

2.4.1　卫星链路参数 ………………………………………………… 42

2.4.2　链路性能参数 ………………………………………………… 43

2.4.3　链路设计 ·· 44

第3章　动中通系统组成及原理 ·························· 48

3.1　动中通的工作原理 ·································· 48
3.1.1　工作原理 ·· 48
3.1.2　总体技术 ·· 49
3.2　动中通的基本组成 ·································· 50
3.2.1　功能维组成 ···································· 50
3.2.2　空间维组成 ···································· 51
3.3　动中通的工作流程 ·································· 52

第4章　天馈分系统 ···································· 54

4.1　天线技术 ·· 54
4.1.1　天线功能 ·· 54
4.1.2　动中通天线分类 ······························ 54
4.2　天线的电参数 ······································ 57
4.3　动中通天线发展现状 ······························ 64
4.4　动中通反射面天线 ·································· 71
4.4.1　典型的动中通反射面天线 ·················· 71
4.4.2　反射面天线分类 ······························ 73
4.4.3　馈源 ·· 76
4.4.4　正交模耦合器 ·································· 78
4.5　动中通低轮廓天线 ·································· 78
4.5.1　典型的动中通低轮廓天线 ·················· 78
4.5.2　平板天线 ·· 88
4.6　天线极化技术 ······································ 91
4.6.1　极化匹配原理 ·································· 91
4.6.2　动中通变极化方式 ··························· 92
4.6.3　电子变极化原理 ······························ 92
4.6.4　电子电动变极化器 ··························· 94

第5章　通信分系统 ···································· 96

5.1　基本组成 ·· 96
5.2　调制解调与编码技术 ······························ 97
5.2.1　调制解调技术 ·································· 97
5.2.2　信道编码技术 ·································· 102
5.2.3　调制解调器 ···································· 105
5.3　变频器 ·· 107
5.3.1　上变频器 ·· 107

5.3.2 下变频器 ……………………………………………………………… 109

5.4 功率放大器 ……………………………………………………………… 113

第 6 章 测控分系统 ……………………………………………………… 116

6.1 测控系统原理 …………………………………………………………… 116

6.1.1 控制方法分类 …………………………………………………… 116

6.1.2 动中通主要测控方式 …………………………………………… 119

6.1.3 测控系统基本组成 ……………………………………………… 120

6.1.4 测控流程 ………………………………………………………… 121

6.2 测量单元 ………………………………………………………………… 122

6.2.1 GPS 模块 ………………………………………………………… 123

6.2.2 倾斜仪 …………………………………………………………… 124

6.2.3 微机械陀螺 ……………………………………………………… 125

6.2.4 加速度计 ………………………………………………………… 127

6.2.5 微惯性测量单元 ………………………………………………… 127

6.2.6 微机械航姿参考系统 …………………………………………… 128

6.2.7 微惯性导航系统 ………………………………………………… 130

6.3 天线控制器 ……………………………………………………………… 131

6.3.1 主要任务 ………………………………………………………… 132

6.3.2 基本组成 ………………………………………………………… 133

6.3.3 工作流程 ………………………………………………………… 135

6.4 伺服系统 ………………………………………………………………… 137

6.4.1 伺服系统基本组成及分类 ……………………………………… 137

6.4.2 伺服控制器 ……………………………………………………… 140

6.4.3 位置检测元件 …………………………………………………… 142

6.5 电动机伺服系统 ………………………………………………………… 148

6.5.1 步进电动机 ……………………………………………………… 148

6.5.2 直流伺服电动机 ………………………………………………… 151

6.5.3 控制策略 ………………………………………………………… 156

第 7 章 稳定隔离技术 …………………………………………………… 159

7.1 坐标系定义 ……………………………………………………………… 159

7.2 姿态表示方法 …………………………………………………………… 161

7.2.1 欧拉角 …………………………………………………………… 161

7.2.2 四元数 …………………………………………………………… 162

7.2.3 旋转矩阵 ………………………………………………………… 162

7.3 典型指向稳定系统 ……………………………………………………… 163

7.3.1 稳定原理和数学模型 …………………………………………… 163

7.3.2 两轴天线指向稳定的原理性缺陷 ……………………………… 165

7.4　三轴天线波束稳定隔离方程推导 ························· 166

　　7.4.1　波束对准量干扰分析 ························· 166

　　7.4.2　隔离载体扰动补偿方程 ························· 166

第8章　闭环跟踪技术·································· 169

8.1　卫星信号检测 ·································· 169

　　8.1.1　信标信号检测方法 ························· 169

　　8.1.2　数字调谐器检测法 ························· 173

　　8.1.3　调制解调器检测法 ························· 174

8.2　跟踪方法 ··································· 178

　　8.2.1　步进跟踪 ····························· 178

　　8.2.2　基于梯度法的改进步进跟踪 ···················· 180

　　8.2.3　圆锥扫描跟踪 ·························· 183

　　8.2.4　单脉冲跟踪 ··························· 185

　　8.2.5　伪单脉冲跟踪 ·························· 188

8.3　初始对星方法 ································· 192

　　8.3.1　静态初始捕获 ·························· 192

　　8.3.2　动态初始捕获 ·························· 194

8.4　阴影检测方法 ································· 194

　　8.4.1　阴影检测 ···························· 195

　　8.4.2　阴影控制 ···························· 200

第9章　卫星动中通性能测试··························· 202

9.1　天线性能测试 ································· 202

　　9.1.1　天线增益测试 ·························· 202

　　9.1.2　天线 G/T 值测试 ························ 204

　　9.1.3　交叉极化隔离度测试 ······················ 206

　　9.1.4　旁瓣特性测试 ·························· 207

　　9.1.5　电压驻波比测试 ························· 209

　　9.1.6　收发隔离度测试 ························· 210

9.2　天线罩测试 ·································· 210

9.3　测控性能测试 ································· 211

　　9.3.1　天线跟踪精度 ·························· 211

　　9.3.2　天线失锁率 ··························· 212

　　9.3.3　天线开通时间 ·························· 212

　　9.3.4　再捕获时间 ··························· 213

9.4　车载综合运行测试 ······························ 214

　　9.4.1　静态启动测试 ·························· 214

　　9.4.2　静态切星测试 ·························· 214

9.4.3　动态启动测试 ………………………………………………… 215

9.4.4　动态切星测试 ………………………………………………… 215

9.4.5　动态直线测试 ………………………………………………… 216

9.4.6　动态转圈测试 ………………………………………………… 216

9.4.7　动态 S 弯测试 ………………………………………………… 217

9.4.8　动态颠簸测试 ………………………………………………… 217

9.4.9　动态遮挡测试 ………………………………………………… 218

9.4.10　动态跟踪精度测试 …………………………………………… 218

9.4.11　动态失锁率测试 ……………………………………………… 219

参考文献 ……………………………………………………………… 220

第1章 卫星动中通简介

1.1 卫星动中通相关概念

1.1.1 卫星动中通基本概念

长期以来,人类有一个美好的梦想:任何人在任何时间、任何地点与任何方式的通信。随着第三、四代移动通信的发展,这个梦想成为现实。但是,上述通信方式往往受边远山区、海上、空中和灾区等地域的制约。卫星通信相当于将中继站搬到地球外,具有覆盖范围广、通信距离远、线路稳定可靠等优点,使得任何人在任何时间、任何地点与任何人进行通信成为可能。

在卫星通信发展的过程中,静止卫星通信系统开发最早,技术最成熟。如国际海事卫星组织(INMARST)的第一、二、三代卫星通信都采用静止轨道卫星,北美卫星移动通信系统——MSAT 以及正在建设的亚洲蜂窝系统——ACeS 也都采用同步轨道卫星。移动卫星通信是指利用卫星转发器构成的通信链路,在移动体之间或移动体与固定体之间建立的通信。目前的移动卫星通信系统有海事卫星移动通信系统(Marine Mobile Satellite System,MMSS)、航空卫星移动通信系统(Aeronautic Mobile Satellite System,AMSS)和陆地卫星移动通信系统(Land Mobile Satellite System,LMSS),如图 1-1 所示,移动卫星通信系统是第三代移动通信系统的重要组成部分。

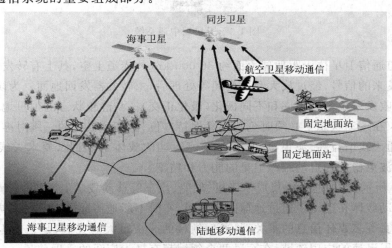

图 1-1　卫星移动通信系统

根据国际电信联盟(International Telecom Union，ITU)的规定，用于卫星移动通信业务的频段有 VHF、UHF、L、S，其中 VHF、UHF 只能用于非静止轨道卫星系统，只有 L、S 频段可用于静止轨道的卫星移动通信系统。而 L、S 波段的可用带宽只有几十兆赫兹，只能实现话音和低速的数据通信，远远不能满足实际需求，卫星通信技术必须向更高频段延伸。卫星通信的无线电频带资源如图 1-2 所示。

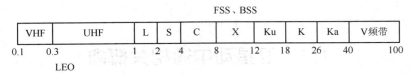

图 1-2　卫星通信的无线电频带资源

近年来，受运动中远程、宽带多媒体应急通信需求的驱动，一种新的卫星通信技术——卫星动中通(Satcom On-the-Move，SOTM)应运而生，并得到快速发展。卫星动中通是"运动中的卫星地面站通信系统"的简称，如图 1-3 所示，属于一种特殊的地球站，是基于固定卫星服务(Fixed Satellite Service，FSS)资源而实现的宽带移动卫星通信。ITU 分配给固定卫星业务和广播卫星业务(Broadcast Satellite Service，BSS)的 C、Ku、Ka 波段的可用频谱带宽很大，C 波段可用单向带宽为 500～800 MHz，Ku 频段可用单向带宽 500～1 000 MHz，而 Ka 频段的可用单向带宽达 3 500 MHz，对于动中通要求的通信速率是完全能够满足的。

图 1-3　卫星动中通系统

同步轨道通信卫星位于距地球表面约 36 000 km 的赤道上空，其上有转发器和天线，它接收地面站发来的信号，经过放大和下变频等处理后，由转发器发回地面。为防止收发之间的相互影响，收发采用不同频率和不同极化(极化正交)。与静止状态的卫星地面站一样，动中通天线波束在运动状态下必须时刻与卫星保持方位、俯仰和极化的三维对准，才能正常工作。但动中通天线增益高、波束窄，且置于不停运动的载体上，因此，要求天线在运动过程中，必须具有波束稳定和自动跟踪卫星的能力和精度。

如图 1-4 所示，动中通系统集成于飞机、轮船、汽车等移动载体上，很好地解决了各种车辆、轮船等移动载体在运动中通过地球同步卫星，实时不断地传递语音、数据、高清晰的动态视频图像、传真等多媒体信息的难关，是通信领域的一次重大的突破，是当前卫星通信领域需求旺盛、发展迅速的应用领域，在军民两个领域都有极为广泛的发展前景。

图 1-4　动中通卫星通信

1.1.2　卫星动中通主要工作频段

动中通工作频段的选择是一个十分重要的问题,它将影响系统的传输容量、动中通的发射功率、天线尺寸和设备的复杂程度。当前,卫星通信频段主要包括 C、Ku 和 Ka 波段,不同的频段有不同的特点。一般来说,频段越低,电波进入雨层中引起的衰减越小,绕射能力越强,对终端天线的方向性要求也低,它较适合用于移动通信环境,但缺点是带宽较小。而频段越高,情况正好相反。人们早期使用的 L、S 频段就处于低端,传递话音、文字等低速率信息不成问题,但很难满足当今社会多媒体视频等宽带内容的传输需求。而 C、Ku 频段相对较高,它们传输容量较大,是目前卫星通信领域的主流频段。但因波束宽度较窄,对星愈加困难,需要更复杂、灵敏度更高的对星算法,成本也相应增加。

C 波段由于大多数卫星通信系统都在使用,目前已显得十分拥挤,并且与地面微波终端通信系统相互干扰的矛盾也十分突出,况且 C 波段天线接收尺寸很大,不适合用作移动通信。动中通系统在为我国车载、机载、可搬移式或便携式移动平台地球站所用时,必然要求天线口径较小。Ku 波段频率高,天线增益大,天线尺寸可做得小,非常适用于卫星移动通信,况且较小口径天线移动站更容易通过桥洞和隧道,更具机动灵活性。近年来,随着卫星宽带多媒体业务需求的快速增长,相对空闲的 Ka 波段(20~40 GHz)成为全球各地的首选频段。Ka 波段具有可用带宽宽(第三区上行、下行带宽均为 3 500 MHz)、传输容量大、干扰少、设备体积小等特点,特别适用于高速卫星通信。国内外对 Ka 频段动中通系统的需求日益增多,因此欧美等卫星强国已相继将动中通频率的合法使用范围扩展到了 Ka 频段。随着 2018 年中星 16 号的在轨运行,我国正式步入使用国产 Ka 频段宽带卫星进行多媒体通信的崭新时代。工业和信息化部无线电管理局也相应制定我国《对地静止轨道卫星固定业务 Ka 频段设置使用动中通地球站相关规定》。目前,国内外已经出现了多款 Ka 频段的动中通产品。

1.1.3　卫星动中通工作特点

动中通优点主要表现在以下几个方面。

1．机动性能强

动中通的终端有车载、船载、航空终端等多种形式，因而具有极强的机动能力，这一特点使得动中通在军民领域得到广泛应用。

2．使用方便

由于动中通系统的通信终端之间是靠卫星链路联接的，因此，动中通的通信距离远，覆盖面积大，而且其终端设备不因通信距离的远近和地理环境的变化而变化，这使得动中通系统的使用十分方便。

3．可靠性高

动中通的信号主要在宇宙空间中传播，其信道特性基本稳定，只要终端与卫星间的信号传输满足技术要求，通信质量就有保证，其受地理条件的影响很小。因此，动中通相对于其他通信手段具有明显的优势。

4．功能强大

动中通系统绝大多数工作于微波波段，可供使用的频带很宽（100～500 MHz），加上卫星能源（太阳能电池）充足和卫星转发器的功率足够高，因而动中通系统传输的业务种类越来越多样化，不仅可以传输语音和数据，还可以传输图像等信息。

在动中通体制下，位于卫星天线波束辐射区域内的任何终端之间都可以同时进行通信，因此，系统能以广播的方式工作，且便于实现多址联接，这就为组网提供了极高的效率和巨大的灵活性。

然而，受目前技术的限制，动中通仍存在一些不足，主要是在转播环境比较复杂（建筑物、桥梁、山区等）的情况下，会出现信号中断的现象。

1.1.4　卫星动中通技术要求

动中通设备特点：①安装于载体上；②在运动中使用；③利用 FSS 频段资源。根据以上三个特点，当前动中通系统在应用层面应满足以下要求：

（1）高度低，满足过涵洞的要求、通过性好；

（2）造价低，便于推广；

（3）嵌入式，使用方便，对载体改动小，不干扰载体上的其他设备；

（4）功耗低，对载体电源要求小；

（5）重量轻，对载体结实程度要求低，不需要加固改装车体，保证载体完整性；

（6）无人值守，完善的监控，人机分离，操作"傻瓜"化，方便用户使用；

（7）符合法规，动中通本质上也是一种特殊的卫星地球站，必须满足卫星通信对地球站的各项要求，但是动中通天线一般较小，很难满足卫星通信组织指定的对地球站的各项要求。

1.1.5　卫星动中通分类

1．按照安装载体分

动中通按照载体区分，可以分为车载动中通（VMES）、船载动中通（ESV）和机载动中通（AES）三类，如图 1-5 所示。不同的动中通工作环境不同，其中车载动中通工作时载体运动比较复杂、容易受到阴影的影响，对测控要求最高，可应用于汽车、高速列车等；船载动中通姿态变化较慢,几乎不受阴影的影响,且对天线控制较低,可应用于远洋船、内河船及近海船等;机载动中通姿态变化较大,但不需要考虑阴影的影响,可应用于无人机、有人机、直升机等。因此,不同的安装载体往往采用不同的动中通测控方法。

图 1-5　不同的动中通载体

2. 按照天线类型分

天线是反映动中通技术水平高低的主要组成部分,从不同的角度可以有不同的分类。

（1）根据天线结构形式,可以划分反射面天线、透镜天线、阵列天线,如图 1-6 所示。

(a) 反射面天线　　　　　　(b) 透镜天线　　　　　　(c) 阵列天线

图 1-6　不同的天线结构

　　根据天线高度可以分为高轮廓动中通、中轮廓动中通和低轮廓动中通,如图 1-7 所示。早期动中通普遍采用抛物反射面天线,此类天线已经是发展得比较成熟的产品。它的优点是易于实现高增益、低旁瓣和低交叉极化性能,缺点是天线大都具有圆对称的口径,直径约 1 m(0.8~1.2 m)、轮廓高、安装不便,在大型车辆上使用时,常常要对车辆进行改造,较难适应在小型车辆上的应用。为实现动中通天线的通用化应用,小型化、低剖面的天线系统设计成为目前动中通天线的主要发展方向。同时,近几年现代微电子技术、机械加工技术的快速发展,也为传统抛物反射面天线动中通系统向低成本、低剖面、高性能方向发展提供了有力的支持。中轮廓动中通主要以椭圆口径的反射面天线和透镜天线为主,产品以椭圆波束反射面天线和半球透镜天线呈现。它的优点是实现大口径高增益,可以在较低的尺寸下实现较好的电气性能,缺点是俯仰面的旁瓣性能下降。低轮廓动中通主要有透镜天线、反射面天线、阵列天线三种形式。它的优点是具有轮廓低、机动性好、体积小、易于安装、重量轻等特点,并且低轮廓动中通的风阻小,适宜高速运动形式的载体平台应用,缺点是不容易实现大口径高增益,且馈电复杂。

图 1-7　不同高度的动中通系统

3. 按使用频段分类

可分为 C 频段、Ku 频段和 Ka 频段。其中 C 频段雨耗小,可以适用于降雨较多的地区,但天线尺寸较大,适合于对天线体积要求不高的静中通。Ku 频段、Ka 频段与 C 频段相反,适合于对天线体积要求较为严格的载体。当前,多频段成为发展趋势,Ku/Ka 双频段单馈源方法,如图 1-8 所示,可以实现 Ku 与 Ka 铰链工作。

图 1-8　Ku/Ka 双频段动中通

4. 按照测控方法分

动中通通信时需要测控系统控制天线始终对准卫星。根据测控方法可以分为高精度测控系统和低成本测控系统两种动中通。早期动中通一般为高精度测控系统,采用高精度陀螺、航姿系统等惯性器件,给天线波束提供一个基准,通过捷联算法稳定天线。这种动中通测量误差小、精度高、算法更新周期短,能够适应高动态的应用环境。由于采用开环控制,无须利用卫星信号进行跟踪,使得这种测控体制能够适应恶劣的环境,在军事领域受到广泛的关注,但这种方式成本较高。低成本测控系统一般采用微惯性传感器,通过开环稳定,将天线波束稳定在一定的空间坐标系,实现对卫星的粗指向,在此基础上通过闭环跟踪实现波束的精确对准。这种方式可以有效降低系统成本,当前动中通系统大多属于这种工作模式。

5. 按照业务用途分

可分为商用和专用两种。商用主要是供民用汽车、船舶、飞机上,利用载体上的卫星通信天线及其他相关设备提供因特网接入、传输数据、进行通话等服务。专用主要是提供政府、军队和电信部门用于突发事件抢险救灾等应急通信及指挥作战时军事通信服务。

1.1.6　卫星动中通使用规定

关于动中通的使用在国际上有严格的技术规范和操作管理办法。概括起来,对于动中通的相关标准和管理规定主要从如下四个方面开展：一是明确动中通可以应用的频段范围；二是规范设备的技术性能指标；三是规范动中通设备的使用条件和操作规范；四是明确管制机构、卫星操作者、系统运营商以及动中通用户的具体职责和义务。

1. ITU 框架下可以用于动中通的频段

根据 ITU《无线电规则》频率划分表，通过相关的脚注、建议书、决议等进行梳理可以得出，目前在 ITU 规则框架下，在有 FSS 划分的频段内开展 MSS 应用的频段具体包括以下几点。

（1）5 925～6 425 MHz 和 14～14.5 GHz 频段

可以用于船载地球站（ESV）与 FSS 卫星通信系统开展通信，具体按照第 902 号决议操作，属于动中通应用。

（2）14～14.5 GHz 频段

可以用于机载地球站（AES）通信，但其应用的业务类型是卫星航空移动业务（AMSS），而不是 FSS，因此该应用不属于动中通。

（3）2 区的 19.7～20.2 GHz 和 29.5～30 GHz 频段以及 1 区和 3 区的 20.1～20.2 GHz 和 29.9～30 GHz 频段

在这些频段中，同时有 FSS 和 MSS 划分，且有移动地球站的应用，但其应用的业务类型应该是 MSS，而不是 FSS，因此也不属于真正意义上的动中通。

综上所述，目前在 ITU 有规则地位的动中通应用只有 C 和 Ku 频段的 ESV 通信。但欧美等区域国家的 ESOMPs 应用则涵盖了上述频段内的所有移动平台地球站通信系统。

我国工业和信息化部在 2013 年 1 月 21 日发布了《卫星固定业务通信网内设置使用移动平台地球站管理暂行办法》（工信部[2013]29 号），对 C 和 Ku 频段动中通在技术和操作等方面进行了相关规定，同时对某些场景下具体可用的频段也进行了限制，比如 VMES 和在内陆水域以及距海岸线 125 公里范围内设置使用的 ESV 仅允许使用 Ku 频段低端 14.0～14.25 GHz 发射信号；在距海岸线 125～300 公里内设置使用的 ESV 不得使用 C 频段发射信号。

近年来随着 Ka 频段对地静止轨道（Geostationary Satellite Orbit, GSO）高通量卫星（HTS）的不断发射，国内外对 Ka 频段动中通系统的需求日益增多，因此欧美等卫星强国已相继将动中通频率的合法使用范围扩展到了 Ka 频段。国外 Ka 频段动中通地球站允许使用频率如表 1-1 所示。

表 1-1 国外 Ka 频段动中通地球站允许使用频率

国家或组织	频率范围/GHz
美国	上行链路：28.35～28.6、29.35～30
	下行链路：18.3～18.8、19.7～20.2
欧洲	上行链路：27.5～30
	下行链路：17.3～20.2
英国	上行链路（本土）：27.5～27.8185、28.4545～28.8265、29.4625～30
	本土之外：27.5～30
	下行链路：17.3～20.2
国际电联	上行链路：27.5～30
	下行链路：17.7～20.2

2. 在技术、操作和管理等层面对于动中通地球站的几条关键要求

（1）偏轴 EIRP 密度值要求

动中通的操作须遵守相应的偏轴 EIRP 密度值要求，该要求一般来源于建议书 ITU-RS.524-9：卫星固定业务中以 6 GHz、13 GHz、14 GHz 及 30 GHz 频带发射的对地静止卫星轨道网络中的地球站轴外等效全向辐射功率密度的最大允许电平。

目前欧美等国家对 Ka 频段动中通地球站偏轴 EIRP 密度的限值，都是基于 ITU-RS.524-9 建议书。若偏轴 EIRP 密度不满足上述对应值或偏轴角小于 2°时，应遵守 GSO FSS 卫星网络运营商间的双边协议中商定的值，且在与其他 GSO 卫星网络协调时，卫星运营商应考虑使用多点频率复用技术的动中通地球站潜在集总干扰的影响。经过比较，美国的 EIRP 密度限值规定得更精细，且比欧洲和 ITU 的限值严格了约 0.5 dB，当偏轴角大于 19.1°后限值放松较多；而共极化信号时欧洲和 ITU 的 EIRP 密度限值相同，在偏轴角大于 48°后限值才放松较多，但 ITU 并未限制交叉极化信号的 EIRP 密度。

（2）跟踪精度和指向精度的要求

动中通系统的运营和管理部门必须具备相应的跟踪技术，确保动中通地球站可以时时跟踪目标卫星，在察觉卫星指向误差大于或即将会大于设定误差值（比如 0.2°）时，必须立即降低发射功率或停止发射（比如要求在 100 ms 内必须关闭发射）。

（3）网络控制功能

动中通地球站应受网络监视和控制设备或等效设备的监视和控制，必须至少能接收来自监控设备的"发射"和"停止发射"命令。在接收到任何"参数改变"命令时，动中通地球站必须立即自动停止发射，因其改变期间可能引起有害干扰，直至收到来自监控设备的"发射"命令后才可发射。此外，监控设备应能监视动中通地球站的运行以确定其是否发生故障。

（4）自我监测能力

动中通地球站必须能够进行自我监测，并判断发射功率是否超标、跟踪误差是否超出设定范围、设备是否发生故障等，如果有上述之一情况发生，动中通地球站须具备调整设备状态和关闭发射的能力。

（5）数据记录要求

动中通地球站的运营单位需要按规定时间和频次记录动中通地球站终端的位置和高度、发射频率、信道带宽及使用的卫星网络数据等（比如可以规定 ESV 每 20 分钟、VMES 每 6 分钟、AES 每 1 分钟记录 1 次数据）。

（6）对主管部门的要求

首先主管部门要有能力确保不同频段、不同平台类型的动中通地球站仅在可运行区域内操作；其次主管部门须掌握动中通地球站应用单位的联系人信息，以保证可以随时追踪任何动中通地球站造成的可疑有害干扰。

3. 船载地球站（ESV）相关规定

在很长一段时期，船舶的卫星通信主要依赖于 1.5/1.6 GHz 卫星通信系统。但在 20 世纪末期，操作者开始在船上安装 4/6 GHz 和 11/12/14 GHz 频段的卫星通信终端，这些终端都是基于传统的 VSAT 网络运行，但是应用了高稳定度的平台以保持在运动状态下台站天线对 GSO 空间电台的必要跟踪和指向精度。在 ITU 层面，这些终端被称为船载地球站（ESV）。对于需要高通信带宽、实时在线的海上用户而言，ESV 往往成为唯一的解决方案，这类应用包括:科研船所需的大数据传输,摆渡船或旅游船上的用户电话和上网业务等等。4/6 GHz 频段的 FSS 卫星通信系统由于可以提供全球波束覆盖,因此远洋船只常常采用该频段网络开展通信业务。对于只在有限区域内(比如在北海或地中海内部)操作的其他用户而言,可以使用 11/14 GHz 频段 FSS 卫星网络典型的区域波束进行通信。

(1) 相关建议书

为了确保 ESV 的有效正常操作,ITU 制定了一系列的建议书,对 ESV 可以操作的具体频段、ESV 需要满足的技术特性、ESV 的具体操作程序,以及 ESV 与地面固定业务(FS)台站之间的干扰计算及协调等问题进行了详细的规定,提供了具体的建议。概括为以下几点。

① Ku 频段天线系统基本特性。

• 通常使用一次馈电的偏置类天线以及轴对称抛物面天线;

• 水平方向的天线增益 0 ~10 dBi;

• G/T 值最小为 17 dB/K;

• 天线的操作特性满足 ITU-R S.524、ITU-RS.580、ITU-RS.731 和 ITU-RS.732 建议书;指向精度应该优于 ±0.2°(峰值);

• 天线尺寸一般是 0.6~1.5 m。

② 终止发射能力。

为了充分地保护,避免与地面业务中的站产生无意的干扰,ESV 的技术设计必须包括在满足特定条件时能够限制或终止操作的自动功能。

③ 终止发射的时机。

• 当天线子系统失去对卫星的锁定和/或保持跟踪精度的能力时(比如,在大浪过程中,当指向精度失去时);

• 当水平方向的 EIRP. 超过建议的值时;

• 当 ESV 是在某些事先确定的禁止使用 ESV 的地理边界内时。

(2) 相关决议

ITU 无线电规则脚注 5.457A 说明 5 925~6 425 MHz 和 14~14.5 GHz 频段的 ESV 可与 FSS 的空间电台通信,这种使用应符合第 902 号决议(WRC-03);脚注 5.506B 说明与 FSS 空间电台通信的 ESV 可以在 14~14.5 GHz 频段内运行,而不需事先得到塞浦路斯、希腊和马耳他的同意,但该应用须在第 902 号决议规定的距这些国家的最小距离范围内。

上述脚注 5.457A 和脚注 5.506B 中提到的 902 号决议,主要内容就是对在 5 925~6 425 MHz 和 14~14.5 GHz 上行频段 FSS 网络中运行的 ESV,从规则、操作和技术三个方面进行了规定。其中技术参数方面的限制概述如下所述。

① 当最小距离之内的操作满足与关注的主管部门达成特定的协议时,颁发执照的主管部门可以允许部署 14 GHz 频段尺寸小到 0.6 m 的小口径天线,假设其对地面业务的干扰不大于天线口径为 1.2 m 时所产生的干扰,同时考虑 ITU-R SF.1650 建议书。在任何情况下,小口径天线的使用应遵守 ESV 天线的跟踪精度、水平方向的最大 ESV EIRP 谱密度、水平方向的最大 ESV EIRP 和最大偏轴 EIRP 密度的限值以及 FSS 系统间协调协议的保护要求。

② 在任何情况下,偏轴 EIRP 限值应遵守 FSS 系统间协调协议。

对于在 14.0～14.5 频段运行的船载地球站,在下面指定的偏离地球站天线主瓣轴线的任何角度,在 GSO 3°之内的任何方向上的最大 EIRP 不应超出下面的值:

偏轴角	每 4 kHz 带宽最大 EIRP
2.5°≤φ≤7°	(32～25logφ) dB(W/4 kHz)
7°≤φ≤9.2°	11 dB(W/4 kHz)
9.2°≤φ≤48°	(35－25logφ) dB(W/4 kHz)
48°≤φ≤180°	－7 dB(W/4 kHz)

4. 机载地球站(AES)相关规定

在 ITU 无线电规则频率划分表中,涉及机载地球站的脚注有 3 个:5.504A、5.504B 和 5.504C。梳理这些脚注的内容可以看出,14～14.5 GHz 频段范围 AES 的使用是基于频率划分表中的 MSS(次要)划分,而非基于 FSS 划分。因此,可以认为该频段的 AES 应用属于卫星航空移动而非动中通的应用范畴。但由于该频段内同时有 FSS 划分,有些国家或区域便基于以国家法规或标准等形式同意 AES 在该频段的动中通应用形式。

上述脚注中都提及了 ITU-R M.1643 建议书(WRC-03),该建议书的主要内容就是对 14～14.5 GHz(地对空)频段范围,在 AMSS 网络内运行的 AES 进行了技术和操作方面的限制。建议书分别给出了与 FSS 卫星网络、FS、射电天文业务(RAS)和空间研究业务(SRS)共用的相关要求。其中与 FSS 网络保护有关的基本要求概述如下所述。

(1) AMSS 网络内所有同频 AES 产生的集总偏轴 EIRP 电平不得大于 FSS 网络的干扰保护要求。

(2) AES 在察觉卫星跟踪误差大于或即将会大于设定误差值时,必须立即抑制发射。

(3) AES 应受网络监视和控制设备(NCMC)或等效的设备的监视和控制,必须至少能接收来自 NCMC 的"发射"和"停止发射"命令。在接收到任何"参数改变"命令时,AES 必须立即自动停止发射,因其改变期间可能引起有害干扰,直至收到来自 NCMC 的"发射"命令后,才可发射。此外,NCMC 应能监视 AES 的运行以确定其是否发生故障。

(4) AES 也需要自行监视,并且在检测到能导致对 FSS 网络造成有害干扰的故障时,AES 必须自动关闭其发射。

1.2 动中通的发展与现状

1.2.1 国外动中通的发展及现状

动中通的发展起源于卫星通信,20 世纪 80 年代,国际海事卫星组织为了给航行在海洋上的船舶提供可靠的跨洋通信,研发了海事卫星通信系统,着重解决空间载体在运动中的窄带、低速传输问题。海事卫星通信系统是动中通开始研究和投入使用的开端,它是基于 MSS 频段的窄带通信系统,相对固定卫星通信服务频段而言,其通信业务简单通信速率低、天线增益低、波束宽,因此控制精度要求低,控制系统相对简单。

受频段资源匮乏的限制,海事卫星通信的价格昂贵,且由于天线尺寸较大难以推广应用于飞机、车辆等空间较小的移动载体,它的应用范围受到了很大限制。此后,许多国家开始研究小型的相控阵平板天线,拓宽动中通的应用领域。图 1-9 和图 1-10 分别是日本的 NHK 公司和韩国 ETRI 公司研发的移动卫星电视接收系统。两系统均基于 Ku 波段实现通信,通过多板天线合成技术满足动中通通信增益需求,由于波束较窄,需要测控系统通过电子扫描和高精度陀螺自稳定的方法隔离移动卫星地球站载体运动对通信的影响,实时调整天线波束指向,使其对准目标卫星进而实现通信。但由于天线之间间距是固定不变的,在工作时存在两个问题:一是天线的俯仰变化范围有限,当俯仰角变化较大时,子阵间存在遮挡或空隙,天线的性能会恶化,需要对天线进行优化才能满足通信要求。这种固定间距多子阵天线只适用于日本、韩国等国土面积较小的国家,不适用于中国这样国土面积较大的国家;二是多天线本身的离散口径,使得其瞬时信号带宽较小。

图 1-9　日本 NHK 公司的多平板天线动中通

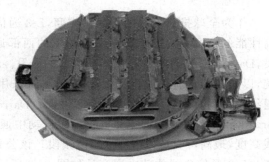

图 1-10　韩国 ETRI 公司的低轮廓多平板动中通

在伊拉克战争期间,美军对海用卫星电视接收系统进行了紧急改造,使卫星电视系统具有发射功能并适合陆地使用,首次采用动中通技术实现了战争的现场直播,整个世界为之震惊。战争期间,美军装备了部分蓝军跟踪系统(FBCB1-BFT),但是美军蛙跳式作战中态势感知中断的经历,进一步刺激了动中通的研究和发展。

美军动中通系统主要是委托通用动力(General Dynamics)公司进行开发和配套的,随后开始参与的公司有 L-3 通信公司、Rockwell&Collins 公司、Cobham 公司、DRS 公司以及 EMSolutions 公司等。这些公司代表着全球军用航电、通信领域的最高水平,同时也引领着动中通技术的不断发展。

通用动力公司的动中通研究部门是 GD-SatCom,隶属于 C4 系统部,产品主要采用抛物面天线,按照其孔径大小分为多个系列,已经在布雷德利装甲车上实现集成,如图 1-11 所示。由于该公司动中通产品主要供应给军方,需要通过军方严格的测试,所以早期的产品基本都是采用抛物面天线以及高精度的姿态航向参考系统保证通信的可靠性。但是,随着WIN-T 计划的深入,军方要求动中通支持多波段、低轮廓、低成本。多波段是为了提高可靠性,在 X、Ku、Ka 波段任何一种卫星资源可用的情况下都可以进行通信,有利于军力的全球投送;低轮廓是为了增强隐蔽性,防止指控系统暴露;低成本则是为了便于动中通在军队的大面积普及应用。为了满足这三个方面的要求,GD-SatCom 开发了切割抛物面天线以降低高度,同时每一个型号的动中通都有四个波段的产品,并且开发了能够不依靠战车上的战术惯性导航系统的低成本姿态测量系统。通用动力的动中通产品在军事应用中处于领先地位。

图 1-11　通用动力公司的动中通产品

作为全球排名前十的军品供应商,L-3 通信公司主要为美国政府、军方以及大企业提供高性能的产品,其中 C³ISR 事业部下的西部通信系统分公司负责移动卫星通信设备的研发,Datron 子公司则专门负责动中通的研发。该公司负责为全球鹰无人机开发集成通信系统,以及为捕食者无人机开发数据链路,都采用了两轴的机载动中通。此外,海上用的动中通终端可同时支持 C、Ku 以及 Ka 波段。Datron 先进技术公司首先开发出基于 DBS(Direct Broadcasting Satellite)卫星通信的机载动中通,其独特的卢纳堡透镜专利技术以极低的天线高度,最高可支持 45 GHz 通信频段。该公司的产品性能优良,可靠性高,仅针对军用系统。L-3 通信公司的动中通产品如图 1-12 所示。

卢纳堡透镜天线

船载卫星天线

捕食者无人机卫星通信天线

AHRS

图 1-12　L-3 通信公司的动中通产品

Rockwell&Collins 公司目前已经占据了美军 70% 的航空电子市场,其动中通产品来自于该公司于 2009 年收购的 DataPath 公司 Mobilink 系统,以及 Datapath 附属子公司瑞典的 SWE-DISH 生产的动中通,如图 1-13 所示。Mobilink 系统是 Datapath 公司依靠其领先的多频段卫星通信技术而得到的美国军方为了增强态势感知而订购的项目,其特点在于轮廓极低、在 60 km/h 的速度下仍然能够达到 2 Mbit/s 的通信速率,适合用于 C2(Command &

Control)战车。SWE-DISH 动中通主要特点在于将 SkyWAN7000 系列调制解调器集成到 SWE-DISH 的 CCT(CommuniCase Tech)技术平台,SkyWAN 采用目前市场上最先进、最强大的多频时分多址(MF-TDMA)网络平台,支持语音、数据和视频等应用,网络数据传输速率达到 10 Mbit/s。而 CCT 技术基于模块化设计,能够为终端用户提供独特的优势,其中包括在野外几分钟内就能实现波段(C、X、Ku、Ka 四个波段)、天线大小或调制解调器的变更(3 分钟内完成更换)。因此,该公司开发的 CCT 系列产品紧凑小巧、简单易用,是经济高效且高度灵活的移动卫星通信解决方案。

图 1-13　Rockwell&Collins 公司动中通产品(左图为 Mobilink mSAT-C2V,右图为 Swe-Dish)

当前,低轮廓天线成为民用动中通的主流。平板天线采用强制馈电结构,不需要副反射面和馈源,结构紧凑、高度低,比抛物面天线具有明显优势,是当前低轮廓动中通的首选天线。典型代表有美国 KVH 公司的 TracVision A5 天线,如图 1-14 所示。TracVision A5 天线为单板接收系统,通过馈电网络的特殊设计,使得天线的波束指向与天线板法线存在一个基本固定的角度,在工作时天线与载体的夹角一直处于较低角度,从而降低了天线的整体高度,但这种方式使得俯仰扫描范围有限。该产品的惯性测量元件仅为两个微机械陀螺,方位上采用机械扫描,俯仰上采用电子扫描,系统成本比较低。由于采用两轴稳定方式,TracVision A5 只针对圆极化直播卫星信号,对线极化信号的卫星通信系统并不适用。

图 1-14　KVH 公司 TracVision A5 系统

以色列 Starling 公司的 Mijet 动中通系统和美国 RaySat 公司的 SpeedRay 3000 系统采用多天线合成技术降低天线高度,如图 1-15、图 1-16 所示。Mijet 最初是为空载动中通而生产的卫星通信天线,天线面基于微带阵列结构,由多个平板天线组成,其中一个发射、两个接收。该天线具有剖面低、性能好等优点,天线直径 76 cm、高度 15 cm、重量 50 kg。SpeedRay 3000 是一个专为车载平台设计的低轮廓动中通天线系统(1 277 mm×953 mm×

150 mm)，包含四个平板天线，其中一个天线用于发射、三个用于接收。两个系统均采用天线分割技术以及相应的方位俯仰、天线距离调整、相位补偿等技术，能在不影响系统性能的前提下有效地降低了天线的高度，天线高度和 TracVision A5 几乎相同。由于 Mijet 和 SpeedRay 3000 系统采用同步控制的相控阵天线构成一个接收面，所以相比 TracVision A5 的单面天线结构，在同样的高度限制下，系统有更大的俯仰活动范围（20°～70°），从而增加了系统的灵活性和实用性。由于国外卫星性能较强，上述天线增益较低，应用到我国时必须有很高增益的主站组网辅助才能工作。因此，上述产品难以适合我国的国情，没有达到开拓中国市场的愿望。

图 1-15　Starling 公司 MiJET 系统

图 1-16　RaySat 公司 SpeedRay 3000

　　美国 TracStar 公司生产的 IMVS450M 动中通系统（图 1-17）和以色列 Gilat 公司新推出的 E7000 系统（图 1-18）成功在国内得到了应用，如中国电信定制的 IMVS920H-CT（China Telecom），内蒙古包头公安局的动中通指挥车，河北林业局的执法车以及中央电视台的新闻采集车等，具体指标如表 1-2 所示。IMVS450M 采用中等轮廓柱面天线将旋转抛物面天线方向图波瓣压缩在两个独立的抛物曲线柱面上。这样兼备了混合相控阵天线轮廓低和反射面天线增益高的优点，具有中等轮廓、增益较高、品质因数（G/T）高等特点。E7000 采用独特的面板移动通信天线技术（1 300 mm×1 300 mm×300 mm），涵盖整个 Rx 和 Tx 频段（10.95～14.5 GHz）。凭借其高 Tx 增益能力，E7000 具有 10 Mbit/s 的数据、视频和语音通信能力，几乎可以在世界任何地方 0°～90° 的仰角范围下使用。另外，两个系统均选用了微机械陀螺组成三个正交陀螺组合，配合倾角仪或加速度计构成低成本惯性测量单元；同时，系统还采用跟踪形成位置闭环校正指向误差。

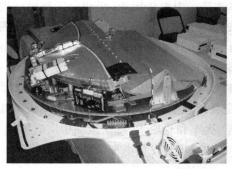

图 1-17 IMVS450M 动中通系统

图 1-18 E7000 动中通系统

表 1-2 动中通技术指标

指标	E7000 动中通系统	IMVS450M 动中通系统
工作频率	RX:10.95~12.75 GHz TX:14.0~14.5 GHz	RX:10.95~12.75 GHz TX:13.75~14.5 GHz
天线增益	RX:37.3 dBi@12.50 GHz TX:38.6 dBi@14.25 GHz	RX:33 dBi TX:34.5 dBi
交叉极化隔离度	>25 dB	>25 dB
极化方式	线极化	线极化
跟踪精度	方位:0.2°RMS 俯仰:0.9°RMS	方位:0.2°RMS 俯仰:0.9°RMS
重新捕获	<5 s	<5 s
初始开通时间	<12 s	<12 s
天线尺寸	30 cm×130 cm×130 cm	29.2 cm×129 cm×129 cm
天线重量	50 kg	75 kg

1.2.2 国内动中通的发展及现状

相比国外,国内研制起步相对较晚,国内早期动中通基本采用反射面天线,纯机械跟踪方式,其体积大、高度高、成本高,甚至还需要对车体改造。中电集团 39 所和科工集团新世纪的动中通设备,是国内单脉冲体制和高精度惯导体制动中通的两个典型代表,如图 1-19、图 1-20 所示。中电集团 39 所通过综合导航设备、特有的多模单脉冲自动跟踪和数字闭环极化跟踪,以及专门配置的卫星搜索快捕软件,使天线迅速捕捉并准确对准卫星,实现 9.6~2 048 kbit/s 速率的通信业务。科工集团新世纪于 1999 年研制成功了一种基于反射面天线的新型动中通系统,该系统通过 LINS/GPS 组合导航使天线稳定在地理坐标系中,同时辅以自动极值搜索控制,以取得最佳通信效果。该系统可以安装在汽车、火车和轮船上,可在运动中实时实现话音、数据、传真通信和图像传输等数据通信,收看同步地球卫星转发的电视节目和图文电视。

图 1-19　中电集团 39 所动中通　　　　　图 1-20　新世纪动中通

受国外动中通技术的冲击,国内动中通经历了引进、仿制和自主创新几个阶段。在 2006 年到 2009 年期间,美国 RaySat 公司和以色列 Starling 低轮廓动中通以及美国 TracStar 公司的中等轮廓动中通产品在中国的出现,给中国的动中通注入了新的活力。2006 年美国 RaySat 公司的低轮廓动中通 SpeedRay3000 和动中跟 SpeedRay1000 进入中国市场,尽管在天线增益方面,并不符合中国的国情,但给中国动中通研究带来了惊喜和启发,国内多家公司购买样机,开始仿造 RaySat 产品,均因未掌握该产品的核心技术,以失败而告终。2008 年和 2009 年,以色列 Starling 低轮廓 MiJET 产品分别在上海杰盛无线通信设备有限公司和西安航天航星进行了测试,由于其产品的测控系统不适用车载应用环境,天线增益不能满足传输图像业务的需求,因此没有达到谋求开拓中国市场的愿望。但是,其先进的天线技术令国人耳目一新。另外,值得一提的是美国 TracStar 公司的中等轮廓柱面天线动中通产品,在中国民用和半军事化单位广泛使用,打开了中国市场。在此期间,国内很多企业大多仅仅是代理国外产品或者购买之后集成为各种应急平台,核心技术仍然是引进,如北京中力峰科技开发公司,已经与美国 Cobham 公司达成合作,其集成的动中通产品已经用于国务院应急办、海军后勤部、公安部边防管理局、国家电网、多个省市的军分区以及公安部门。

当前,国内出现了众多动中通研制的单位,如火箭军工程大学、中电集团 54 所、星展测控公司、中电集团 503 所航天恒星等,部分产品核心技术实现突破,已经达到甚至超过国外动中通系统的技术指标。

至 2000 年以来,火箭军工程大学姚敏立教授牵头的动中通课题组长期从事卫星动中通技术领域的研究工作,形成了 SealSat 平板天线动中通和单馈源 Ku/Ka 双频段动中通两大系列产品,如图 1-21、图 1-22 所示,具体指标如表 1-3 所示。SealSat 系列低轮廓平板天线动中通系统是火箭军工程大学自主研发的 Ku 频段低轮廓车载移动卫星通信产品,采用高效率注塑电镀平板天线和低成本稳定跟踪结构,能保证在高速机动、崎岖颠簸等各种路况下卫星收发天线始终精确指向卫星,从而使载体具备运动中卫星通信的能力。系统采用低轮廓和模块化设计,能够根据需要选择不同口径的平板天线,可满足各类车体的改装需求,综合技术水平国内领先。多频段反射面动中通系统采用切割抛物面天线,根据同轴介质加载法和滤波法设计 Ku/Ka 双频段单馈源,满足 Ku/Ka 或 Ku 与 Ka 铰链工作的要求。该系统具有结构简单、可靠性高、成本低、卫星资源适应性强等优势。

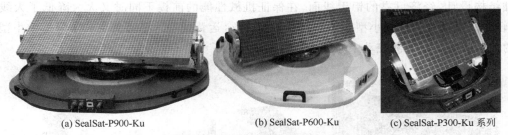

(a) SealSat-P900-Ku　　　　(b) SealSat-P600-Ku　　　　(c) SealSat-P300-Ku 系列

图 1-21　SealSat 系列低轮廓平板天线动中通系统

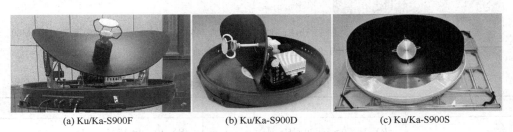

(a) Ku/Ka-S900F　　　　(b) Ku/Ka-S900D　　　　(c) Ku/Ka-S900S

图 1-22　多频段反射面系列动中通系统

表 1-3　动中通系统技术指标

指标	SealSat-P600-Ku	SealSat-P900-Ku
工作频率	RX:12.25～12.75 GHz TX:14.00～14.50 GHz	RX:12.25～12.75 GHz TX:14.00～14.50 GHz
天线增益	RX:35 dBi@12.50 GHz TX:36 dBi@14.25 GHz	RX:38.5 dBi@12.50 GHz TX:39.5 dBi@14.25 GHz
交叉极化隔离度	>33 dB	>30 dB
极化方式	线极化、电动控制	线极化、电动控制
跟踪精度	0.5 dB RMS	0.5 dB RMS
重新捕获	<5 s	<5 s
初始开通时间	<100 s	<100 s
天线尺寸	127 cm×28 cm	130 cm×51.5 cm
天线重量	65 kg	80 kg

　　西安星展测控公司基于自有的 GPS/INS/SatTrack 融合技术开发了一系列车载、船载的抛物面以及平板动中通产品,如图 1-23 所示,该公司的产品特色在于其测控体制的可靠

性上,代表了一类低成本测控系统的实现方法,在开环指向、闭环跟踪下采用了组合导航的方法实现航姿估计、可靠性较高。T450-Ka 是星展测控公司针对中星 16 号卫星专门设计研发的一款 Ka 波段车载动中通天线,主要功能在于满足通信主体在运动过程中的准确对星、稳定跟踪的需求,使得通信主体在运动过程中为客户提供安全、可靠、高效及高质量的通信体验。通过精准稳定的卫星跟踪技术能够保障在复杂环境下车载站与中心站之间的语音、数据、视频等传输,满足客户通信需求。SATPRO M80 船载 Ku 波段卫星通信天线的设计采用模块化设计和简化系统结构,将功放和 Modem 全部集成在天线罩内,整机采用最新的三轴结构设计,经济可靠的铝天线面,在保证机械性能的前提下同时又大大降低了天线重量,轻巧的机身更适合中小型船舶的安装使用,配合运营商的优惠资费更利于降低中小型船舶的通信成本。星展测控动中通技术指标如表 1-4 所示。

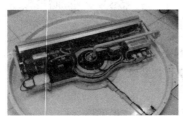  

(a) Ku 频段车载动中通　　　(b) Ka 频段车载动中通 T450-Ka　　　(c) 船载动中通 SATPRO M80

图 1-23　星展测控系列动中通系统

表 1-4　星展测控动中通技术指标

指标	T450-Ka	M80 船载动中通天线
工作频率	RX:18.70~20.20 GHz TX:29.0~30.0 GHz	RX:10.70~12.75 GHz TX:13.75~14.5 GHz
天线增益	RX:36.6 dBi@19.45 GHz TX:40.2 dBi@29.73 GHz	RX:37.3 dBi@12.50 GHz TX:38.6 dBi@14.25 GHz
交叉极化隔离度		>30 dB
极化方式	圆极化	线极化
跟踪精度	0.5°RMS	0.2°RMS
重新捕获	<5 s,遮挡时间<60 s; <60 s,遮挡时间>300 s;	<5 s
初始开通时间		<180 s
天线尺寸	92 cm×30 cm	93 cm×96 cm
天线重量		42 kg

中电集团 54 所采用新型高效率的平板阵列式设计天线,如图 1-24 所示,天线电气设计集成度高,天线剖面低,适合装车使用;天线方位波束宽度小于 1°,并采用自动极化调整技术,减小了临星干扰;使用先进的陀螺稳定和电子波束扫描伺服跟踪技术,保持天线始终高精度对准卫星,保证通信畅通。主要技术参数如表 1-5 所示。

图 1-24　中电集团 54 所低轮廓动中通系统

表 1-5　中电集团 54 所动中通技术指标

指标	车载低轮廓动中通
工作频率	RX：12.25～12.75 GHz TX：14.00～14.50 GHz
天线增益	RX：35.6 dBi@12.50 GHz TX：35.6 dBi@14.25 GHz
交叉极化隔离度	＞30 dB
极化方式	线极化
跟踪精度	0.3 dB RMS
重新捕获	＜5 s
初始开通时间	＜180 s
天线尺寸	129 cm×29.8 cm
天线重量	85 kg

1.2.3　卫星动中通发展趋势

当前,动中通的发展方向是低轮廓、多频段、低成本。

1. 低轮廓平板动中通天线是近几年移动卫星通信领域的研究热点

为适应车载需求,尤其是适应高速机动型越野型小车安装动中通的要求,性能优良的低轮廓天线始终是动中通天线的一个重要发展方向。如图 1-25 所示,低轮廓动中通天线按照不同天线类型分类,可分为低剖面反射面天线、平板阵列天线、相控阵天线等。如图 1-26 所示,经过赋形设计的抛物面可以实现低剖面性能,其相对平板天线在多频段上更有优势;平板阵列天线融合了射频领域的多种前沿技术,主要包括双极化收发共用阵列天线技术、低损耗馈电网络与射频一体化模块化技术、自动极化调整技术等,此类天线以其独特的效率高、占用空间小等优势在卫星通信中扮演着重要角色;相控阵天线具有小型化、低剖面、可共形等特点,由许多辐射单元阵列组成,靠控制每个单元的相位和幅度来形成所需要的波束,通过相位、幅度改变引起波束指向的变化,实现对卫星的跟踪。由于相控阵天线采用非传统反射面天线,且通过电扫描替代机械扫描,在降低体积、重量等方面具有独特的优势,为动中通天线下一步向小型化、低剖面、高性能发展提供了方向。

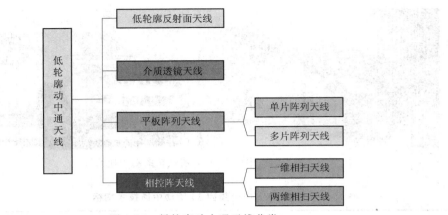

图 1-25 低轮廓动中通天线分类

(a) 低剖面反射面天线 (b) 平板阵列天线 (c) 相控阵天线

图 1-26 低轮廓动中通

2．由单一频段向双/多频段发展是动中通应用领域拓展的必然选择

在全球范围内,卫星通信的主要工作频段有 UHF 频段、L 频段、S 频段、C 频段、Ku 频段、Ka 频段。目前,赤道同步轨道上 Ku 频段同步卫星较多,Ku 频段卫星具有通信容量大、可用转发器多等优点,因此 Ku 频段是目前同步轨道通信卫星的主要应用频段。

当前,我国动中通天线主要采用 Ku 频段,但单一采用 Ku 频段的卫星通信系统存在着一些不可避免的弱点,而双/多频段卫星通信系统则具有一定的优势互补特性,具体体现在:首先,Ku 波段存在雨衰大、卫星资源覆盖范围窄等弱点,而 C 波段卫星正可以弥补这一弱点,但 C 波段卫星同样存在着信号强度弱、需要大口径卫星天线等弱点;另外,Ka 频段通信卫星具有比 Ku 波段更宽的带宽和更大的容量,是卫星通信发展的一个重要方向和趋势。近几年来,赤道上空的 Ka 频段卫星也越来越多,地面卫星移动通信业务也将逐步向 Ka 频段发展,但 Ka 频段卫星存在更大的雨衰。因此,Ku/Ka 双频段甚至 C/Ku/Ka 三频段共用是今后动中通天线的发展方向,如图 1-27 所示。双频段、三频段动中通天线可兼容各频段天线的优势,并可克服单一频段天线存在的弱点,确保天线性能在任何地点、任何时间、任何天气环境下的稳定、可靠,大大提高了动中通天线的环境适应性,动中通天线的应用领域可得到进一步拓展。

3．一体化、集成化、小型轻便化设计是动中通天线发展的重要趋势

动中通天线开发初期,各单位主要采用部件采购加系统集成的模式来完成大系统的研制。早期的天线一般都存在体积重量偏大,惯导系统、GPS 定位系统、功放系统与天线主体独立设计,卫星通信主机设备分散设计、组装烦琐等问题。为了适应动中通天线不断深入的应用需求以及大规模、产业化发展的趋势,未来动中通天线将着力实现以下三个方面的改变:

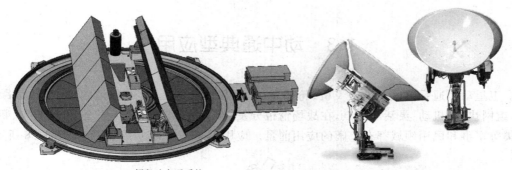

(a) RaySat 双频段动中通系统　　　　　　(b) SealTel 双频段动中通系统

图 1-27　RaySat 双频段动中通系统

（1）GPS/北斗卫星导航定位系统、惯性导航系统、功放单元要尽量与天线主体实现集成化设计,从而大大减少系统部件的数量,降低安装、调试的难度,提高系统的可靠性;

（2）在保障天线强度和可靠性的基础上,系统要采用模块化设计理念,尽可能使用更多的铸件,使用碳纤维、高强度塑料、蜂窝铝等新型材料,尽可能地降低系统的重量;

（3）搭建通信系统所需要的调制解调器、视频编解码器、交换机、保密机等需要实现一体化、集成化、单一化设计,尽可能减少用户接口以及操作按钮,实现"一线连接、一键操控"的目标。

4. 更高可靠性、更低成本是动中通天线实现大规模产业化的基本要求

近年来,动中通天线得到了广泛应用与快速发展,但系统可靠性与制造成本仍然是制约天线实现大规模产业化发展的主要瓶颈。首先,伺服跟踪控制系统的可靠性及跟踪精度始终是动中通天线面临的最严重的挑战和最主要的技术瓶颈;其次,天线控制系统往往采用单脉冲或高精度惯导的跟踪模式,系统成本极其昂贵,推广受到明显制约。如何寻求一种高可靠性、高跟踪精度、低制造成本的伺服稳定跟踪控制方案是当前动中通系统研究的热点,也是动中通天线提高市场竞争力的重要途径。

目前,现有的动中通稳定跟踪系统一般采用卫星信号单脉冲自跟踪体制和高精度惯性导航引导跟踪体制。单脉冲自跟踪方式直接利用卫星信号作为闭环反馈,可以获得较高的跟踪精度,但是其只能在卫星半波束范围之内进行跟踪,初始捕获和丢失再捕获很困难。惯导跟踪方式不受地点等因素的影响,在信号中断(遮挡)后能立即恢复数据通信。但该方式跟踪精度主要取决于惯导系统的输出精度。为了获得较好的跟踪精度,以上两种方式都需要以昂贵的成本作为代价。

为了在确保跟踪可靠性、精度的前提下有效降低成本,目前各单位均在加紧开发基于低成本 MEMS 惯导与卫星信标信号自引导相结合的伺服跟踪控制系统。该系统利用低成本、低精度惯性导航系统的高带宽角速度与姿态传感特性来隔离载体的剧烈运动,使得天线面基本对准卫星信号,在此基础上,通过卫星信标信号识别技术估计天线面与卫星信号波束中心的误差角,一方面用于补偿惯导系统的误差,另一方面引导天线面对准卫星信号最大值;该方式结合了惯导系统高带宽和卫星信号跟踪高精度的优点,同时由于使用了低成本惯导,使得天线整体的性价比大大提升。

目前,国内多家单位都在尝试采用这一方式解决伺服跟踪控制问题,但这一跟踪模式需要将惯性导航系统、卫星信标扫描系统、伺服跟踪控制系统进行一体化设计,涉及的学科及知识面较广,具有较大的难度。

1.3 动中通典型应用

卫星动中通系统可集成于飞机、轮船、汽车等移动载体上,具有信道容量大,通信距离远,组网快速、机动、灵活等特点,在战场情报分发、作战指挥控制、国土安全、抢险救灾、新闻采集等军事和民用领域都有广阔的应用前景。应用不同平台的动中通系统如图1-28所示。

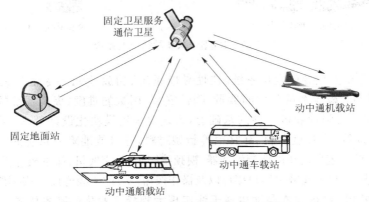

固定卫星服务
通信卫星

固定地面站

动中通机载站

动中通车载站

动中通船载站

图1-28 应用不同平台的动中通系统

1. 移动载体多媒体卫星通信系统

用于在火车、汽车、轮船、飞机上实现实时高频宽带多媒体通信联系及接收新闻等电视节目,可以提供宽带上网、体育比赛、重大事件直播等服务,解决各种条件下的通信保障难题。美国 AeroSat 飞机上集成如图1-29所示。

图1-29 美国 AeroSat 飞机上集成

2. 电视移动转播系统

通过任何一颗地球同步轨道卫星直接将摄制的新闻实时的通过动中通车发射上卫星,传到世界各地,很好地解决了马拉松竞赛、战地采访、大型运动会、抗洪抢险等电视实时移动转播的难题。车载电视转播系统如图1-30所示。

3. 应急指挥

卫星通信具有对外部环境依赖性小、覆盖面广、可移动性好、部署快、操作简易等优点,在应急通信保障中具有明显的优势,是应急通信的重要通信手段,在应急通信中具有至关重

图 1-30　车载电视转播系统

要的作用。目前,国内公安、消防系统配备了大量的动中通卫星通信车,广泛应用于台风、海啸、暴雨、洪水、地震、火灾、流行性疾病暴发、恐怖活动、暴乱等自然或人为的突发性紧急情况。卫星动中通应急指挥车如图 1-31 所示。

图 1-31　卫星动中通应急指挥车

4. 军事应用

　　动中通一个重要应用是在军事领域,将卫星动中通安装于武器平台、飞机和军舰上,可以在运动中共享实时战场信息,实现互连、互通,成为一个有机的作战整体,形成较强的协同作战能力,就可以使地理上分散的各军兵种有机地联系起来,实现指挥中心到武器平台的无缝链接,通过信息分发和共享,实时掌握战场态势,保证指挥决策的准确性和及时性,提高部队的机动作战、联合作战和生存能力。自海湾战争以来,美军陆续建设了车载移动战斗指挥系统(MBCOTM)、21 世纪旅及旅以下的战斗指挥系统(FBCB2)和战术级作战人员信息网(WIN-T),具备营、连一级提供卫星动中通通信能力。动中通军事应用示意图如图 1-32 所示。

(a) 战场态势共享　　　　(b) 捕食者无人机上的动中通系统　　　(c) 美军装甲车上的动中通系统

图 1-32　动中通军事应用示意图

第 2 章　卫星通信基础

2.1　卫星通信的基本概念

2.1.1　卫星通信的定义

卫星通信实际上是微波中继传输技术与空间技术的结合。如图 2-1 所示,它把微波中继站设在卫星上(称为转发器),线路两端的终点站设在地球上(称为地球站)。因此,卫星通信系统由卫星和地球站两部分组成。地球站实际上是卫星系统与地面通信网的接口,地面用户通过地球站出入卫星系统,形成通信线路。因此,卫星通信是地球上多个地球站(包括陆地、水面和大气层)利用空中人造通信卫星作为中继站而进行的微波通信。

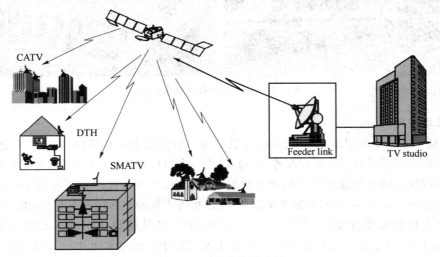

图 2-1　卫星通信示意图

目前卫星通信常用的工作频段有:

UHF 频段:200～400 MHz;L 频段:1.5～1.6 GHz;C 频段:4～6 GHz;X 频段:7～8 GHz;Ku 频段:11～14 GHz;Ka 频段:20～30 GHz。卫星通信常用工作频段中,前边的是卫星地球站向卫星传输的下行频率,后边的是卫星向地球站传输的上行频率。例如,C 频段 4～6 GHz,表示上行频率为 6 GHz,下行频率为 4 GHz。同时,实际工作频段与划分的频率范围略有出入。整个卫星通信工作频段中,1～10 GHz 频段,被称为卫星通信频率的"窗口"。当前,卫星动中通普遍采用 Ku 频段进行通信,并朝着 Ka 频段方向发展。

2.1.2 卫星通信系统的分类

卫星通信按卫星的种类及卫星的运动方式可分为同步卫星通信系统与非同步卫星通信系统。两类系统均可实现固定通信业务及移动通信业务。

1. 同步卫星通信系统

同步卫星的轨道是圆形且在赤道平面上，同步卫星离地面 36 000 km，飞行方向与地球自转方向相同时，从地面上任意一点看，卫星都是静止不动，利用三或四颗同步卫星，就能够使信号基本覆盖地球的表面，所以又可称为静止轨道卫星系统，如图 2-2 所示。移动站与卫星间的移动卫星链路用 L 频段，地球站与卫星间的天线馈线链路采用 C、Ku 频段。目前较普遍采用的甚小口径卫星终端站（Very Small APerture Terminal，VSAT ）也属于这类系统。VSAT 由主站、小站和卫星组成，主站使用大型天线，用于 Ku 波段的天线直径为 3.5～8 m，用于 C 波段的天线直径为 7～13 m；小站天线的直径为 0.3～2.4 m 。

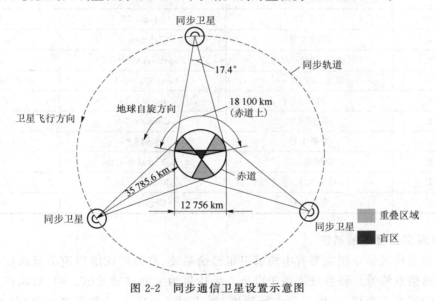

图 2-2 同步通信卫星设置示意图

随着各国发射同步卫星数量的增加，目前世界各国已有 300 多颗同步卫星在静止轨道上运行，承担着电话、电视、传真、数据、广播等通信任务。在轨位置资源日趋紧缺的情况下，尤其是东半球 70°～120°轨道上非常拥挤，卫星之间的轨位间距已由 10 多年前的国际电信联盟（Internatianal Telecomrnunication Union，ITU）规定的 5°缩小到如今的 0.5°。利用轨道资源进行卫星通信必须遵循国际统一标准，以便协调使用。

截至 2016 年 1 月，亚太地区同步通信卫星在轨分布具体如表 2-1 所示。

表 2-1 亚太地区同步通信卫星在轨分布表

轨道位置	卫星名称	英文名称	波段
49.0°E	雅玛尔 202	Yamal 202	C
53.0°E	快车 AM22	Express AM22	Ku
55.0°E	印星 3E	Insat 3E	C

轨道位置	卫星名称	英文名称	波段
56.0°E	俄直播卫星 1 号	Bonum 1	Ku
57.0°E	新天空 12 号	NSS 12	C、Ku
60.0°E	国际 904	Intelsat 904	C、Ku
62.0°E	国际 902	Intelsat 902	C、Ku
64.2°E	国际 906	Intelsat 906	C、Ku
66.0°E	国际 702	Intelsat 702	Ku
68.5°E	国际 7/10	Intelsat 7/10	Ku/C、Ku
70.5°E	欧星 W5	Eutelsat W5	Ku
74.0°E	印星 3C/4CR/教育卫星	Insat 3C/4CR/Edusat	C/Ku/C、Ku
75.0°E	亚洲广播卫星 1 号	ABS1	C、Ku
76.5°E	亚太 2R	Apstar 2R	C、Ku
78.5°E	泰星 5 号	Telecom 5	C、Ku
80.0°E	快车 AM2/MD1	ExpressAM2/MD1	C/Ku
83.0°E	印星 2E/3B/4A	Insat 2E/3B/4A	C、C/Ku、Ku
85.2°E	国际 15	Intelsat 15	Ku
87.5°E	中星 5A	Chinasat 5A	C、Ku
88.0°E	中新 1 号	ST1	C、Ku
90.0°E	雅玛尔 201	Yamal 201	C
91.5°E	马星 3/3a 号	Measat3/3a	C、C/Ku
92.2°E	中星 9 号	Chinasat 9	Ku

2. 非同步卫星通信系统

非同步卫星通信系统主要有中轨道卫星通信系统、高倾斜椭圆轨道卫星通信系统及低轨道卫星通信系统等。该系统适用于以个人手持机为主的移动通信。中、低轨道卫星以每秒几公里的速度快速移动,相对于步行速度(每小时 5～10 km)和车辆速度(每小时 60～120 km)的移动终端,可以认为移动终端相对静止,而卫星在移动,也就是系统的卫星群在绕地球转动。移动终端与卫星间的移动链路用 L 频段。固定关口站与卫星站间的无线馈线链路用 Ka 频段或 C 频段。

(1)中轨道卫星通信系统

中轨道卫星(Intermediate Circular Orbit,ICO 或 Medium Earth Orbit,MEO)离地球高度约 10 000 km。中轨道卫星星座中卫星数量较少,为十至十几颗,卫星重量为吨级。中轨道卫星采用网状星座,卫星为倾斜轨道。美国 1991 年发射的中轨道 Odysscy 系统,有 12 颗卫星,分布在三个轨道平面、每一轨道平面有 4 颗卫星,卫星轨道高度为 10 371 km。

(2)高倾斜椭圆轨道卫星通信系统

高倾斜椭圆轨道卫星(High Ellipse Othit,HEO),其离地最远点为 39 500～50 600 km,最近点为 1 000～21 000 km。例如,1956 年苏联发射成功的 Molniya(闪电)卫星就属于椭圆轨道卫星系统。

（3）低轨道卫星通信系统

低轨道卫星通信系统(Low Earth Orbit,LEO),同样也适用于个人手持机,可提供话音及数据业务。LEO 工作在 L 频段,卫星与地面距离 700～1 500 km。低轨道卫星星座中的卫星数量较多,约为几十颗,卫星重量小,小 LEO 重量仅几十千克,大 LEO 约几百千克。低轨道卫星多采用极轨星状星座,也有网状星座的。星状星座 100％覆盖全球,网状星座覆盖全球的绝大部分。移动链路用 L 频段,网关站链中用 K、Ka 频段。LEO 已推出的有"铱"系统,有 66 颗卫星,高度为 785 km。全球星(Globalstar)系统有 48 颗卫星,高度为 1 400 km。

2.1.3 卫星通信的优缺点

1. 卫星通信的优点

（1）通信覆盖面积大,便于多址连接一颗同步卫星可覆盖地球表面积的 42％左右,在这个覆盖范围内的地球站,不论是地面、海上或空间,都可同时共用这一颗通信卫星来转发信号,即实现双边和多边通信。这种同时实现多个方向、多个地球站之间直接通信的特性称为多址连接。

（2）通信距离远,而通信的成本与通信距离无关利用静止卫星单跳最大通信距离达 1 800 km。建站费用和运行费用不随通信站之间的距离不同而改变,这在远距离通信上比光缆、电缆、微波中继通信等有明显优势。特别是对于边远城市、农村和交通、经济不发达地区利用卫星通信是极为经济有效的。

（3）传输容量大,由于卫星使用微波频段,因而可使用频带宽,通信容量大,适于传送电话、电报、数据、宽带电视等多种业务。一颗卫星的通信容量达数千以至上万路电话,其通信容量仅次于光纤通信。

（4）通信线路稳定可靠,通信质量高卫星通信的电波主要是在大气层以外的宇宙空间传输,而宇宙空间差不多处于理想的真空状态。因此,电波传输比较稳定,受天气、季节或人为干扰的影响小,所以卫星通信稳定可靠,通信质量高,卫星线路的畅通率都在 99.8％以上。

（5）通信灵活卫星通信不受地形、地貌等自然条件的影响,如丘陵、沙漠、丛林、高空及海洋上都能实现卫星通信。

2. 卫星通信的缺点

（1）传输延迟大,在同步卫星通信系统中,从地球站发射的信号经过卫星转发到另一地球站时,单程传播时间约为 0.27 s。进行双向通信时,往返传播延迟约为 0.54 s。所以通过卫星打电话时,讲完话后要等半秒才能听到对方的回话,使人感到很不习惯。

（2）卫星使用寿命短,可靠性要求高由于受太阳能电池寿命以及控制用燃料数量等因素的限制,通信卫星使用寿命短的仅几年。而卫星发射以后难以进行现场检修,所以要求在卫星的短短几年的使用寿命期间通信卫星必须是高可靠性的。

2.1.4 卫星通信法规

卫星运营商和拥有方必须遵循约束卫星通信系统基本参数和特性的相关法规。受法规保护的卫星系统参数包括:辐射频率选择、最大容许辐射功率、轨道位置等。

1. 目的

法规的目的在于减少卫星系统之间无线电频率干扰,也是为了减少系统间在物理层面上的影响。潜在的无线电干扰不仅来自于其他工作中的卫星系统,也可能来自于地面通信系统以及在相同频段内辐射能量的其他系统。

研究频谱分配与管理的相关技术与法规的学科称为频谱管理或频率管理。大多数国家都有很活跃的组织参与到频谱的管理事务中,包括政府组织和商业性组织,那些负责卫星发展和提供基础设施的组织参与的更多。

2. 组织

频率管理与分配过程包含两个层面:国际和国内。负责国际卫星通信系统管理与分配的主要机构是国际电信联盟(ITU),其总部位于瑞士的日内瓦。ITU 有三个主要职能:

(1) 无线电频谱的分配和使用;

(2) 通信标准化;

(3) 全球通信的开发和扩展。

这三个职能分别由 ITU 内部的三个部门来实现:无线电通信部(ITU-R)负责无线电频谱的频率分配和使用;通信标准化部(ITU-T)负责通信标准;电信开发部(ITU-D)负责全球电信的开发和扩展。

3. 卫星业务与区域划分

对于具体的卫星系统,两个属性决定了具体的频段以及其他管理要素。

(1) 卫星系统/网络提供的业务

卫星通信的主要业务有固定卫星业务(Fixed Satellite Service,FSS),广播卫星业务(Broadcasting Satellite Service,BSS),移动卫星业务(Mobile Satellite Service,MSS)。有些业务领域又分为几个子领域。例如,移动卫星业务领域根据地面终端的物理位置,可进一步分为航空移动卫星业务(AMSS)、陆地移动卫星业务(LMSS)和海上卫星移动业务(MMSS)。如果这些终端位于多个位置,如陆地和海上,那么就通称为移动卫星业务。

(2) 卫星系统/网络地面终端的位置

地球终端的位置取决于适当的业务区域。如图 2-3 所示,ITU 把全球分为三个通信业务区域。这三个区域将地球陆地面积分成了下列几个主要板块——欧洲和非洲(区域 1)、美洲(区域 2)、环太平洋国家(区域 3)。每个业务区域在频率分配方面可视为是独立的,因为通常假定利用地理分割可以保护工作在某一区域的系统不受其他业务区域中的系统的影响。国际频率分配是针对全球运行的系统规定的。

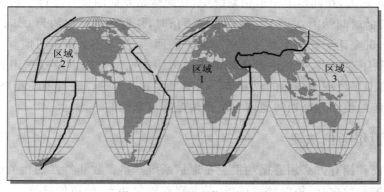

图 2-3 ITU 的电信业务区域

2.2 卫星通信系统组成及工作过程

2.2.1 卫星通信系统的组成

卫星通信系统是由通信卫星、地球站和遥测指令分系统和监控管理分系统组成。通信卫星由若干个转发器、数副天线与位置和姿态控制分系统、遥测指令分系统、电源分系统组成,其主要作用是转发各地球站信号。地球站由天线、发射、接收、终端分系统及电源、监控和地面设备组成,主要作用是发射和接收用户信号。跟踪遥测指令分系统是用来接收卫星发来的信标和各种数据,然后经过分析处理,再向卫星发出指令去控制卫星的位置、姿态及各部分工作状态。监控管理分系统对在轨卫星的通信性能及参数进行业务开通前的监测和业务开通后的例行监测与控制,以便保证通信卫星的正常运行和工作。

1. 通信卫星的组成

通信卫星主要由天线分系统、通信分系统(转发器)、遥测指令分系统、位置与姿态控制分系统、电源分系统、温控分系统和入轨与推进分系统七大部分组成,如图 2-4 所示。通信卫星是一个设在空中的微波中继站,其主要功能是,收到地面一个地球站发来的信号后(称为上行信号),进行低噪声放大、混频,混频后的信号再进行功率放大后发射回地面的另一地球站(这时的信号称作下行信号)。上行信号和下行信号载波频率是不同的,这是为了避免在卫星通信天线中产生同频率信号干扰。

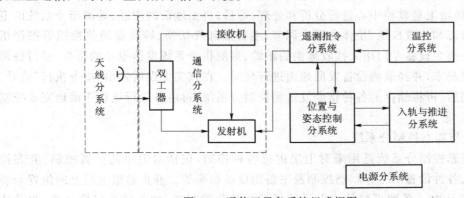

图 2-4 通信卫星各系统组成框图

(1) 天线分系统

天线分系统的主要任务是定向发射和接收无线电信号。通信卫星的天线有两类:一类是遥测、指令和信标天线,它们一般是高频(3～30 MHz)或甚高频(30～300 MHz)的全向天线,以便在任意卫星姿态可靠地接收指令和向地面发射遥测数据及信标,常用的全向天线有绕杆天线、螺旋天线等;另一类是通信天线,它与地面微波通信天线类似,都采用定向天线,通常按其波束覆盖区的大小分为球波束天线、点波束天线等。在卫星采用自旋稳定法实现姿态控制时,定向天线必须与卫星作相反方向的旋转,且旋转速度与卫星自旋速度相等而方向相反,以保证天线波束始终指向地球。

（2）卫星转发器

卫星转发器在通信卫星中直接起中继站的作用,完成信号的接收、处理和发射功能。转发器通常分为透明转发器和处理转发器两类。透明转发器对地面发来的信号进行低噪声放大、变频、功率放大后,不做任何加工处理,只是进行单纯地转发任务,对工作频带内的任何信号形成"透明"通路,所以称为透明转发器。而处理转发器除了进行信号转发外,还具有信号处理功能。主要包括对数字信号进行再生,使噪声不会积累;对天线波束进行直接的信号交换或更高级的信号变换和处理。通常每个转发器都工作在不同的频段上,所分配的频段可以分成多个通道,每个通道都有一个规定的中心频率和工作带宽。例如,C 频段固定卫星业务（Fixed Satellite Service,FSS）分配的带宽是 500 MHz。典型的设计包括 12 个转发器,每个转发器的带宽为 36 MHz,转发器间有 4 MHz 的保护频带。目前,典型的商业通信卫星可以有 24～48 个转发器,分别工作在 C 频段、Ku 频段、Ka 频段。利用极化频率复用,可以使转发器的数量加倍。对于极化频率复用,两个载波工作在同一频率上,并且采用正交极化。线极化（水平和垂直方向）和圆极化（右旋和左旋）都可以使用。另一种频率复用是以窄点波束的形式通过信号的空分实现的,这使得可以针对物理上分离的地面位置重用相同频率的载波。在先进的卫星系统中,极化复用和点波束可以结合起来提供 4 倍、6 倍、8 倍甚至更高的频率复用系统。

（3）遥测指令分系统

此系统主要包括遥测与遥控指令两大部分。遥测设备是用各种传感器和敏感元件等器件不断测得有关卫星姿态及卫星内各部分工作状态等数据,经处理后,通过专用的发射机和天线发给地面的跟踪、遥测指令系统。地面的跟踪、遥测指令系统接收并检测出卫星发来的遥测信号,转送给卫星监控中心进行分析和处理,然后,再由地面的跟踪、遥测指令系统向卫星发出有关姿态和位置校正、星体内温度调节、主备用部件切换、转发器增益换挡等控制指令信号。遥控指令设备专门用来接收地面的跟踪、遥测指令系统发给卫星的指令,进行解调与译码后储存起来,并经遥测设备发回地面进行校对。在核实无误后发出"指令执行"信号,指令设备收到后,再将储存的各种指令发送到控制分系统,再由各执行机构正确地完成控制动作。

（4）位置与姿态控制分系统

位置与姿态控制分系统是用来对卫星进行各种控制,包括对卫星的位置控制、姿态控制、温度控制、各种设备的工作状态控制及主备用设备切换等。静止通信卫星上的位置与姿态控制分系统是由一系列机械的或电子的可控调整装置组成,如各种喷气推进器、驱动装置、加热及散热装置,各种转换开关等。

（5）电源分系统

电源分系统是用来给卫星上的各种电子设备提供电能的。通信卫星的电源除了要求体积小、重量轻、效率高外,还要求能在卫星寿命期间内保持输出足够的电能。常用的卫星电源分系统由太阳能电池、化学电池及电源控制电路组成。太阳能电池是把太阳辐射的光能直接转换为电能的装置。大多用 N-P 型单晶硅薄片贴在星体表面的绝缘膜上或专用的帆板上,将各片的电极适当分组串、并联起来,构成输出功率较大的太阳能电池阵。但它的输出电压很不稳定,须经过电压调节器后才能使用。化学电池大多采用镍镉蓄电池,与太阳能电池并接。非星蚀期间,由太阳能电池给负载供电,并通过充电控制器给蓄电池充电;星蚀时,由于卫星进入地球阴影区,太阳辐射的光不能直接照射到贴在星体表面的绝缘膜上的单晶硅薄片或专用的帆板上,此时太阳能电池阵不能输出功率较大的电能。此时由蓄电池供电,保证卫星正常工作。

（6）温控分系统

卫星受太阳辐射时和环绕地球转到背向太阳一面时的温度差别很大,而且变化频繁,天线内行波管功率放大器及电源分系统等运行时产生热而升温。而卫星内的电子设备如本振等,必须温度稳定,否则影响通信质量。因此,卫星内必须装有温度控制装置。

（7）入轨与推进分系统

同步卫星的轨道控制系统主要是由轴向和横向两个喷射推进系统构成的。轴向喷嘴是用来控制卫星在纬度方向的漂移,横向喷嘴是用来控制卫星因环绕速度发生变化造成卫星在经度方向的漂移。喷嘴是由小的气体（一种气体燃料）火箭组成的,它的点火时刻和燃气的持续时间是由地面测控站发给卫星的控制信号加以控制的。推进系统的另一职能是采用自旋稳定、重力梯度稳定和磁力稳定等方法对卫星进行姿态控制。图 2-5 中所示的姿态控制方法就是自旋控制。这种卫星被送上天时,在与火箭分离之前由火箭中的一个旋转装置使它以每分钟 10~100 转的速度旋转。旋转的卫星好像陀螺一样,旋转轴始终指向一个方向,就不会随意翻滚了。但是装在卫星轴上的天线,却不能随着星体转,所以要装上一个消旋装置,使天线稳稳地瞄准地球。

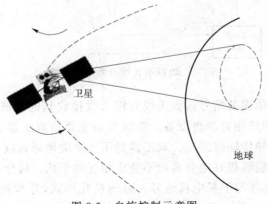

图 2-5　自旋控制示意图

2. 地球站

典型的地球站由天线分系统、发射分系统、接收分系统、终端分系统及辅助系统等组成,如图 2-6 所示。

（1）天线分系统

天线分系统是地球站的重要设备之一。它的性能优劣直接影响到卫星通信质量的优劣和系统通信容量的大小。另外,天线系统设备的价格约占地球站通信设备的总价格的三分之一。可以看出天线系统在地球站中的地位和作用是十分重要的。地球站天线分系统完成发送信号、接收信号和跟踪卫星的任务,即将发射系统送来的大功率微波信号对准卫星发射出去;同时接收卫星转发来的微波信号送到接收系统。通常天线分系统包括天线、馈线设备和跟踪设备等三个部分。由于卫星通信大都工作于微波波段,所以地球站天线通常采用性

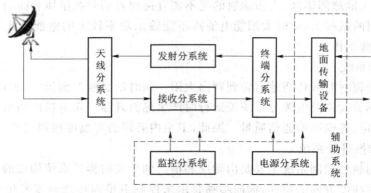

图 2-6　地球站组成框图

能较好的卡塞格伦天线。对天线馈线系统的主要技术要求有:工作频率范围合乎规定,具有足够的带宽;天线具有较高的增益,满足要求的辐射波瓣;尽可能低的等效噪声温度和良好的旋转性能以及足够的机械精密度等。地球站天线分系统示意图如图 2-7 所示。

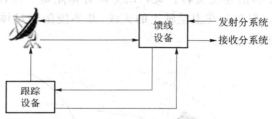

图 2-7　地球站天线分系统示意图

为了把发射机输出的微波信号送到天线而将天线接收到的微波信号送到接收机,在天线和发射机、接收机之间均接有馈线设备。馈线设备主要由双工器、极化交换器、转动关节等波导元件以及一些波导传输线组成。双工器是用来解决地球站收、发共用天线的问题,尽量保证接收和发射信号能够很好地分离而不造成相互间干扰。极化变换器是控制天馈系统极化方向的装置,用于选择与卫星电视信号一致的极化形式,并抑制其他形式的极化波,以获得极化匹配,实现最佳接收。天线跟踪卫星时要进行方位和俯仰两方面的转动。利用转动关节来解决天线转动时的馈线设备不影响电磁波的传送。静止通信卫星实际上并非完全静止。虽然星上有位置控制设备,但它还是有一定的漂移,而一般地球站天线的波束很窄,因此,卫星的漂移可能导致地球站天线瞄准的方向不是最佳指向。从而大大减弱卫星收到的信号能量。为使地球站天线始终对准卫星,需要跟踪设备。

地球站天线跟踪卫星的方法有三种。

①手动跟踪是根据预知的卫星轨道位置数据随时间变化的规律,通过人工按时调整天线的指向。

②程序跟踪是根据预测的卫星轨道位置数据和天线指向的角度数据编成设计程序,输入电子计算机中,由计算机根据程序来控制天线的指向。

③自动跟踪方式需要卫星不断地向地球站发射一个低电平的微波信标信号。地球站利用跟踪接收机的信标误差信号来跟踪。当天线轴对准卫星时,跟踪接收机无误差信号输出。

如果天线轴偏离了指向卫星的方向,在天线控制系统中就会产生一个与偏向角度大小成正比的误差信号,去控制驱动装置,从而控制天线的指向,使天线轴对准卫星。自动跟踪能使天线连续跟踪卫星,精度较高。在大型标准地球站中,通常以自动跟踪为主,手动跟踪和程序跟踪为辅。

（2）发射分系统

发射分系统是将终端分系统送来的基带信号调制为中频信号(一般为 70 MHz),然后,对该中频已调载波进行上变频变换成射频信号(如 C 波段地球站上变频到 6 GHz 频段)并把这一信号的功率放大到一定值后,输送给天线系统向卫星发射。对地球站发射系统的主要要求有:发射功率大、频带宽度 500 MHz 以上、增益稳定以及功率放大器的线性度高。发射系统中起主导作用的是功率放大器,业务量大的大型地球站常采用速调管功率放大器、输出功率可达 3 000 W。中型地球站常采用行波管功率放大器,功率等级为 100～400 W。功率放大器可以是单载波工作,也可以是多载波工作。地球站发射分系统框图如图 2-8 所示。

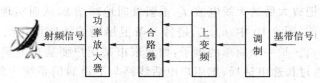

图 2-8　地球站发射分系统框图

（3）接收分系统

地球站接收分系统是将天线分系统送来的射频信号进行低噪声放大、分离、下变频为中频信号(载波一般为 70 MHz)、再解调成基带信号,然后,输送给终端分系统。地球站接收分系统框图如图 2-9 所示。

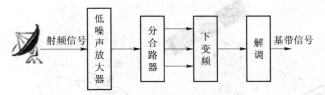

图 2-9　地球站接收分系统框图

接收分系统是从噪声中接收来自卫星的信号。由于卫星转发器的发射功率一般只有几瓦到几十瓦,而且卫星天线的增益也小,同时,由卫星转发下来的信号,经下行线路约 40 000 km 的远距离传输后,要衰减 200 dB 左右。因此,当信号到达地球站时就变得极其微弱。一般只有 $10^{-18}\sim10^{-17}$ W 的数量级。所以地球站接收系统的灵敏度必须很高,噪声必须很低,才能正常接收。为了满足上述要求,地面站除了采用高增益天线以外,接收机的前级一般都要采用低噪声放大器。

（4）终端分系统

终端分系统的作用是把一切经由地球站上行或下行的信号(电报、电话、传真、电视、数据等)进行加工、处理。例如,对上行信号进行加入报头、扰码、信道纠错编码等,对下行的信号进行信道解码、去扰码、去报头,对接收国际电视节目的卫星信号可能还要进行制式转换等。

（5）辅助系统

辅助系统包括地面传输设备、监控分系统和电源分系统。地球站相当复杂和庞大,为了保证各部分正常工作,必须进行监视、控制和管理,监控分系统就是用来监视地球站的总体工作状态、通信业务、各种设备的工作情况以及现用与备用设备的情况、对地球站的通信设备进行遥测、遥控以及现用、备用设备的自动转换等。地球站电源分系统要供应站内全部设备所需的电能,因此,电源分系统性能优劣会影响卫星通信的质量及设备的可靠性。为了满足地球站的供电要求,通常应设有两种电源设备,即应急电源设备和交流不间断电源设备。应急电源设备是当市电发生重大故障或由于地球站增添设备现用电源电力不足时的应急电源。

2.2.2　卫星通信系统的工作过程

卫星通信系统工作的基本原理如图 2-10 所示。从地球站 1 发出无线电信号 f_1,这个微弱的信号被卫星通信天线接收后,首先在通信转发器中进行放大、变频和功率放大,最后,再由卫星的通信天线把放大后的无线电波 f_2 重新发向地球站 2,从而实现两个地球站或多个地球站的远距离通信,图 2-10 中 f_3、f_4 是另一条卫星通信线路所用的频率。需要注意的是,$f_1 \neq f_3$ 且 $f_2 \neq f_4$。举一个简单的例子:如北京市某用户要通过卫星与大洋彼岸的另一用户打电话,先要通过长途电话局,把用户电话线路与卫星通信系统中的北京地球站连通,北京地球站把电话信号发射到卫星,卫星接到这个信号后通过功率放大器,将信号放大再转发到大西洋彼岸的地球站,收端地球站把电话信号取出来,送到受话人所在的城市长途电话局转接用户。电视节目的转播与电话传输相似。但是由于各国的电视制式标准不一样,在接收设备中还要有相应的制式转换设备,将电视信号转换为本国标准。电报、传真、广播、数据传输等业务也与电话传输过程相似,不同的是需要在地面站中采用相应的终端设备。

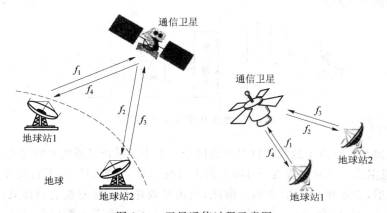

图 2-10　卫星通信过程示意图

2.2.3　卫星通信的多址方式

当卫星上的一个转发器频道仅被一个地球站的发射信号完全占用时,称为单址工作模式。当然,由于不同的地球站在地理上是隔离的,而且每个地球站都可以发送一个或多个载波,更常见的情况是一个转发器传输多路载波。这时的工作方式称为多址工作模式。一般而言,一个卫星的服务区域通常会包含两个以上的地球站,甚至卫星天线发送的所谓点波束也会有数百英里的覆盖区域,多址技术正是应这种需求而产生的。

在通常情况下,人们会混淆复用技术和多址技术。然而多址技术和复用技术是不同的概念,复用技术本质上是一种传输特性,而多址技术本质上是一种业务特性。多址技术适用于卫星系统的几乎所有应用中,包括各种固定和/或移动用户。利用有效的多址技术,卫星系统通常比各地面传输设备具有更大的优势,因为固定的地-空链路体系结构使得能在不必对系统增加额外节点和部件的情况下,进行网络资源的优化。

依据应用和卫星有效载荷的设计,可以用许多不同的配置来接入卫星转发器。卫星天线中已应用的多址方式主要有频分多址(FDMA)、时分多址(TDMA)、空分多址(SDMA)和码分多址(CDMA)等方式。

1. 频分多址(FDMA)

卫星通信系统使用的频分多址是将通信卫星使用的频带分割成若干互不重叠的部分,再将它们分别分配给各地球站。各地球站按所分配的不同射频载波频率发送信号,接收端的地球站根据不同射频载波频率识别发信站,并从接收到的信号中提取发给本站的信号。由于频分多址方式可以直接利用地面微波中继通信的成熟技术和设备,也便于与地面微波系统直接连接。所以,频分多址方式是国际卫星通信和一些国家的国内卫星通信较多采用的一种多址方式。其主要缺点是存在互调干扰。克服互调干扰的最根本方法是不采用频分多址方式,而采用时分多址方式。卫星通信系统频分多址的多址载波方式是指每个地球站只分配给一个载波,载波频率不同,并且频谱无重叠,因而各站的发射和接收频谱是已知且是确定的,每个地球站利用基带中的频分多路复用或时分多路复用将发往不同站的信号安排在不同的群路上,以便各对方站识别并取出发到该站的信号。复用后的信号调制到分配给该站的载波上,经高功放由天线发往卫星。卫星转发后被各站接收,经解调后在各站各自的载波机中由滤波器分别取出只属于本站应收的基群,这样便完成了两站的信号传送。图 2-11 所示为频分多址的多址载波方式系统示意图,该系统中共有四个地球站使用同一个卫星转发器,1、2、3、4 四个站的载波频率不同,并且频率无重叠,如 1 站要与其他三个站同时通信,1 站发出的信号包括 2、3 和 4 站的信号,2、3、4 三个站接收机滤出各自站频谱内信号。卫星通信系统频分多址可分为单址载波方式和多址载波方式。单址载波方式是指一个载波仅包含发给一个地球站的信号。一个地球站同多个地球站通信时则发多个载波,这样接收地球站可直接滤波出给它的信号;多址载波方式是指一个地球站只发一个载波,利用基带中的频分多路复用或时分多路复用区分将发往不同地球站的信号。单址载波改变线路容量比较容易,在地球站数量较多的频分多址卫星通信系统中,多址载波可以减少转发器上载波的个数,从而降低互调对系统的影响。

2. 时分多址(TDMA)

卫星通信系统的时分多址是把卫星转发器的工作时间分割成周期性的互不重叠的时间间隔(即时隙)分配给各地球站使用。地球站可以使用相同的载波频率在所分配的时隙内发送信号。接收端地球站根据接收信号的时隙位置提取发给本站的信号。在这种方式中由于分配给每个地球站的不再是一个特定的载波,而是一个指定的时隙,如 $\Delta T_1, \Delta T_2, \Delta T_3, \cdots,$ ΔT_k 是各地球站在卫星转发器中所占时隙,这样能有效地利用卫星频带而又不使各站信号相互干扰。图 2-12 中设有四个时隙 $\Delta T_1, \Delta T_2, \Delta T_3, \Delta T_4$。通常人们把所有地球站时隙在

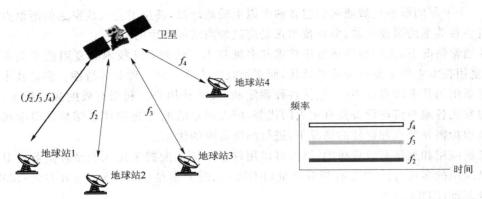

图 2-11 频分多址示意图

卫星内占有的整个时段的和称为卫星的一个帧周期简称为帧,用 T_s 表示,而把各地球站的时隙 ΔT_k 称为分帧。各地球站的分帧长度可以一样长,也可不一样长,根据业务量而确定分帧长度。由于各地球站只在自己的分帧内向卫星发射信号,所以各载波不是同时进入卫星的,也就是说在任一时刻卫星转发器放大的只有一个载波,这就允许各地球站采用相同的载波频率,从而在根本上克服了频分多址方式的缺点,即解决了互调干扰的问题。为了实现各地球站的信号按指定的时隙通过卫星转发器转发,就要同步各地球站的发送时间,也就是必须要有一个时间基准,同步是时分多址方式的一个关键问题。

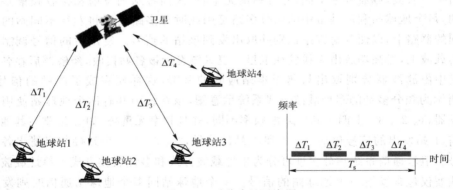

图 2-12 时分多址示意图

3. 空分多址(SDMA)

空分多址方式是指在卫星上安装多个天线,覆盖区分别指向地球表面上的不同区域。不同区域的地球站所发射的电波在空间不会互相重叠,利用天线的波束在空间指向的差异来区分不同地球站。空分多址示意图如图 2-13 所示。卫星上装有转换开关设备,某区域中某一站的上行信号,经上行波束送到转发器由卫星上转换开关设备将其转换到另一通信区域的下行波束,从而把转发信号传送到此区域的某地球站。如果有几个地球站都在天线同一波束覆盖区,则它们之间的站址识别还要借助频分多址方式或码分多址方式。这种方式要求天线波束的指向应非常准确。

空分多址方式的主要特点是:卫星天线增益高;卫星功率可得到合理有效的利用;不同区域地球站所发信号在空间互不重叠,即使在同一时间用相同频率,也不会相互干扰,因而

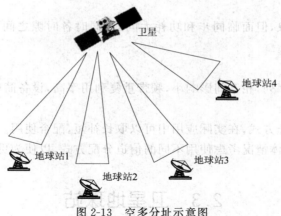

图 2-13 空多分址示意图

可实现频率重复使用,系统容量得到扩大;卫星对其他地面通信系统的干扰减小。但空分多址方式对卫星的稳定及姿态控制要求很高,且天线及控制装置都较庞大和复杂,转换开关发生故障后不能修复,使通信失效的风险增加。

4. 码分多址(CDMA)

码分多址卫星通信系统中,各个地球站所发射的载波信号的频率相同,并且各个地球站可同时发射信号。但是不同的地球站有不同的地址码,该系统靠不同的地址码来区分不同的地球站。如图 2-14 所示,各个站的载波信号由该站基带信号和地址码调制;接收站只有使用发射站的地址码才能解调出发射站的信号,其他接收站解调时由于采用的地址码不同,因而不能解调出该发射站的信号。码分多址有多种方式,目前应用较多的是直接序列扩频码分多址(DS/CDMA)和跳频码分多址(FH/CDMA)两种。由于码分多址卫星通信系统中在原发送信号中叠加了类似噪声为随机码(PN),使信号频谱大大展宽(扩频),因此,码分多址方式抗干扰性能强,此外有一定的保密能力,改变地址比较灵活。缺点是要占用很宽的频带,频带利用率一般较低;接收时,对地址码的捕获与同步需有一定时间。它特别适用于军事卫星通信系统及小容量的系统及要求保密性强的卫星通信系统。

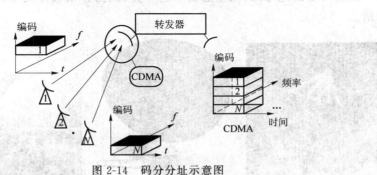

图 2-14 码分分址示意图

5. 几种多址技术性能比较

(1) FDMA 特点

由于卫星转发器的非线性将会形成交调干扰,要避开一部分频带不用,还要用卫星功率进行"补偿"以进一步降低交调干扰,这样就浪费了卫星功率和频带等宝贵资源。

（2）TDMA 特点

可以克服交调现象，但面临同步和功耗大问题，同时各时隙之间为了克服相互干扰现象，需要使用保护时间。

（3）CDMA 系统

使用不同的扩频序列，相互间影响小，频带重复利用率高，设备简单，能完全克服以上传统多址方式的缺点。

对于上述各种多址方式，在实际应用中可以取长补短，配合使用。为了更有效地利用有限的通信资源，根据具体情况考虑使用不同的信道分配方式，以便为更多的用户提供服务。

2.3　卫星地球站

2.3.1　卫星地球站分类

卫星地球站根据工作频段、通信体制、业务类型等不同，有不同的分类。

1. 按安装情况分类（图 2-15）

（1）固定站

固定终端是固定在地面接入卫星的地球站，它们可以提供不同的业务类型，在与卫星进行通信期间，它们不运动。固定终端的实例包括私营网络中所使用的小型终端（VSAT）、安装在居民楼顶用来接收广播卫星信号的终端等。

（2）可搬移站

短时间内能拆卸转移，工作时站址固定，不工作时可随时迁移的可搬移站又可分为便携式可搬移站、车载式可搬移站（又称为静中通）等。卫星新闻采集车（SGN）就是这样一种终端，它移动到位置后停止不动，随后展开天线以建立卫星链路。

（3）移动站

工作时站址可变的地球站，动中通属于这一类，根据移动载体类型又分为船载、车载和机载移动站。

（a）固定站　　　　　　　　（b）可搬移站　　　　　　　　（c）移动站

图 2-15　不同类型地球站

2．按传输信号形式分类

（1）模拟站

传输模拟信号如模拟电话、模拟电视等信号的地球站。

（2）数字站

传输数字信号的地球站。

3．按用途分类

（1）卫星广播业务站

用于语音广播、电视信号的发送和接收等。

（2）通信站

用于电话、电报、数据、军事通信等地球站。

（3）监控站

用于卫星的发射、入轨、轨道参数的监控、修正和管理等。

2.3.2　卫星地球站功能组成

1．地球站的作用

地球站可以和一个或多个人工、非人工的空间站进行通信，如图 2-16 所示，也可以通过一个或多个宇宙空间中的卫星或其他物体反射，与其他的地面站进行通信，如图 2-17 所示。在卫星通信中，大多数地球站都能够同时进行发送和接收信息，但在某些特殊的应用中，地球站只具有发送或者只具有接收功能。仅具有接收功能的地球站主要用于广播卫星的信息接收，仅具有发送功能的地球站则主要应用于数据采集系统。

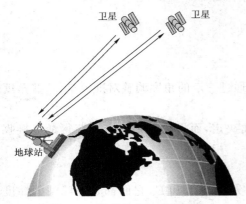

图 2-16　地球站与卫星的通信

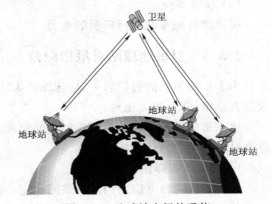

图 2-17　地球站之间的通信

2．地球站的功能组成

图 2-18 给出了地球站的一般组成。它由带跟踪系统的天线分系统、发射分系统和接收分系统组成，同时还包括与地面网络连接的用户接口分系统、各种监控分系统、环境控制分系统（加热和通风）以及电源分系统。

地球站主要由以下分系统组成。

（1）发送系统

其复杂度主要由载波数量以及同时与地球站通信的卫星数量决定。

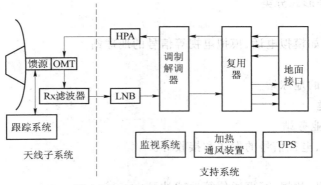

图 2-18 地球站设备的一般组成

（2）接收系统

类似于发送系统，其复杂度主要由载波数量以及同时与地球站通信的卫星数量决定。

（3）天线系统

天线系统通常采用一幅天线进行发送和接收信号，而且通过复用技术允许地球站同时连接到多个发送和接收链路中。

（4）跟踪系统

跟踪系统主要用于保证天线时刻对准卫星。

（5）地面接口系统

地球站和地面网络之间的数据接口。

（6）供电系统

提供维持地球站运行需要的电力。

2.3.3　卫星地球站对星指向角

为了获得最佳的通信效果，地球站的天线必须通过一定的角度调整对准卫星，这些角度包括方位角、仰角和极化角。

地面站的天线指向卫星的方向由仰角和方位角决定，而极化角则决定了获得最佳接收效果时射频天线的极化特性。

1. 方位角和仰角

天线的指向由方位角和仰角共同决定，分别设为变量 A 和 E，它们都是地球站的纬度 l，经度 L_{ES} 以及卫星的经度 L_{SL} 的函数。

方位角和仰角的位置如图 2-19 所示。假设地心为坐标系的原点，ES 代表地球站，SL 代表卫星，地球半径为 R_E，卫星高度为 R_0，卫星和地心连线与经过地球站所在地点的切线相交于点 y。另外，当地水平面正切于地球站所在位置的地球表面。

（1）方位角

天线围绕垂直轴沿顺时针方向（从地理上的北方来看）转动，直到天线轴进入一个包含地心、地球站和卫星的垂直面为止，这个过程中天线转动的角度就是方位角。方位角 A 的取值范围为 $0° \sim 360°$，顺时针为方位角增大方向，表 2-2 给出了方位角 A 的取值方法。

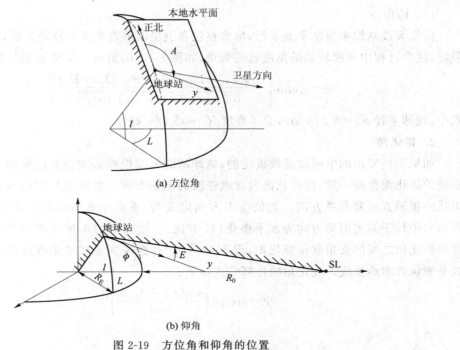

(a) 方位角

(b) 仰角

图 2-19　方位角和仰角的位置

表 2-2　方位角与地球站纬度及经度关系

	卫星在地球站以东	卫星在地球站以西
地球站位于北半球	$A=180°+\arctan(\tan(L_{SL}-L_{ES})/\sin l)$	$A=180°+\arctan(\tan(L_{SL}-L_{ES})/\sin l)$
地球站位于南半球	$A=\arctan(\tan(L_{SL}-L_{ES})/\sin l)$	$A=360°+\arctan(\tan(L_{SL}-L_{ES})/\sin l)$

图 2-19(a)从整体系统的视角给出了方位角的定义,而事实上,方位角调整的是地球站天线的指向,所以从天线本身的视角可以更加清楚地看到方位角的物理意义,如图 2-20 所示。图中卫星最开始指向正北方,通过调整后向东南方转动,并指向卫星,那么这两个方向之间的角度就是方位角。

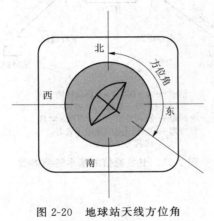

图 2-20　地球站天线方位角

（2）仰角

假设天线轴原来与水平面平行，那么在包含卫星的垂直平面中转动天线，直到天线对准卫星，这个过程中天线转动的角度就是仰角，如图 2-19(b)所示。仰角 E 的计算如下：

$$E = \arctan\left[\frac{\cos(L_{SL} - L_{ES})\cos l - R_E/(R_E + R_0)}{\sqrt{1 - [\cos(L_{SL} - L_{ES})\cos l]^2}}\right] \tag{2-1}$$

式中，地球半径 $R_E = 6\,378$ km，卫星高度 $R_0 = 35\,786$ km。

2. 极化角

如果卫星发出的电磁波是线极化的，地球站的天线馈源必须将自己的极化面与接收电磁波的极化面保持一致，该极化面包含电磁波的电场方向。对准卫星时的极化面包括卫星天线的视轴方向和参考方向。此处参考方向定义为：垂直于赤道面的方向为垂直极化（V 方向），平行于赤道面的方向为水平极化（H 方向）。地球站的本地垂线与天线轴组成的平面与极化面之间的夹角就是极化角，设为 Ψ。$\Psi = 0$ 意味着地球站接收或发送的线性极化波平面包含本地垂线。极化角的计算公式如下：

$$\Psi = \arctan\left[\frac{\sin(L_{ES} - L_{SL})}{\tan l}\right] \tag{2-2}$$

2.4 卫星链路预算

2.4.1 卫星链路参数

通信卫星链路可由几个基本参数确定，其中一些参数沿用传统通信系统的定义，而另一些则是卫星通信专用的。

图 2-21 归纳了卫星通信链路评估中所用的参数，给出了地球站 A 和 B 之间的两个单向自由空间或空中链路。

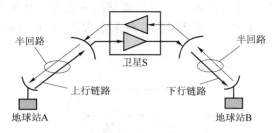

信道——A→B 或 B→A 单向链路
回路——全双工链路——A⇄B
半回路——双向链路——A⇄S 或 S⇄B
转发器——基本卫星中继电子设备，
　　　　　通常为单信道

图 2-21 卫星通信的基本链路参数

1. 上行链路与下行链路

从地球站到卫星的那部分链路称为上行链路,从卫星到地面的链路称为下行链路。任一双向地面站都有一个上行链路和一个下行链路。

2. 转发器

卫星上接收上行链路信号,对信号进行放大并有可能进行处理,随后以新的格式将该信号发送回地面的电子设备称为转发器。图 2-21 中,转发器用三角形放大器符号表示(三角形的方向标明了信号传输的方向)。对于两个地面站之间的任何一个双向链路,卫星上都需要两个转发器。

卫星上接收和发射信号的天线通常不作为转发器电子设备的一部分,它们被定义为卫星有效载荷的一个独立组成部分。

3. 信道与回路

信道是指 A-S-B 或 B-S-A 的整个单向链路。双工(双向)链路 A-S-B 及 B-S-A 在两个地面站之间建立了一个回路。

半回路定义为其中一个地面站处的两个链路,即 A-S 和 S-A;或者 B-S 和 S-B。回路这个称谓是从标准电话定义中延续而来的,应用于卫星通信系统的卫星端。

2.4.2 链路性能参数

1. 载噪比

在相同的带宽下,平均射频载波功率 C 与噪声功率 N 的比值被定义为载噪比 C/N。在通信系统中,C/N 是定义全系统性能的一个主要参数。它可以在链路中任意位置进行定义,比如在接收机天线的终端,或者解调器的输入端。

C/N 还能以 EIRP,G/T 和其他前面提出的链路参数的形式进行表示。考查其中一个链路,发射功率为 P_T,发射天线增益为 G_T,接收天线增益为 G_r,如图 2-22 所示。

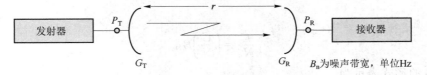

图 2-22 卫星链路参数

为保持完整性,将链路损失定义为两个分量,一个为自由空间路径损失,

$$L_P = \left[\frac{4\pi r}{\lambda}\right]^2 \tag{2-3}$$

另一个为其他所有的损失 L_0,定义为

$$L_0 = \sum \text{other loss} \tag{2-4}$$

式中,其他损失可能来自自由空间路径本身,比如雨衰、大气衰减等,或者来自硬件单元,比如天线馈源、馈线损失等。在接收机天线终端处的功率 P_R 可表示为

$$P_R = P_T G_T G_R \left(\frac{1}{L_P L_0}\right) \tag{2-5}$$

接收天线终端的噪声功率为

$$P_N = kT_s B_N \tag{2-6}$$

接收机终端的载噪比为

$$\frac{C}{N}=\frac{P_{\mathrm{R}}}{P_{\mathrm{N}}}=\frac{P_{\mathrm{T}}G_{\mathrm{T}}G_{\mathrm{R}}\left(\dfrac{1}{L_{\mathrm{P}}L_0}\right)}{kT_{\mathrm{s}}B_{\mathrm{N}}} \tag{2-7}$$

或者

$$\frac{C}{N}=\frac{\mathrm{EIRP}}{kB_{\mathrm{N}}}\times\frac{G_{\mathrm{R}}}{T_{\mathrm{s}}}\times\left(\frac{1}{L_{\mathrm{P}}L_0}\right) \tag{2-8}$$

表达成 dB 的形式,则为

$$\frac{C}{N}=\mathrm{EIRP}+\frac{G}{T}-(L_{\mathrm{P}}+\sum其他损失)-228.6-B_{\mathrm{N}} \tag{2-9}$$

式中,EIRP 单位为 dBW,带宽 B_{N} 单位为 dBHz,$k=-228.6\ \mathrm{dBw/K/Hz}$。$C/N$ 是用来定义卫星通信性能的最重要的参数。C/N 越大,链路性能越好。

典型的通信链路需要 $6\sim10$ dB 的最小 C/N 来满足可接受的性能要求。一些利用有效编码的现代通信系统能够在更低的 C/N 值上工作。扩频系统可以工作在负的 C/N,但是仍然可以达到可接受的性能要求。

在两种情况下,链路性能会下降:如果载波功率 C 下降,或者如果噪声功率 N 增加。在链路性能评估和系统设计时,这两个因素都必须予以考虑。

2. 载噪比密度

链路计算中常用的一个与载噪比相关的参数是载波—噪声密度比或载噪密度,记作 C/N_0。定义的噪声功率密度 P_{N0}

$$P_{N0}=kT_{\mathrm{s}} \tag{2-10}$$

载噪比与载噪密度可以通过噪声带宽联系起来,

$$\frac{C}{N}=\left(\frac{C}{N_0}\right)\frac{1}{B_{\mathrm{N}}} \tag{2-11}$$

或

$$\frac{C}{N_0}=\left(\frac{C}{N}\right)B_{\mathrm{N}} \tag{2-12}$$

以 dB 的形式表示为

$$\frac{C}{N}=\frac{C}{N_0}-B_{\mathrm{N}}(\mathrm{dB}) \tag{2-13}$$

$$\frac{C}{N_0}=\frac{C}{N}+B_{\mathrm{N}}(\mathrm{dBHz}) \tag{2-14}$$

载噪密度与载噪比在衡量系统性能方面是相似的,值越大,性能越好。用分贝形式表示,C/N_0 比 C/N 要大得多,因为对于大多数通信链路,B_{N} 较大。

2.4.3 链路设计

1. 简介

任何卫星通信系统的设计都有两个目的:在特定的时间内满足最低载噪比以及利用最低的花费传输最大量的信息。而通常两个目的是相互矛盾的,系统设计的艺术就是达到这两种目的的最佳平衡,使系统在最低花费的条件下具有良好的参数。

一个卫星通信系统通常受多个参数影响,这些参数可以根据它们对于不同子系统作用的重要程度来分类。(如地球站、卫星和卫星至地球站之间的传输信道)

地球站的参数主要有地理位置(可以对雨衰、卫星观测角、卫星的有效全向辐射功率和路径损耗进行估计),发射天线的增益和发射功率,接收天线的增益、系统噪声温度以及地球站各种元件的特性(解调器特性、滤波器特性以及交叉极化鉴别度)。

卫星的参数主要有卫星的位置(决定覆盖范围以及地球站的视角),发射天线的增益、辐射方向图、发射功率以及接收天线的增益、辐射方向图和转发器类型、增益和噪声特征。

传输信道的参数主要有工作频率(与路径损耗和链路裕量有关)和传播特性(决定链路余量以及调制和解调的选择)。

2. 链路设计步骤

一个单向卫星链路由两个独立的路径组成:从地球站到卫星的上行链路和从卫星到地球站的下行链路。

一个双向卫星链路由四个独立的路径组成:第一个地球站到卫星的上行链路、卫星到第二个地球站的下行链路、第二个地球站到卫星的上行链路以及卫星到第一个地球站的下行链路。

单向卫星链路的设计步骤归纳如下:

(1) 确定系统的工作带宽;

(2) 确定卫星的通信参数;

(3) 计算基带频道的信噪比和误码率;

(4) 确定地球站的发射和接收参数;

(5) 设计由发射地球站开始,利用链路预算确定上行链路的载噪比和转发器噪声功率预算;

(6) 由转发器增益值确定转发器的输出功率;

(7) 确定下行链路的载噪比和确定在覆盖区边缘的地球站接收信号的噪声预算;

(8) 确定系统工作的传输条件并计算大气衰减等其他由大气环境引起的损耗;

(9) 通过计算链路预算确定链路余量,将结果与需要的特性比较,通过调整系统参数来得到需要的链路裕量。

双向卫星链路的设计步骤也可由相似的方法进行。

3. 链路预算

链路预算是针对给定关键链路参数,分析和预测微波通信链路性能的技术,这些参数定义了信号的放大或损耗。

从发射端到接收端,以分贝形式表示的信号增益和损耗可直接采用代数和的形式进行运算。运算结果可以让我们获知接收端有效的信号强度。因此也可以获知接收信号强度比门限值强度大的程度。

真实的接收信号强度与门限值的差值就是链路余量 L_m。链路余量值越大,微波通信链路的质量越高。因此链路预算是用来优化链路参数以得到所需特性的一种有效方法。

(1) 单向微波通信链路的链路预算

如图 2-23 所示,链路预算的概念可以通过单向微波通信链路图更清楚的表现。图中,

P_T 为发射功率；L_T 为发射机与天线之间波导的损耗；G_T 为发射天线增益；L_P 为自由空间路径损耗；AA 为由雨、云、雾等导致的衰减；G_R 为接收天线的增益；L_R 为接收天线与接收器之间波导的损耗；P_R 为接收信号功率。

图 2-23　链路预算

在这种情况下，链路预算的功率平衡方程为

$$P_T - L_T + G_T - L_P - AA + G_R - L_R = P_R \tag{2-15}$$

应该注意的是，式(2-15)中所有的功率都表示为 dBW 形式，而增益、衰减和损耗项表示为 dB 形式。

（2）上行链路和下行链路的链路预算

无论是卫星链路的上行还是下行链路，都可以用功率平衡方程表示。卫星链路预算中的多个变量间的关系如图 2-24 中所示。

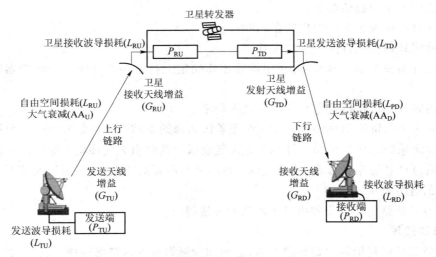

图 2-24　卫星链路预算分析

上行和下行链路的功率平衡方程为

$$P_{TU} - L_{TU} + G_{TU} - L_{PU} - AA_U + G_{RU} - L_{RU} = P_{RU} \text{上行链路} \tag{2-16}$$

$$P_{TD} - L_{TD} + G_{TD} - L_{PD} - AA_D + G_{RD} - L_{RD} = P_{RD} \text{下行链路} \tag{2-17}$$

由于地球站上可以放置功率更大的发射机，上行链路频道的设计通常要比下行链路简单。但是，像甚小地球站（VSAT）这种系统仍然对天线的尺寸有限制。

上行链路信道设计的主要目标是在卫星转发器能够得到确定的功率通量或者功率等级。地球站的有效全向辐射功率的计算正是基于这一需求。下行链路信道的设计需要考虑卫星转发器上放大器的功率回退要求以减少互调问题。这点可以通过减少上行链路发射功率或者减少卫星转发器的放大倍数来实现。

（3）示例

以一个典型的 Ku 波段卫星到 DTH 接收机的下行链路为例,进行链路预算。各参数的典型数值为

发射功率 $P_{TD} = 25$ dBW;发射波导损耗 $L_{TD} = 1$ dB;发射天线增益 $G_{TD} = 30$ dB;自由空间路径损耗 $L_{PD} = 205$ dB;接收天线增益 $G_{RD} = 39.35$ dB;接收波导损耗 $L_{RD} = 0.5$ dB;接收系统噪声温度 $T_s = 140$ K;接收带宽 $B_N = 27$ MHz;接收载噪比的门限值为 10 dB。

通过以上数据可以计算接收信号的功率:

$$P_{RD} = P_{TD} - L_{TD} + G_{TD} - L_{PD} + G_{RD} - L_{RD} \tag{2-18}$$
$$= 25 - 1 + 30 - 205 + 39.35 - 0.5 = -112.15 \text{ dBW}$$

可得信号功率为 -142.15 dBW。接收器的噪声功率为

$$P_N = kT_s B_N = 1.38 \times 10^{-23} \times 140 \times 27 \times 10^6 \text{ watts} \tag{2-19}$$
$$= 5\,216.4 \times 10^{-17} \text{watts} = -132.83 \text{ dBW}$$

$$\frac{C}{N} = P_{RD} - P_N = -112.15 - (-132.83) = 20.68 \text{ dB} \tag{2-20}$$

因此,这个链路接收到的载噪比为 20.68 dB。这个结果不仅可以用来确定链路余量和理想天气情况下此链路的服务质量,也可以用来得到恶劣天气情况下的服务质量。

在这种情况下,接收到的载波比噪声高 20.68 dB,比所需的门限值高 10.68。因此,链路余量 L_m 为 10.68 dB。

第 3 章 动中通系统组成及原理

动中通系统涉及精密旋转机构设计技术、现代伺服控制技术、现代信号处理技术、惯性技术、嵌入式系统技术和卫星通信技术等多个不同的技术领域,是一个典型的多学科交叉的复杂系统。

3.1 动中通的工作原理

3.1.1 工作原理

如图 3-1 所示,动中通实际上是将地球站安装于移动载体上,利用(FSS 频段)同步轨道卫星资源和安装于载体上的天线系统,在静止和运动状态下能建立和保持载体与卫星之间卫星链路(信道),在运动状态下,能满足和保持 FSS 频段卫星通信的使用条件。

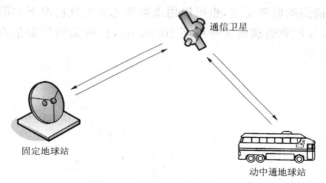

通信卫星

固定地球站

动中通地球站

图 3-1　动中通卫星通信系统

同步轨道通信卫星位于距地球约 36 000 公里的赤道上空。目前使用比较广泛的 Ku 波段卫星通信系统其上行频率为 14.0~14.5 GHz,下行频率为 12.25~12.75 GHz,上行为水平极化(或垂直极化),下行为垂直极化(或水平极化)。动中通系统与同步卫星保持连续通信的前提条件是天线的俯仰、方位、极化三轴指向始终对准卫星。对于固定地球站来说,设其所在经度 θ_L、纬度 ϕ_L,如果已知卫星经度 θ_S,则可计算出天线波束在对准卫星时相对当地地理坐标系的方位角 A、俯仰角 E 和极化角 V:

$$\begin{cases} A=180°+\tan^{-1}\left(\dfrac{\tan(\theta_L-\theta_S)}{\sin\phi_L}\right) \\[3mm] E=\tan^{-1}\left(\dfrac{\cos\phi_L\cos(\theta_L-\theta_S)-\dfrac{R_E}{R_E+h_E}}{\sqrt{1-[\cos\phi_L\cos(\theta_L-\theta_S)]^2}}\right) \\[3mm] V=\tan^{-1}\left(\dfrac{\sin(\theta_L-\theta_S)}{\tan\phi_L}\right) \end{cases} \qquad (3-1)$$

式中，R_E 为地球半径 6 378 km，h_E 为卫星距地心距离 36 000 km。方位角以正北方向为零度，顺时针方向为正；俯仰角以水平方向为零度，水平面上方为正。极化角的正负定义为：当天线从正南逐渐转向东面时，高频头应该顺时针补偿，这时的极化角为正；当天线从正南逐渐转向西面时，高频头就要作逆时针补偿，极化角为负值。上式是动中通系统天线指向的理论基础，动中通系统首先要能够根据式(3-1)通过卫星捕获使天线指向用户选择的卫星，即卫星初始捕获。

　　动中通基本工作过程如图 3-2 所示，在静止状态或运动状态下，由 GPS、惯性测量元件等测量出车体所在位置的经纬度，车体的姿态角以及姿态角变化速率，然后根据其姿态及地理位置、卫星经度自动确定以水平面为基准的天线仰角，在保持仰角对水平面不变的前提下转动方位，并以信号极大值方式自动对准卫星，完成卫星的初始捕获并转入稳定跟踪状态。在车体运动的过程中，系统不断测量出车体的姿态变化，并根据跟踪信号计算出天线的误差角，再通过伺服机构调整天线方位角、俯仰角及极化角，以保证车体在运动过程中，能够对卫星进行持续跟踪。一旦由于遮挡或其他原因引起信号中断时，系统就会自动切换到滑行模式。当载体驶出阴影动中通系统自动完成卫星的再捕获，捕获完成自动转入正常的工作模式。

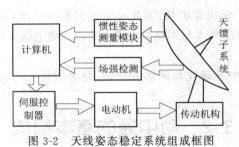

图 3-2　天线姿态稳定系统组成框图

　　由此可见，动中通设备特别之处在于通信设备是置于无规则不停运动的载体上，要实现不间断的通信就必须使通信设备的天线波束始终对准卫星，而当天线波束被遮挡时能够保持天线的波束指向，遮挡消失后能够迅速恢复通信。这就形成了在运动状态下对目标卫星的初始捕获、稳定、跟踪和阴影后再捕获的复杂信息处理与智能控制过程。

3.1.2　总体技术

　　如上所述，动中通设备特点首先是安装于载体上；第二是在运动中使用；第三是利用了 FSS 频段资源。根据以上三个特点，动中通系统在应用层面应满足以下要求：

　　(1) 高度低，满足过涵洞的要求、通过性好，减小暴露目标以降低被摧毁的概率；

　　(2) 造价低，以便于推广；

　　(3) 嵌入式，使用方便，对载体改动小，不干扰载体上的其他设备；

　　(4) 功耗低，对载体电源要求小；

　　(5) 重量轻，对载体结实程度要求低，不需要加固改装车体，保证载体完整性；

　　(6) 无人值守，完善的监控，人机分离，操作"傻瓜"化，方便用户使用。

　　动中通天线在技术层面应满足以下要求：

　　(1) 天线应满足双频双极化要求，同时要任意变极化和宽的波束带宽；

（2）逻辑上具有三维支撑结构，承载天线系统、测控系统和通信系统，方便系统集成；

（3）逻辑上具有三维驱动传动机构驱动方位、俯仰和极化指向；

（4）逻辑上具有三维测控，实现天线的稳定和跟踪；

（5）智能算法协调稳定、跟踪、指向和处理阴影；

（6）符合卫星应用网络要求，适应扩频和非扩频调制波形。

综合应用层面和技术层面的要求就构成了动中通的总体技术，主要包括：

（1）应用背景与环境，主要考虑载体的机械和电气特性，载体的应用环境，动中通通信容量与质量要求等，应用环境是动中通研究起点和应用的终点；

（2）卫星资源，重点考虑卫星资源的频段，极化方式，可用带宽，卫星的发射能力 EIRP 值和卫星的接收能力 G/T 值；

（3）天线与测控，天线和测控是动中通的核心组成部分，应根据应用背景和环境以及所用的卫星资源，在满足链路预算要求的条件下，综合考虑天线和测控复杂程度与造价；

（4）法规，动中通本质上也是一种特殊的卫星地球站，必须满足卫星通信对地球站的各项要求，但是动中通天线一般较小，很难满足卫星通信组织指定的对地球站的各项要求；

（5）信号，卫星通信中可以采用 TDMA、FDMA、CDMA 和 SDMA 多址方式，可以采用多种调制方式，信号可以扩频或非扩频，因此动中通要有很强的调制波形与频谱的适应性；

（6）网络，卫星通信网络形式与网络结构差异很大，动中通要能适应各种不同网络形式与网络结构。

动中通总体技术是动中通研究与研制的基础，是必须优先考虑的指导性原则。

3.2　动中通的基本组成

3.2.1　功能维组成

如图 3-3 所示，动中通系统在功能上可以划分为：系统集成综合、天馈线系统、测控系统、通信系统、综合集成平台。

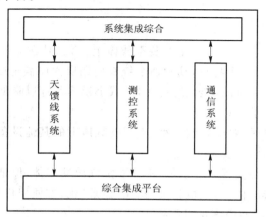

图 3-3　动中通系统的功能维组成

（1）系统集成综合

系统集成综合是指实现各系统之间互连、互通、互操作的器件及设备。主要包括微波与射频器件、传输线、电路等。互连是指物理上连接，互通是指软、硬件的协议匹配，互操作是指各分系统之间互相提供所需服务（功能）。

动中通功能维划分是将动中通从系统维影射到了功能维，是动中通系统分析的过程，是动中通系统研究与学习的基础。

（2）天馈线系统

天馈线系统包括天线系统和馈线系统。天线系统的作用是实现地面站和卫星之间的信息交换，用来发射或接收无线电波。馈线系统是连接天线和通信终端的桥梁，是天线与接收机和发射机之间传输和控制射频信号的各种射频装置的统称，主要由射频传输线和各种射频元件构成，基本功能是把天线接收到的射频信号送往接收机，或者把发射机发出的射频信号送给天线。动中通天馈线系统不仅要有足够的增益，还希望能够做到小巧灵活，以方便系统的装载和载体的运行。

（3）测控系统

测控系统是保证波束对准卫星、实现通信的关键，在整个动中通系统中起着承上启下的作用。动中通测控系统的工作主要分为两个方面：一方面是通过对陀螺、加速度计、倾角仪等惯性器件的测量来感知车体、天线的位置和姿态，进而实现对天线波束指向的控制；另一方面根据当前接收卫星信号的强度获取当前天线波束指向与目标卫星的偏差角，进而驱动天线波束指向卫星。

（4）通信系统

通信系统是实现动中通的根本保证，由收发信机（BUC、LNB）信道设备和终端设备组成。动中通的通信系统与普通地球站的通信系统没有原则性区别，但要求小型化，安装方式要灵活等。

（5）综合集成平台

综合集成平台是用于承载天馈线系统、测控系统和通信系统的装置，主要有室外的天线罩、天线座以及室内的机柜等。

3.2.2　空间维组成

动中通系统根据设备所处位置的不同可以分为室外单元（Out Door Unit，ODU）和室内单元（In Door Unit，IDU）两部分，如图 3-4 所示。

ODU 又分为静止部分和转动部分，两者之间通过高频旋转关节和滑环实现物理连接和数据通信。转动部分主要由天线转台、收发天线、俯仰机构、方位机构、传感器、控制器等组成，通过天线罩与底座封装为一体，成为一个集成的独立模块，主要完成天线在方位、俯仰、极化上的控制，使得天线波束时刻对准通信卫星，极化时刻匹配；通信系统的上变频器和高功放（BUC）放置在距离天线较近的车外部分的静止基座上，使得从车内部分的收发信机到车外部分的传输为中频信号，以降低发射功率的传输损失。IDU 主要由监控设备、一体化电源、卫星 Modem、加解密机等组成，主要完成通信卫星的设置与识别、系统工作状态的监控、卫星信号的检测、系统供电、通信及信息的处理等功能。

动中通空间维划分是将动中通从功能维影射到了空间维，是动中通系统综合的过程。

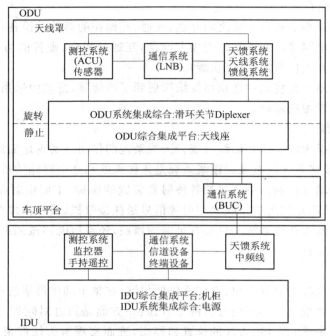

图 3-4 动中通系统空间维组成

3.3 动中通的工作流程

动中通设备特别之处在于天线是置于无规则不停运动的载体上,要保证通信质量就必须使天线波束始终对准卫星。国际电信联盟规定:Ku 频段车载卫星地球站的指向误差应小于 0.2°;当天线指向误差大于 0.5°时,则必须减小发射功率避免干扰到相邻卫星。由于动中通天线增益高、波束窄,且置于不停运动的载体上,这对于动中通测控系统来说是一个极大的挑战。

动中通测控系统就是通过测量元件的测量,然后经过数据处理和计算得到波束控制量,驱动伺服机构实现天线波束时刻对准卫星,维持卫星通信链路的通畅。从控制环路上可以分为开环稳定与闭环跟踪两个部分:开环稳定利用惯性传感器对载体扰动进行稳定隔离,确保天线在一定的指向范围内,属于开环正向控制;在此基础上,闭环跟踪以天线信号强度作为闭环反馈量,实现系统对卫星的跟踪,属于反向闭环控制。一旦出现遮挡或其他原因引起信号中断时,系统就会自动切换到开环模式,此时完全依赖惯性传感器保持天线指向。当载体驶出阴影,动中通测控系统自动完成卫星的再捕获,并转入正常的工作状态。这就形成了在运动状态下对目标卫星的初始捕获、稳定、跟踪和阴影后再捕获的复杂智能控制过程。因此,一般将测控系统的工作过程分为四个阶段:快速寻星阶段、稳定跟踪阶段、阴影检测阶段、再捕获阶段。其不同阶段间的转换关系如图 3-5 所示。

动中通系统在静止状态下开机启动后,测控系统进入快速寻星阶段,在快速寻星阶段,测控系统根据内置的卫星信息和惯性器件检测得到的姿态信息计算得出动中通天线的指向

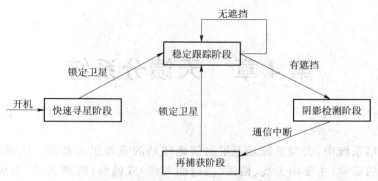

图 3-5　测控系统工作状态转换关系图

信息,快速调整天线指向至目标卫星的大致空域,完成天线指向的粗对准,再根据卫星信号检测设备检测的信号强度指示微调天线,精确对准目标卫星。当卫星信号检测系统在一定时间内能够连续不断地接收到卫星的特征信号,则测控系统转入稳定跟踪阶段,在此阶段内,测控系统依靠惯性器件反馈的信息调整天线指向,但是低精度的惯性器件在长时间工作会产生累积误差,引起航向角漂移,最终导致天线的指向误差。若指向误差不加以修正,将导致"丢星"的情况发生,测控系统根据卫星信号强度指示修正天线的指向偏差实现波束对准,从而保证通信链路的畅通。当动中通系统在运动过程中遇到树木、桥梁、隧道等遮挡时,卫星信号检测设备检测的卫星信号强度将发生剧烈变化,当卫星信号强度小于一定阈值时,指示测控系统进入遮挡检测阶段,该阶段内,卫星信号强度指示变化不规则,如果继续以卫星信号强度指示对天线指向误差进行修正将引起天线指向的误校正,导致天线波束偏离目标卫星的指向,无法锁定目标卫星,在遮挡检测阶段测控系统停止卫星信号检测设备对天线指向偏差的修正,只依靠惯性器件隔离载体运动调整姿态,卫星信号检测的一个作用是指示测控系统由惯导跟踪阶段转入遮挡检测阶段。当动中通离开遮挡后,若天线的方位误差在天线波束角范围内,则可以实现通信的零等待恢复,若方位误差超过天线波束角范围,则通信中断,转入再捕获阶段。再捕获阶段是动中通丢失目标卫星后重新建立通信链路的阶段,主要发生在遮挡检测阶段后,与快速寻星阶段不同,再捕获阶段时天线波束指向与期望卫星的方位偏离较小,测控系统不需要进行天线指向的粗对准,只需在小范围内搜索卫星信号强度最大值即可锁定目标卫星所在方位,实现波束对准,重新建立通信链路,随后测控系统转至惯导跟踪阶段继续跟踪卫星。

第 4 章　天馈分系统

在卫星通信系统中,天馈系统是卫星通信地球站的重要组成部分。天馈系统是天线系统和馈线系统的简称,主要由天线、馈源(反射面天线)或馈线(阵列天线)组成,其作用是用来辐射或接收无线电波的装置,实现空间电磁信号与传输线电信号的转换。对于采用变极化的动中通,其天馈系统还包括变极化机构。在卫星动中通中,天线的形式一定程度上决定着系统的高度和成本,因此天馈系统关联着卫星动中通的核心关键技术。

4.1　天线技术

4.1.1　天线功能

天线是动中通最主要的设备之一。对于卫星地球站,天线是信号的输出和输入口,其功能是有效地使发射功率转换成电磁波(自由波)能量,并发射到空间去,同时也将空间接收到的极为微弱的电磁波(自由波)能量有效地转换为同频信号并馈送给接收机,在某种意义上说,天线就是一种电磁波与同频信号间的换能器。

根据天线的收、发互易定理,一副天线既可用作发射又可用作接收。实际上,地球站系统接收和发射功能一般都用一副天线来完成,仅在馈线部分利用波导元件分别处理。天线一般采用双频双极化方式来区分发射和接收。比如,发射时采用水平极化方式,而接收采用垂直极化方式。

4.1.2　动中通天线分类

按照不同的标准,天线有不同的分类方法。

(1) 按辐射场形分类,可分为全向天线和定向天线。由于卫星通信距离远,信号的空间衰减大,动中通一般采用定向天线。根据天线波束的扫描方式又分为机械扫描天线、波束切换天线、相控阵天线,各类天线之间的对比如表 4-1 所示。

表 4-1　移动地球站定向天线比较

天线类型	优点	缺点
机械扫描天线	结构简单 成本低 设计技术成熟	跟踪速度慢 可靠性低 天线剖面高

续 表

天线类型	优点	缺点
波束切换天线	结构简单 成本低 跟踪速度快	天线增益偏低 存在波束覆盖盲区 天线剖面高
相控阵天线	跟踪速度快 电气性能好且可靠性高 天线剖面低且便于共形安装	成本偏高 低仰角天线性能恶化

（2）按照轮廓的高低，动中通天线可划分为高轮廓、中轮廓和低轮廓/超低轮廓天线，图 4-1 归纳了常见的不同轮廓下动中通的天线类型，不同轮廓动中通天线对比如图 4-2 所示。

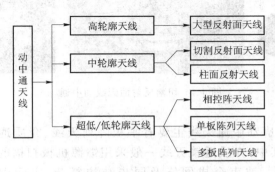

图 4-1　动中通天线分类

图 4-2　不同轮廓动中通天线对比

高轮廓动中通天线产品种类非常多，通常以圆口径的反射面天线为主，天线高度一般大于 60 cm，主要适用于对天线轮廓要求不高的场合，如大型舰船、专用的卫星通信车辆等，多波段的卫星通信通常也采用这类天线，如图 4-3 所示。反射面天线系统通常采用机械驱动，伺服系统存在比较大的滞后误差，对于动态特性要求较高的场合，必须采取其他措施来减小滞后误差。但反射面天线技术成熟，同样尺寸条件下，天线的效率和增益比平板天线要高很多。

"切割"反射面天线是在常规反射面天线的基础上进行低剖面的切割设计，能够在一定程度上降低天线轮廓，如图 4-4 所示 DRS 公司的 Ku-38V 天线、Orbit 公司的 AL-3601 天线以及火箭军工程大学研制的"切割"反射面天线。这类天线虽然能够保留原反射面天线的大部分性能，但很难满足小型车辆安装超低轮廓的要求，在大中型载体中应用较多。

图 4-3　高轮廓动中通

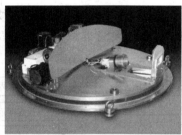

图 4-4　切割反射面天线动中通

当前,常见的低轮廓动中通天线主要有平板阵列天线、介质透镜天线等,其天线高度通常低于 30 cm。其中,介质透镜天线一般采用馈源机械扫描的方式,具有良好的电气性能,但介质插损大、波束合成网络及同步结构复杂,实际中应用较少,如图 4-5 所示。

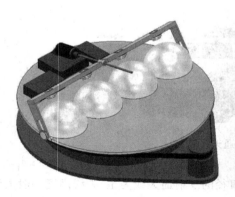

图 4-5　介质透镜天线动中通

如图 4-6 所示,平板阵列天线具有效率高、重量轻、体积小的特点,是当前实现低轮廓动中通的主要技术途径。平板天线一般分为由立体传输线(波导)组成的平板天线阵和由平面传输线(微带)组成的天线阵。平板天线形式多种多样,按辐射单元可划分为贴片天线、振子天线、喇叭天线和缝隙天线;按馈线结构形式又可分为微带、带状线、悬置带线和波导、同轴线等;按极化方式可分为圆极化方式和线极化方式。采用强制馈电,作为动中通天线不需要馈源和副反射面,因而平板天线动中通可以做得轻巧。由于采用强制馈电,极化系统通常采用电子或电动的方式来满足动中通双极化、任意变极化的要求。

图 4-6　阵列天线动中通

各种动中通天线性能比较如表 4-2 所示。

表 4-2　各种动中通天线性能比较

类型	优点	缺点	适用情况
反射面天线	性能最优;易增大口径;结构简单,射频器件少,易实现收发共用和极化面调整	轮廓最高	高增益,对天线轮廓无要求;特殊赋形的反射面天线也可用于中低轮廓应用
介质透镜天线	性能较好,扫描时增益基本不下降,易实现多频段多波束	频段高时效率降低;组阵可实现低轮廓,但结构复杂	多频段、扫描范围大,中等轮廓天线应用
平面阵列天线	轮廓低,射频集成化高,可实现收发共用;可机扫,仰角 0°～90°	口径不易做大,馈电和射频组件较多、复杂;对多组片,在高低仰角性能下降,成本较高	低轮廓应用

4.2　天线的电参数

天线的基本功能是能量转换和定向辐射,天线的电参数就是能定量表征其能量转换和定向辐射能力的量。天线的电参数主要有方向图、主瓣宽度、旁瓣电平、方向系数、天线效率、天线增益、极化特性、频带宽度、输入阻抗和驻波比、噪声温度等。

1. 天线方向图及其有关参数

所谓天线方向图,是指在离天线一定距离处,辐射场的相对场强(归一化模值)随方向变化的曲线图,通常采用通过天线最大辐射方向上的两个相互垂直的平面方向图来表示。方向图可用来说明天线在空间各个方向上所具有的发射或接收电磁波的能力。方向图可以采用不同的表现形式,既可以采用极坐标形式也可以采用直角坐标形式,如图 4-7 所示。

为了方便对各种天线的方向图特性进行比较,就需要规定一些特性参数。这些参数有:主瓣宽度、旁瓣电平以及方向系数等。

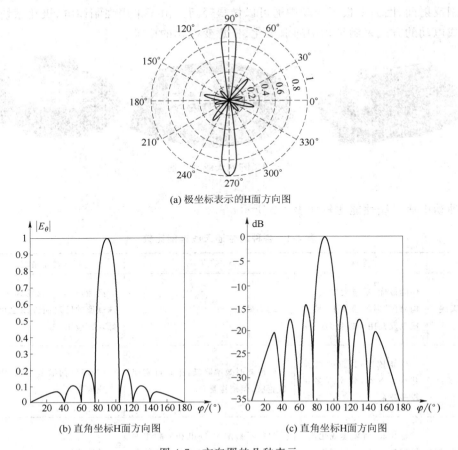

(a) 极坐标表示的H面方向图

(b) 直角坐标H面方向图　　　　(c) 直角坐标H面方向图

图 4-7　方向图的几种表示

（1）主瓣宽度

主瓣宽度是衡量天线的最大辐射区域的尖锐程度的物理量。通常它取方向图主瓣两个半功率点之间的宽度，在场强方向图中，等于最大场强的 $1/\sqrt{2}$ 两点之间的宽度，称为半功率波瓣宽度（Half Power Beam Width，HPBW）。有时也将前两个零点之间的角宽作为主瓣宽度，称为零功率波瓣宽度。

主瓣宽度表示其接收信号的角度范围，波瓣宽度越窄，接收卫星信号的角度也越窄。波瓣宽度太大，就容易将邻近卫星的信号接收下来，而造成干扰。

半功率波瓣宽度越小，方向性越强，功率辐射越强。对于均匀照射圆口径天线，半功率波瓣宽度估算公式如下：

$$HPBW = 70\lambda/D \tag{4-1}$$

式中，HPBW 表示半功率角，单位为°（度）；λ 表示工作波长，单位为 m；D 表示天线直径，单位为 m。

由公式可以看出，天线的半功率波瓣宽度与天线的直径成反比，与工作波长成正比。也就是说，小口径天线的半功率波瓣宽度比较大，因此调整天线对星指向相对比较容易，另外对卫星的漂移也不太敏感；而大口径天线恰好相反，由于半功率波瓣宽度较小，故天线指向的调整比较困难。

（2）旁瓣电平

天线方向图通常有许多波瓣，除了最大辐射强度的主瓣之外，其余均称为副瓣（或旁瓣）。为了定量表示旁瓣的大小，定义了旁瓣电平。旁瓣电平（Sidelobe Level，SLL）是指离主瓣最近且电平最高的第一旁瓣电平，一般以分贝表示。

$$SL = 10\log P/P_{\max}$$

式中，P 和 $P_{\max}$ 分别表示旁瓣和主瓣的最大功率值。

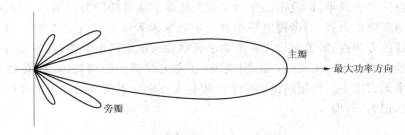

图 4-8　天线波束示意图

方向图的旁瓣区是不需要辐射的区域，所以其电平应尽可能的低，且天线方向图一般都有这样一条规律：离主瓣越远的旁瓣的电平越低。第一旁瓣电平的高低，在某种意义上反映了天线方向性的好坏。另外，在天线的实际应用中，旁瓣的位置也很重要。

早期地球站天线的设计主要是取得尽可能高的效率以得到最大的天线增益，而近年来对天线的指标要求不仅是高增益而且更重要的是低旁瓣电平特性。这是因为卫星通信的迅速发展，各国要求发射的同步轨道通信卫星数目剧增，而赤道平面同步轨道资源非常有限，要增加卫星数目，必然缩小卫星在轨道上的间隔，由此将引起地球站以及邻星间相互干扰的问题，这种干扰的大小主要由地球站天线旁瓣特性所决定，所以国际上对地球站天线旁瓣电平的指标提出了越来越严格的要求。

当前，国际上对地球站天线旁瓣电平指标的要求主要遵循国际无线电咨询委员会（CCIR）、国际卫星组织（INTELSAT）以及美国联邦通信委员会（FCC）制定的标准。

①国际无线电咨询委员会（CCIR）规定，1977 年前对地球站天线的旁瓣电平指标是 6 GHz 发送频段为 $G(\theta) \leqslant -29$ dB；4 GHz 接收频段为 $G(\theta) \leqslant -26$ dB（均以主波束峰值为 0 dB）。

CCIR 第 5 届全会决议提出，从 1987 年 1 月起对 $\dfrac{D}{\lambda} \geqslant 150$ 的天线，必须满足

$$G(\theta) = \begin{cases} 29 - 25\lg\theta\,(\text{dB}) & (1° < \theta \leqslant 48°) \\ -10\,(\text{dB}) & (48° < \theta \leqslant 180°) \end{cases}$$

②国际卫星组织（INTELSAT）也制订了提高旁瓣电平指标的规定，它于 1983 年提出对 $\dfrac{D}{\lambda} \geqslant 150$ 的地球站天线的设计目标为

$$G(\theta) = 29 - 25\lg\theta\,(\text{dB}) \quad (1° < \theta \leqslant 48°)$$

③美国联邦通信委员会（FCC）也做了如下规定：

$$G(\theta)=\begin{cases} 29-25\lg\theta(dB) & (1°<\theta\leqslant7°)\text{不准超过} \\ -8(dB) & (7°<\theta\leqslant9.2°) \\ 32-25\lg\theta(dB) & (9.2°<\theta\leqslant48°)\text{允许超过}10\% \\ -10(dB) & (48°<\theta\leqslant180°) \end{cases}$$

（3）方向系数

上述方向图参数虽能在一定程度上反映天线的定向辐射状态，但由于这些参数未能反映辐射在全空间的总效果，因此不能单独体现天线集束能量的能力。例如，旁瓣电平较低的天线并不表明集束能力强，而旁瓣电平小也并不意味着天线方向性必然好。为了更精确地比较不同天线的方向性，需要再定义一个表示天线集束能量的电参数，这就是方向系数。

方向系数（Directivity Coeffcient）定义为：在离天线某一距离处，天线在最大辐射方向上的辐射功率流密度 S_{max} 与相同辐射功率的理想无方向性天线在同一距离处的辐射功率流密度 S_0 之比，记为 D，即

$$D=\frac{S_{max}}{S_0}=\frac{|E_{max}^2|}{|E_0^2|}$$

工程上，方向系数常用分贝来表示，这需要选择一个参考源，常用的参考源是各向同性辐射源（Isotropic，其方向系数为1）和半波偶极子（Dipole，其方向系数为1.64）。若以各向同性源为参考，分贝表示为 dBi，即

$$D(dBi)=10\lg D$$

若以半波偶极子为参考，分贝表示为 dBd，即

$$D(dBd)=10\lg D-2.15$$

在通常情况下，如果不特别说明，dB 指的是 dBi。

2. 天线效率

一般来说，载有高频电流的天线导体及其绝缘介质都会产生损耗，因此输入天线的实功率并不能全部转换成地磁波能量。可以用天线效率来表示这种能量转换的有效程度。天线效率定义为天线辐射功率与输入功率之比，记为 η_A，即

$$\eta_A=\frac{P_\Sigma}{P_i}=\frac{P_\Sigma}{P_\Sigma+P_1}$$

式中，P_i 为输入功率，P_1 为欧姆损耗。常用天线的辐射电阻 R_Σ 来度量天线辐射功率的能力。天线的辐射电阻是一个虚拟的量，定义如下：设有一电阻 R_Σ，当通过它的电流等于天线上的最大电流时，其损耗的功率就等于其辐射功率。显然，辐射电阻的高低是衡量天线辐射能力的一个重要指标，即辐射电阻越大，天线的辐射能力越强。

由上述定义得辐射电阻与辐射功率的关系为

$$P_\Sigma=\frac{1}{2}I_m^2 R_\Sigma$$

即辐射电阻为

$$R_\Sigma=\frac{2P_\Sigma}{I_m^2}$$

仿照引入辐射电阻的办法，损耗电阻 R_1 为

$$R_1=\frac{2P_1}{I_m^2}$$

将上述两式代入,得天线效率为

$$\eta_A = \frac{R_\Sigma}{R_\Sigma + R_1} = \frac{1}{1 + R_1/R_\Sigma}$$

可见,要提高天线效率,应尽可能提高 R_Σ,降低 R_1。天线的效率一般为 $40\% \sim 70\%$,偏馈天线的效率可达 80% 左右。

3. 天线增益(Gain)

方向系数只是衡量天线定向辐射特性的参数,它只取决于方向图,天线效率则表示天线在能量上的转换效能。天线增益是综合衡量天线能量转换和方向特性的参数,它是方向系数与天线效率的乘积,记为 G,即

$$G = D \cdot \eta_A$$

由上式可见:天线方向系数和效率越高,则天线增益越高。现在来研究天线增益的物理意义。将方向系数公式和效率公式代入上式得

$$G = \frac{r^2 |E_{\max}|^2}{60 P_i}$$

由上式可得一个实际天线在最大辐射方向上的场强为

$$|E_{\max}| = \frac{\sqrt{60 G P_i}}{r} = \frac{\sqrt{60 D \eta_A P_i}}{r}$$

假设天线为理想的无方向性天线,即 $D=1, \eta_A=1, G=1$,则它在空间各方向上的场强为

$$|E_{\max}| = \frac{\sqrt{60 P_i}}{r}$$

可见,天线增益描述了天线与理想的无方向性天线相比较在最大辐射方向上将输入功率放大的倍数。

若天线口面面积为 A,其天线增益可写成

$$G = 10\lg\left[\frac{4\pi A}{\lambda^2}\eta\right]$$

式中,η 为天线总效率。如果天线口面是直径为 D 的圆形,则上式可写成

$$G = 10\lg\left[\left(\frac{\pi D}{\lambda}\right)^2 \eta\right]$$

式中,G 表示天线增益,单位为 dB;D 表示天线直径,单位为 m,λ 表示工作波长,单位为 m;f 表示工作频率,单位为 Hz;η 表示天线的电功率损失率,一般取 $0.6 \sim 0.75$。

接收的信号越弱,对天线线增益的要求就越高。天线的增益与天线的口径有关,与天线半径的平方成正比,天线口径越大,增益就越高。天线的增益还与信号频率有关,与信号频率的平方成正比,相同口径下,工作频率越高,增益就越高。

4. 极化

极化是指天线在最大辐射方向上电场矢量的方向随时间变化的规律。具体地说,就是在空间某一固定位置上,电场矢量的末端随时间变化所描绘的图形。该图形如果是直线,就称为线极化;如果是圆,就称为圆极化,此时,电场的两个分量幅度不变,相位相差 $90°$;如果是椭圆,就称为椭圆极化。如此按天线所辐射的电场的极化形式,可将天线分为线极化天线、圆极化天线和椭圆极化天线。

　　线极化又可分为水平极化和垂直极化；目前，国内通信卫星上下行普遍采用正交的线极化，因此，动中通天线也应当是双极化方式。一个反射面天线和一个电动变极化馈源就可以实现异频双极化和变极化功能，这一技术已经成熟，但在高度、机械特性等方面还不能满足许多应用场合的要求。对于低轮廓阵列天线，为提高天线的孔径效率，需采用收发共用的阵列天线，即在一个孔径上实现双频、双极化。

　　圆极化和椭圆极化都可分为左旋和右旋。当圆极化波入射到一个对称目标上时，反射波是反旋向的，即若入射波为左旋圆极化，则反射波为右旋圆极化。在传播电视信号时，利用这一特性可以克服由反射所引起的重影，例如我国的中星 9 号直播卫星即采用圆极化信号广播电视信号。

　　在我国卫星发展的早期，接收到的下行信号都只有一种极化（偏振）方式。随着卫星通信需求的增大，转发卫星信号的数量日益增多，为充分利用宝贵的频谱资源，提高频谱使用效率，卫星通信中广泛采用极化复用，即在同一频带内利用不同极化波束传送两路信号。例如亚洲 2 号卫星 A 系列转发器下行为垂直极化 V，B 系列转发器下行为水平极化 H，且两种极化的转发器频带有重叠部分。因此，极化问题成为卫星信号接收的重要问题，极化方向调整不好，或出现错误，就可能接收不到信号，或使信号接收质量差（模拟信号信噪比低，数字信号误码率高）。

　　在地面接收终端，接收天线的极化方向应与电磁波的极化方向一致，这称为极化匹配，这时，接收天线能接收到电磁波的全部能量。若接收天线的极化方向与电磁波的极化方向不一致，则为极化失配，这时会产生极化损失，只能接收到部分能量。以线极化匹配为例，如果天线的极化方向与电磁波的极化方向之间存在夹角 θ，则能接收到的功率仅为电磁波功率的 $\cos\theta$ 倍。因此，接收天线的极化状态应与被接收电磁波的极化状态相匹配，才能最大限度地收进该电磁波的功率。在水平与垂直线极化情况下，极化匹配要求接收天线具有与被接收电磁波相同的极化状态。同时，在地面终端发射信号时，为了避免干扰别的用户，也要求发射信号的极化形式与卫星的极化形式一致。但在移动卫星通信中，一方面，当载体位于不同的地理区域时，天线对卫星的极化角是不同的，有时甚至相差几十度；另一方面，载体运行过程中姿态的变化，不仅影响车载天线的波束指向，还会造成天线波束的滚动角变化，天线极化方向往往偏离转发器极化方向，造成信号衰落和严重的交叉极化干扰，从而影响卫星接收系统的载噪比。这就要求动中通天线在行进中，不仅要时刻跟踪卫星，而且需要进行极化匹配。

　　单个线极化波或理想圆极化波通过非理想的传输过程后，线极化波会分解成一个与原线极化波极化方向一致的主极化分量和另一个极化正交的交叉极化分量，理想的圆极化波会变成一个椭圆极化波，即产生一个与原旋转方向相同的主极化波和另一个旋转方向相反的交叉极化分量，它们之间的幅度比即为反旋系数 b。在双极化系统中，两个理想的相互正交线极化波之间或两个理想的正交圆极化波之间是不存在交叉极化分量的。如果是两个不正交的线极化波或两个椭圆极化波，则它们之间就会产生交叉极化分量。数值上，交叉极化分量取决于两个相互不正交的线极化波的电场方向偏离 90° 的程度，或取决于两个椭圆极化波的轴比 VAR 的大小，所以交叉极化分量的大小取决系统本身的极化纯度。

　　两个正交的信道间，由于系统本身的极化不纯或传输途径中去极化源的存在，会使两信道间产生不同程度的极化干扰。为衡量干扰的大小，引入交叉极化隔离度和交叉极化鉴别率的概念。

交叉极化隔离度 XPI 的定义：本信号在本信道内产生的主极化分量 E_{11}（或 E_{22}）与在另一信道中产生的交叉极化分量 E_{12}（或 E_{21}）之比，可写成

$$XPI = 20\lg \frac{E_{11}}{E_{12}} (dB)$$

或

$$XPI = 20\lg \frac{E_{22}}{E_{21}} (dB)$$

交叉极化鉴别率 XPD 的定义是，本信道的主极化分量 E_{11}（或 E_{22}）与另一信号在本信道内产生的交叉极化分量 E_{21}（或 E_{12}）之比，可写成

$$XPD = 20\lg \frac{E_{11}}{E_{21}} (dB)$$

或

$$XPD = 20\lg \frac{E_{22}}{E_{12}} (dB)$$

XPI 和 XPD 都是衡量交叉极化分量的大小，衡量两个信道间干扰的程度。根据定义，两者的概念是不同的，XPI 在单极化系统和双极化系统中都存在，而 XPD 只能在双极化系统中存在。在双极化系统中，只有当两路信号的幅度相等，即 $E_1 = E_2$，而且去极化源是对称的，即 $E_{11} = E_{22}$，$E_{12} = E_{21}$，$b_1 = b_2$，此时在数值上 XPD＝XPI。

理想圆极化波通过非理想的传输过程后，圆极化会变化为椭圆极化，为衡量圆极化或椭圆极化信号的纯度，引入轴比的概念。

椭圆轴比 AR：极化平面波的长轴和短轴轴比。

$$AR = 20\log |U_{max}/U_{min}|$$

如果信号为理想的圆极化信号，则轴比 AR＝0；若信号为线极化信号，则轴比 AR＝∞。

5. 频带宽度

天线的电参数都与频率有关，也就是说，上述电参数都是针对某一工作频率设计的。当工作频率偏离设计频率时，往往会引起天线参数的变化，例如主瓣宽度增大、旁瓣电平增高、天线增益降低、输入阻抗和极化特性变坏等。实际上，天线也并非工作在点频，而是有一定的频率范围。当工作频率变化时，天线的有关电参数不超出规定的范围，这一频率范围称为频带宽度，简称为天线的带宽。

6. 输入阻抗和驻波比

要使天线辐射效率高，就必须使天线与馈线良好匹配，也就是要使天线的输入阻抗等于传输线的特性阻抗，这样才能使天线获得最大功率，如图 4-9 所示。

设天线输入端的反射系数为 Γ（或散射参数为 S_{11}），则天线的电压驻波比为

$$VSWR = \frac{1 + |\Gamma|}{1 - |\Gamma|}$$

回波损耗为

$$L_r = -20\lg |\Gamma|$$

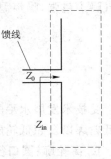

图 4-9　天线与馈线的匹配

输入阻抗为

$$Z_{in} = Z_0 \frac{1+\Gamma}{1-\Gamma}$$

当反射系数 $\Gamma = 0$ 时，VSWR＝1，此时 $Z_{in} = Z_0$，天线与馈线匹配，这意味着输入端功率均被送到天线上，即天线得到最大功率。

天线的输入阻抗对频率的变化往往十分敏感，当天线工作频率偏离设计频率时，天线与传输线的匹配变坏，致使传输线上的反射系数和电压驻波比增大，天线辐射效率降低。比如天线的输入功率为 P_{in}，若其反射系数为 Γ，则天线的反射功率为 $\Gamma^2 P_{in}$，天线上得到的功率为 $(1-|\Gamma|^2)P_{in}$，即反射越大，天线所得到的功率越少。因此在实际应用中，还引入电压驻波比参数，并且驻波比不能大于某一规定值。

图 4-10 是某天线的回波损耗与频率的关系曲线，一般将 VSWR≤2 或 $|\Gamma|$≤1/3）的带宽称为输入阻抗带宽。当 $|\Gamma|$＝1/3 时，反射功率为输入功率的 11%。

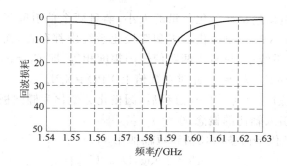

图 4-10　某天线的回波损耗与频率的关系曲线

7. 噪声温度

噪声温度（Ta）是衡量接收弱信号时的一个重要的参数。进入天线的噪声主要来自银河系的宇宙噪声和来自大地、大气层的热噪声。在 C 波段，宇宙噪声很小，主要是大地和大气的热噪声。

在 Ku 波段，这些噪声会随着频率的增加而增大。噪声温度还与天线的仰角、口径、效率、精度、焦距/口径比等因素有关。仰角越小，信号穿过大气层的路径越长，从而气象噪声、大气噪声越强，噪声温度越大。口径越大，波束越窄，噪声温度越小。

4.3　动中通天线发展现状

受技术发展水平的限制，动中通卫星通信天线的发展历程是先从高轮廓到中轮廓，最后到低轮廓以及超低轮廓，天线高度越低，天线的技术水平相对也越高。

1. 高轮廓：圆口径反射面天线

1988 年，中电 54 所研制的远望号船载 C 频段 7.3 m 卫星通信天线，如图 4-11 所示。1998 年，研制出了车载 Ku 频段 1.5 m 环焦天线。

图 4-11 远望号船载 C 频段卫星通信天线

2. 中轮廓：椭圆波束反射面天线、透镜天线

2002 年，54 所、39 所、714 厂研制出了机载 Ku 频段 0.55 m、车载 1.2 m 椭圆波束环焦天线和 0.6 m 环焦天线；2004 年，日本推出了新型天线 Lune-Q，用于接收卫星电视节目；2005 年，美国空军研究实验室研制出机载透镜阵列天线。中轮廓天线如图 4-12 所示。

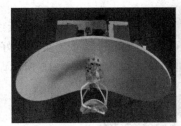  

图 4-12 中轮廓天线

3. 低轮廓：透镜天线、反射面、阵列天线

2006 年，国外研制出 Ku 频段火车用卫星通信天线，以色列 RaySat 公司推出多组片天线；2007 年，美国 TracStar 推出宽带双向卫星通信系统 IMVS450M 产品；2009 年，以色列 Starling 公司研制出 Mijet 系列产品；2010 年，国内中电 54 所研制出了车载低轮廓 Ku 频段 0.6 m 天线。

图 4-13 低轮廓天线

通过对各种形式用于移动载体的卫星移动通信低轮廓天线分析研究可知，反射面天线、平面阵列及相控阵天线等，都各具优缺点，可根据性能指标和载体的要求，选用合适的天线形式。

动中通天线的发展方向：高性能（相控扫描跟踪）、多频段、易共形（低轮廓）、模块化、集成化等。动中通天线经过二十多年的发展历程，已经有了三代产品的更迭。

第一代动中通天线是以圆口径反射面为主的高轮廓天线，其优点是易于实现高增益、低交叉极化和低旁瓣性能，缺点是轮廓高，结构笨重，需要高承重的伺服系统，不便携带。受其重量体积限制，第一代动中通天线主要用于大型移动载体中，如船舶、大型车辆等，如图4-14所示。

图 4-14　高轮廓动中通天线

第二代动中通天线是以椭圆口径的反射面天线和介质透镜天线为主的中等轮廓天线，它适当的牺牲一部分增益，并形成椭圆形的赋形波束，从而可以在较低的尺寸下实现较好的电气性能。第二代动中通天线在方位向的尺寸较大，俯仰向的尺寸较小，如图4-15所示。

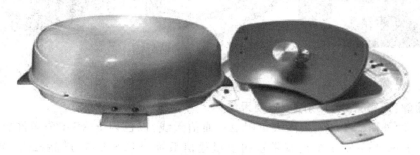

图 4-15　中等轮廓动中通天线

随着动中通天线需求的不断扩大，为了进一步降低天线的轮廓，出现了低轮廓动中通天线，其中以平板阵列天线为主。这类天线通常高度为 200 mm，收发天线单元由若干个子阵组成，体积中等，轮廓较低，天线口面效率略有下降，它的优势是具有轮廓低、体积小、重量轻、机动性好、易于安装等的特点，最大的特色是风阻小，适宜高速行驶的载体平台应用，例如汽车、坦克以及飞机等。近年来研发的收发共口径的平板天线是新型的低剖面动中通天线，它具有低副瓣、低剖面、高效率、电性能与仰角无关等优良性能，它是唯一一种能覆盖全空域的天线形式。第二代产品中，较为优秀的有以色列 RAYSAT 公司的 Stealth RayTM 3000 型天线、Starling 公司的 Mijet 型天线和中国电科第 54 所的 CTI-CM60-Ku2304 动中通天线等，如图 4-16 所示。

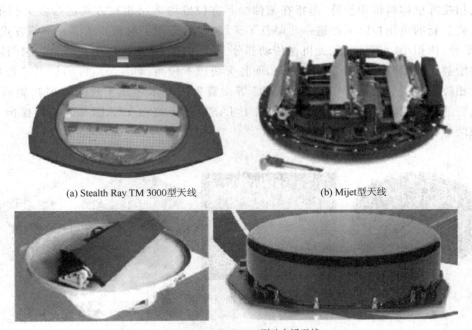

(a) Stealth Ray TM 3000型天线　　　　　　(b) Mijet型天线

(c) CTI-CM60-Ku2304型动中通天线

图 4-16　平板阵列动中通天线

　　第三代动中通天线主要以相控阵天线为主,分为混合相控阵天线和全相控阵天线。混合相控阵也称为一维相控阵,只在俯仰维采用相控阵波束扫描,而在方位维上采用传统的机械扫描。这种天线的优点是动态响应速度快、轮廓较低、体积较小、成本中等,缺点是天线增益较低、旁瓣特性较差、相控扫描角度有限、可能存在盲区、孔径利用效率较低、阵列规模大。它的适用范围是不需要在低仰角情况下工作的低轮廓天线,是适用于中小型载体的动中通天线。此类天线中比较出色的产品有欧洲 ERA 公司的 G3 天线和美国 Thinkom 公司的Thinsat300 天线等,如图 4-17 所示。

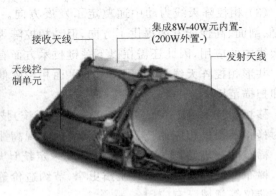

接收天线

集成8W-40W元内置-
(200W外置-)

发射天线

天线控
制单元

(a) G3天线　　　　　　　　　　(b) Thinaat300天线

图 4-17　混合(一维)相控阵天线

全相控阵也称两维相控阵,是指在俯仰维和方位维均采用相控方式进行波束扫描的相控阵天线。新的全相控阵天线进一步降低了天线高度,采用了电调式的姿态调节方式,轮廓低、重量轻、体积小、可靠性高、无机械传动部分、便于携带,甚至可以单兵背负。它的缺点是天线的增益会随着俯仰角的变化而变化,而且天线成本较高,对各个组件的加工工艺要求也高。全相控阵天线一般采用 LTCC、MMIC 等微波集成技术才能实现高度射频集成设计。比较优秀的全相控阵动中通天线产品有瑞士 JAST 公司的 NATALIA 天线和德国 IMST公司的两维相控阵天线等,如图 4-18 所示。

图 4-18　全(两维)相控阵天线

从天线技术角度出发,动中通天线发展趋势主要有以下几个方面。

（1）研制更宽频段天线。随着用户的增加,通信频道数已不能满足需要,用户系统将面临升级,所以现在就要求天线工作频率范围增宽。为此,必须研制更宽频段的天线,即超宽带天线。

（2）向 Ka/Ku 双频双极化天线发展。伴随着 Ka 频段同步卫星的发射,今后卫星地面移动通信业务将逐步向 Ka 频段推进。由于 Ka 频段频率与目前普遍使用的动中通频率相比高出了许多,大量的现有成熟技术无法应用到 Ka 频段的天线上,因此需要进行大量的研究工作,主要集中在天线形式和微波网络器件的研究。鉴于现有主要通信还集中在 Ku 频段,为了实现平稳过渡,Ka/Ku 双频双极化动中通天线将会成为下一阶段动中通天线的主要形式之一。

（3）相控阵天线为动中通奠定了发展方向。相控阵天线为动中通天线下一步向小型化、低剖面、高性能发展提供了方向,但是相控阵天线自身存在的不足严重制约了其在动中通天线中的应用,因此还需在以下关键技术方面有所突破和发展。

共形相控阵天线技术:用以克服平面相控阵低仰角增益和方向性变差的不足,展宽天线俯仰扫描范围。

移相器技术:RF-MEMS(微电子机械系统)技术、压控电介质技术和光电子技术的发展将为移相器提供相应的技术支持,从而为实现高性能的相控阵天线奠定基础。

稀布阵技术:稀布相控阵天线是按一定统计规律,从孔径抽去部分单元的电扫阵列天线。稀布阵与满阵相比具有主瓣更窄,节约造价等优点,在相控阵雷达、卫星接收天线及射电干涉仪等领域已有应用。

数字化电路:用全数字的 T/R 模块代替原来的移相器、不等功率分配器、微波衰减器等构成的模拟 T/R 模块,既可以方便地产生各种所需波束又可以灵活对天线阵列进行相位和幅度加权处理,从而简化了系统结构,实现天线的小型化。

（4）低成本跟踪方式研究。目前，现有的动中通稳跟踪系统多采用激光陀螺等高性能的传感器，成本很高，不适合民用，因此，如何利用较低成本的中低精度陀螺等传感器设计出满足系统性能要求的高性价比动中通系统将成为下一步研究的热点之一。

4. 天线扫描方式

现有的动中通卫星通信天线从波束形成到实现波束扫描以及天线跟踪的方式，可以分成三种类型：全相控阵方式、面天线机械扫描方式和混合方式。

全相控阵方式的天线由许多辐射单元组成阵列，靠控制每个单元的相位和幅度来形成所需要的波束，通过相位、幅度改变引起波束指向的变化，实现对卫星的跟踪。

全相控阵方式的动中通天线通常由底座、馈电网络、天线阵和天线罩组成，其中底座用于固定天线；馈电网络用于为天线阵的各个相元进行供配电，通过不同的供配电组合实现天线阵不同相元的加断电，从而形成不同的波束合成。

此种类型的天线单元大都可放在一个或几个平面上，靠馈电网络来形成天线波束和波束指向的改变，因此其优点是可以做到天线高度很低，波束变化很快，有利于载体快速运动时波束跟踪卫星。然而，对现有的 Ku 波段通信卫星来讲，要实现宽频带（高码速率）的卫星通信，天线的增益要求很高，天线的单元数必然很多，导致波束形成网络结构极为复杂，成本较高。此外，考虑到运动载体颠簸和道路坡度的影响，车载动中通天线波束扫描范围要求很宽，一般要求方位 0°～360°，俯仰 0°～90°或更大，而且对方位面的旁瓣电平有严格的要求。这在平面全相控阵天线的情况下难以做到。综上所述，全相控阵方式的动中通天线适用于低频段、通信速率较低且载体快速运动时需要波束跟踪卫星的设备，如低频段机载设备。

面天线机械传动方式的天线仍然由反射面构成，波束指向变化靠方位和俯仰电动机加传动机构的方式来实现。和以往传统的动中通卫星通信天线相比，它仅仅是通过压低反射面的高度或者采用柱型抛物面等方式，使反射面由原来的圆对称形状变成高度较低、宽度较宽的不对称反射面，因而，天线波束宽度由原来的方位面、俯仰面基本相等变成俯仰面波束大大宽于方位面波束。由于在高仰角时，馈源的纵向长度（沿馈源长度方向）也影响天线总的高度，因此，必须设法尽量减小馈源及馈电网络的纵向尺寸。美国 Tracstar 的 IM-VS450M、韩国的 Koreasat-3 和以色列 Orbit 公司的 AL-3602 天线就是该形式的典型应用，如图 4-19 所示。

(a) IMVS450M天线　　　　(b) Koreasat-3天线　　　　(c) AL-3602天线

图 4-19　机械传动方式的卫星动中通天线

面天线机械传动方式的天线方位角波束可以得到很好的控制，在足够宽的角度范围内，方向图旁瓣电平满足卫星通信地球站的相应规定，且具有成本低的优点。然而由于把俯仰面天线波束宽度加大了,和原来高度较高的天线相比,天线的增益降低较多。综上所述,面天线机械传动方式的动中通天线适用于低成本、对体积等要求不高的卫星设备。

混合方式主要有两种组合。一种是平面阵列/机械扫描混合方式,其天线由许多辐射单元组成的平面阵列构成,天线波束固定不变,天线跟踪依靠方位和俯仰电动机带动天线阵列实现。典型应用有 L 频段的螺旋阵列海事卫星动中通天线和 Ku 频段的波导喇叭阵列动中通天线系统等,如图 4-20 所示。

(a) L-band螺旋阵列天线   (b) Ku-band波导喇叭阵列天线

图 4-20 平面阵列/机械扫描混合动中通天线系统

采用平面阵列/机械扫描混合方式,天线性能可以优化得很好,俯仰跟踪角度较宽,可以实现 0°～90°范围内的连续扫描,不采用移相器的扫描机制,节省成本,收发采用同一个合成孔径有利于提高天线增益。不足是天线阵列随俯仰电动机转动,天线高度由阵列口径决定与天线增益相互制约,难以实现低剖面和高增益的组合,适用于对天线尺寸要求不高的情况。

另外一种组合是相控阵/机械扫描混合方式。天线部分是由多个相控阵辐射单元构成,通过移相器调整每个天线单元辐射的相位和幅度得到所需要的天线波束,同时实现天线波束在俯仰方向上的扫描,而天线在方位方向上的跟踪还是要依靠方位电动机带动天线转动来实现。工程应用主要有平面和分块两种形式的混合相控阵,如图 4-21 所示。

(a) 平面混合相控阵   (b) 分块混合相控阵

图 4-21 混合相控阵动中通天线系统

采用混合相控阵方式,可以实现天线的超低剖面,便于安装和与载体共形,不足之处是平面相控阵天线本身难以实现宽角扫描,频带也难加宽,虽然可以通过将平面相控阵分拆成几块可转动的子块来补偿低仰角时的增益和方向性的不足,但是要实现俯仰 $0°\sim90°$ 范围内的连续扫描难度较大。通常混合相控阵天线系统采用收发分开的形式来满足天线的发射和接收增益要求,以支持高速率业务的应用。

　　上述天线适用于构型要求严格但不需要宽角扫描的情况。综合对上述几种天线情况的分析,可以得到如下结论。

　　(1) 纯相控阵的方法可以做到天线高度很低,波束变化很快,但难以实现高增益,低频段、通信速率较低且载体快速运动时需要波束跟踪卫星的设备应用。

　　(2) 面天线＋机械传动方式成本较低,但收发增益较低且体积较大,适用于低成本、对体积等要求不高的卫星设备。

　　(3) 混合方式中的平面阵列/机械扫描混合方式天线性能可以优化得很好,俯仰跟踪角度较宽、节省成本、天线增益较高,但是天线阵列随俯仰电动机转动,天线高度由阵列口径决定与天线增益相互制约,难以实现低剖面和高增益的组合,适用于对天线尺寸要求不高的情况。

　　(4) 混合方式中的相控阵/机械扫描混合方式可以实现天线的超低剖面,便于安装和与载体共形,但平面相控阵天线本身难以实现宽角扫描,频带也难加宽,适用于构型要求严格但不需要宽角扫描的情况。

4.4　动中通反射面天线

4.4.1　典型的动中通反射面天线

　　美国的 SKYWARE GLOBAL 公司是一家专门致力于动中通反射面天线系统的卫星通信天线商家,已经有 40 年历史的卫星通信研发经历,产品涵盖了整套天线系统,如 NJRC 的 16 W、25 W、40 W 的 Ku 波段的功放,Norsat 的低噪放,MITEC 和 NJRC 的调制解调器,天线控制单元,各频段内的波导产品等,其工作频段有 C 波段、Ku 波段和 Ka 波段等频段的卫星通信产品,如 1.8 m 的 Ku 波段的动中通产品,收发共用接收增益 45.3 dBi (12 GHz),发射增益 46.8 dBi(14.3 GHz),驻波小于 1.5,端口隔离度大于 35 dB,交叉极化隔离度达到 26 dB,整套系统的 G/T 值在俯仰 10°范围内可以达到 43 dB/K。美国 SKY-WARE GLOBAL 公司的 Ka 偏馈天线如图 4-22 所示。

图 4-22　美国 SKYWARE GLOBAL 公司的 Ka 偏馈天线

  韩国的 WIWORLD 公司是一家致力于移动载体的卫星自动跟踪企业,产品主要装载在汽车、火车、舰船等载体上,通过 GPS 天线定位,得到载体当前位置的实时经纬度,然后通过动中通产品上的惯导系统,联合自动跟踪算法,以及和差波束法判断信号强度的最大值和最小值,以达到对卫星的实时跟踪。韩国 WIWORLD 公司的产品如图 4-23 所示。

图 4-23　韩国 WIWORLD 公司的产品

  图 4-24 所示是北京星网卫星的船载动中通产品 S100,天线面口径 1 m,是为了满足海上作业的 Ku 频段的宽带卫星通信业务,拥有可靠的跟踪平台,即使海况恶劣的情况下,也可以迅速完成自动对星、锁定卫星,提供不间断的互联网接入、语音、视频、文件传输等业务,适应性强,可靠性强。

  北京爱科迪(AKD)通信技术有限公司的 AKD-M08U(图 4-25)是工作在 Ku 波段的中轮廓车载动中通,组合了高性能的导航算法以及对星算法,实现惯导自标定、自补偿等功能,以满足长久的航行时长等工作要求,电性能优越,有较高的增益和交叉极化隔离度。接收增益可以达到 38.2 dBi@12.5 GHz,发射增益是 39.3 dBi@14.25 GHz,轴向的交叉极化隔离度高于 35 dB。

图 4-24　北京星网卫通的 S100

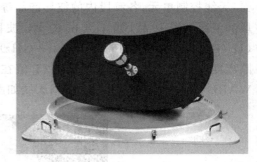

图 4-25　北京爱科迪的 AKD-M08U

  中国电子科技集团第 54 研究所也是一个研发实力强劲的动中通生产单位,其中国内某舰船上就载有 54 所研发的口径 7.3 m 的卫星通信天线。中国电子科技集团 54 所研发的动中通产品如图 4-26 所示。抛物面天线作为一种相对成熟的技术,还有很多生产抛物面天线的厂家,如西安的星展测控,北京的 39 所、13 所等。

图 4-26 中国电子科技集团 54 所研发的动中通产品

4.4.2 反射面天线分类

抛物面天线动中通系统主要安装在车、船、飞机等移动载体上,天线口径有 0.6 m、0.8 m、0.9 m、1.2 m、1.5 m 不等。工作的频段有 L、C、X、Ku、Ka 等。根据数据的流量、卫星的工作频点以及系统误码率要求可选择不同的天线口径和不同的频段。需要高速率数据传输的用户需采用大口径天线,反之,采用较小口径天线。目前气象遥感卫星工作在 L、X 频段,而电视和数传工作在 C、Ku、Ka 频段。

动中通常用的反射面天线有卡塞格伦天线、偏馈天线、环焦天线等。反物面天线(图 4-27)优点是增益大、成本低、制作难度小,但是缺点是高度过大、应用范围受限。

图 4-27 抛物面天线动中通示意图

1. 主焦馈电抛物面反射天线

主焦馈电抛物面反射天线由抛物面反射器和位于其焦点处的馈源组成,直径一般小于 4.5 m,如图 4-28 所示。发射天线由馈源发出的球面电磁波经抛物面反射后,形成方向性很强的平面波束向空间辐射,可以将射频信号直线发射到卫星或者其他抛物面接收天线。接收天线由抛物面反射器将电波信号反射收集到馈源。主焦馈电抛物面天线具有结构简单,方向性强,工作频带宽的特点。

2. 偏移馈源分段抛物面反射天线(图 4-29)

偏移馈源分段抛物面反射天线是相对于正馈天线而言,偏馈天线的馈源和高频头的安装位置不在与天线中心切面垂直且过天线中心的直线上,因此,就没有馈源阴影的影响。在

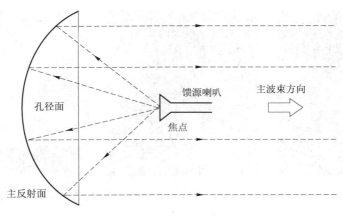

图 4-28　主焦馈电抛物面反射天线

天线面积、加工精度和接收频率相同的前提下,偏馈天线的增益大于正馈天线。但无论正馈天线还是偏馈天线,它们都是旋转抛物面的截面,只是截取的位置不同而已。偏馈天线作为旋转抛物面的一个截面,因此,当旋转抛物面的旋转轴指向卫星时,电波经偏馈天线反射后,一定会聚于焦点,且电波行程相等,由于电波行程相等,因而到达馈源的电波都是同相的,这使得进入波导的电波振幅加大,从而起到了能量汇聚的作用。

偏移馈源分段抛物面反射天线的直径一般小于 2 m,如图 4-29 所示。偏馈的结构消除了馈源及其辅助装置对主波束的遮挡,从而提高了天线的效率并且降低了旁瓣的电平。

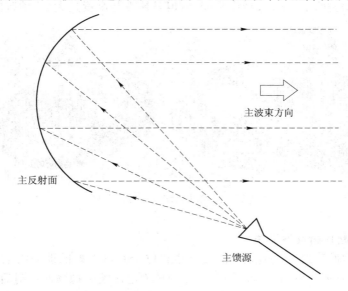

图 4-29　偏移馈源分段抛物面反射天线

3. 卡塞格伦反射面天线

卡塞格伦天线是另一种在卫星通信中常用的天线,它是从抛物面天线演变而来的。卡塞格伦天线由三部分组成,即主反射器、副反射器和辐射源。其中主反射器为旋转抛物面,副反射面为旋转双曲面。在结构上,双曲面的一个焦点与抛物面的焦点重合,双曲面焦轴与抛物面的焦轴重合,而辐射源位于双曲面的另一焦点上。如图 4-30 所示,它是由副反射器对辐射源发出的电磁波进行的一次反射,将电磁波反射到主反射器上,然后再经主反射器反射后获得相应方向的平面波波束,以实现定向发射。

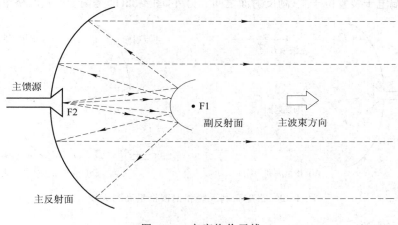

图 4-30　卡塞格伦天线

卡塞格伦天线克服了前馈馈电抛物面反射天线的大部分缺点,它利用一个位于焦点和主反射面之间的双曲面反射电磁波。在这种天线中,馈源位于主反射面的中心,它发出的电磁波被双曲反射面反射回主面,然后形成波束发送到卫星。

当辐射器位于旋转双曲面的实焦点 F1 处时,由 F1 发出的射线经过双曲面反射后的射线,就相当于由双曲面的虚焦点直接发射出的射线。因此只要是双曲面的虚焦点与抛物面的焦点相重合,就可使副反射面反射到主反射面上的射线被抛物面反射成平面波辐射出去。

卡塞格伦天线相对于抛物面天线来讲,它将馈源的辐射方式由抛物面的前馈方式改变为后馈方式,这使得天线的结构较为紧凑,制作起来也比较方便。另外卡塞格伦天线可等效为具有长焦距的抛物面天线,而这种长焦距可以使天线从焦点至口面各点的距离接近于常数,因而空间衰耗对馈电器辐射的影响要小,使得卡塞格伦天线的效率比标准抛物面天线要高。

另外,卡塞格伦天线也存在偏馈形式,如图 4-31 所示。

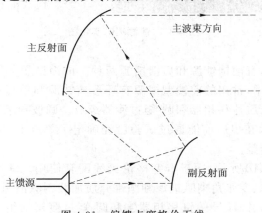

图 4-31　偏馈卡塞格伦天线

4. 格里高利天线

另一种常见的反射面天线是格里高利天线,如图 4-32(a)所示。这类天线有一个位于主馈后面的凹形副反射面(卡塞格伦的是凸形),其目的也是将电磁波反射回天线主反射面。在格里高利天线中,前端电子装置位于主、副反射面之间。另外,图 4-32(b)是偏馈形式的格里高利天线。

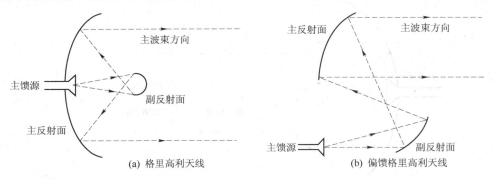

图 4-32　格里高利天线和偏馈格里高利天线

4.4.3　馈源

馈源是抛物面天线、卡塞格伦天线的基本组成部分,是高增益天线的初级辐射器。它把高频电流或束缚电磁波变成辐射的电磁波能量。天线反射面收集到的电磁波方向不一致,需要经过馈源调整成为统一的极化方向并进行阻抗变换,使馈源中由圆波导传播的电磁波能够变换成调频头中由矩形波导传播的电磁波,从而提高天线接收信号效率。具体来说,馈源主要功能有两个:一是将天线接收的电磁波信号收集起来,变换成信号电压,供给高频头;二是对接收的电磁波进行极化转换。常见馈源喇叭通常由铝质材料制成,图 4-33 为馈源喇叭示意图。

图 4-33　馈源喇叭实物图

馈源根据工作方式,有前馈馈源和后馈馈源两种。前馈馈源如图 4-34(a)所示,适于普通前馈式抛物面天线使用,常用的前馈型馈源有环形槽馈源和单环槽馈源。它由一个带波纹槽的圆波导辐射器、介质片移相器和圆-矩过渡器组成。圆波导辐射器的相位中心与抛物面天线的焦点 F 要重合,在出厂前能通过试验已经确定了焦点 F 的准确位置,到使用现场安装好即成,不再需要调整。

后馈馈源如图 4-34(b)所示,适于卡塞格伦天线配套使用。常用的后馈型馈源有圆锥喇叭馈源、阶梯喇叭馈源、变张角喇叭馈源和圆锥介质加载喇叭馈源等。它由赋形副反射器②、介质加载圆锥喇叭③、圆波导销钉移相器④和圆-矩过渡器⑤组成。接收到的电磁波经由抛物面①反射到达赋形副反射器,经副反射器再次反射后会聚于圆锥喇叭的相位中心。

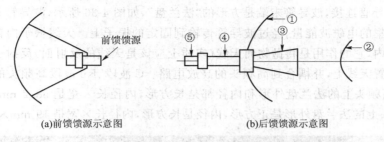

(a)前馈馈源示意图　　　　　　　(b)后馈馈源示意图

图 4-34　馈源分类

　　下面主要介绍环形槽前馈型馈源的结构，如图 4-35 所示。环形槽馈源由带环形槽的主波导、介质移相器和圆-矩波导变换器三部分构成，如图 4-35（a）所示。主波导是直径为（0.6～11）λ（接收电波的波长）的一段圆波导，在其外端口配有一个有 3～4 圈环形槽的空心圆盘，称为波导环（又称扼流槽、馈源盘）。介质移相器由移相介质片按一定方向插在圆波导中构成。介质移相器的作用是，当传输电波经过介质片时。使电波产生一定的相移量，从而使电波完成极化的变换。圆-矩波导变换器是由圆形波导向矩形波导过渡的过渡波导段，通过它完成电波的阻抗变换和模式转换。环形槽馈源是一种大张角喇叭。不同焦距口径比（f/D）的天线，配用不同口径的环形槽馈源，以提供不同的照射张角。这种馈源的优点是：结构简单、加工容易、尺寸小、对电波遮挡小。由于现在的卫星大部分都是以线极化方式工作的。只有圆极化时才需要介质移相器的。

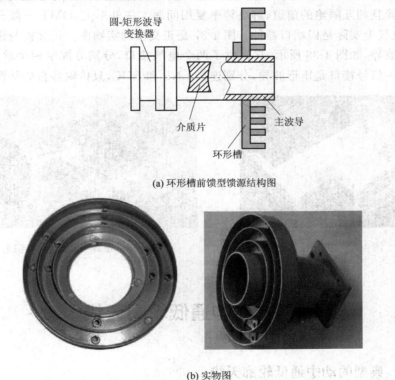

(a) 环形槽前馈型馈源结构图

(b) 实物图

图 4-35　环形槽前馈型馈源

馈源跟波导管连接,波导管末端是方形的"法兰盘",如图 4-36 所示,波导管里就是天线振子。由馈源收集的电磁波能量,经过波导管传输到固定的振子上。天线振子内置在高频头上的矩形波导管内,它的作用是将抛物面天线(实质上应该是天线的反射面)反射过来的电磁波聚焦到馈源内置天线上,并耦合到高频头的高放电路。C 波段、Ku 波段高频头的法兰盘不太一样,C 波段高频头上的法兰盘外形和内径都是长方形,内径长×宽 = 58.2 mm×29.1 mm;Ku 波段高频头上的法兰盘外形是正方形,内径是长方形,内径长×宽 = 19 mm×9.5 mm。

图 4-36　法兰盘

4.4.4　正交模耦合器

正交模耦合器(OMT),也称正交模变换器或双模变换器。OMT 在同一频率上可使用极化方式各异且相互隔绝的信道,解决频率复用问题。在外形上,OMT 一般只有三个物理端口,而在电气上实际是四端口器件。图 4-37 是正交模的实物图。正交模与馈源相连的公共端口为圆波导,如图 4-38 所示,它提供了两个电气接口,分别分配给两个独立的正交模。剩下两个单一信号接口是矩形波导,分别连接 LNB 和 BUC,只传输各自的基模。

图 4-37　正交模实物

图 4-38　馈源与正交模的连接

4.5　动中通低轮廓天线

4.5.1　典型的动中通低轮廓天线

动中通低轮廓天线(图 4-39)主要包括低轮廓反射面天线、介质透镜天线、平板阵列天线和相控阵天线,各自的优缺点如表 4-3 所示。

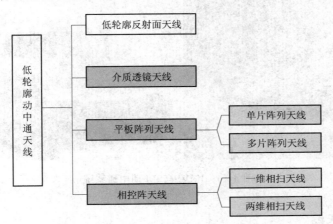

图 4-39 低轮廓动中通天线的分类

表 4-3 卫星动中通不同形式天线的对比

类型	优点	缺点	适用情况
单片平面阵列天线	低轮廓,可实现收发共用,可机扫仰角 0°~90°	如实现大口径,需较大尺寸	用作 0.9 m 以下口径天线
多片组阵天线	低轮廓,可实现收发共用,可实现较大口径	低仰角因片间有遮挡造成增益损失;高仰角因片间距较大而是副瓣抬高	高低仰角允许性能下降的情况
低轮廓反射面天线	结构简单,射频器件少,可实现较大口径,易实现收发共用	轮廓较高,增益随仰角有变化	0.45~1.2 m 中小口径、中低轮廓天线
介质透镜天线	性能较好,扫描时增益不下降,易实现多频段波束	频段高时效率降低;组阵可实现低轮廓,但结构复杂	多频段、扫描范围大、中等轮廓天线应用

1. 低轮廓反射面天线

典型的低轮廓反射面天线美国 TracStar 公司生产的 IMVS450M 动中通系统,如图 4-40 所示。IMVS450M 采用中等轮廓柱面天线将旋转抛物面天线方向图波瓣压缩在两个独立的抛物曲线柱面上。这样兼备了混合相控阵天线轮廓低和反射面天线增益高的优点,具有中等轮廓、增益较高、品质因数(G/T)高等特点。美国 TracStar 公司的 IMVS 车载动中通天线系列产品主要有 0.45 m,0.75 m,1 m,1.2 m,1.6 m,1.8 m 等,IMVS450M 则是近期的热门产品,在中国民用领域得到了应用。IMVS450M 天线的特点。

- 等效口径:0.45 m。
- 天线形式:柱面天线,线源馈电。
- 接收性能:Gain>31.5 dB,G/T 值>11.5 dB/K。
- 发射性能:Gain>35.5 dB,EIRP>44.5 dBW。
- 天线尺寸:Φ1 194 mm×297 mm。
- 天线重量:75 kg。
- 捕获跟踪:惯导模块+GPS 和机械波束扫描跟踪。

图 4-40　IMVS450M 动中通系统

2. 介质透镜天线

介质透镜天线,也称龙伯透镜天线,可实现多波束(宽角扫描)、多频段共用等性能。通过几个透镜组阵可实现低轮廓。代表性产品:埃及的法拉格博士制作的多馈源龙伯透镜天线,如图 4-41 所示,通过安装在头盔内的高频头和遥控卫星接收机成功对卫星信号进行了接收。如图 4-42 所示,法国在高铁上安装了用于扫描的龙伯透镜天线,进行卫星信号的收发。美国空军实验室对介质透镜阵列进行了实验研究,如图 4-43 所示,工作在 20/44 GHz,实现双圆极化。在 20 GHz 增益为 35 dBi,44 GHz 增益为 41 dBi,扫描范围达 80°。

图 4-41　安装在头盔上的卫星通信透镜天线　　　图 4-42　安装在高铁上的卫星通信透镜天线

图 4-43　透镜阵列天线

3. 平板阵列天线

阵列天线是指多个单元天线在一个平面或曲面上,按照一定的规律或随机分布进行布局排列,并通过馈电网络进行信号合成的天线型式。平板阵列天线具有效率高、重量轻、体积小的特点。平板阵列天线中根据波束扫描方式可以分为机械扫描阵列天线、机电混扫天线、两维相控阵天线等,是当前低轮廓动中通天线的主流。

(1) 单板机械扫描阵列天线

动中通机械扫描阵列天线将所有阵元放置于同一平面内,阵元之间通过馈电合并网络实现信号的合成与功率分配。单板天线的波束固定于阵列平面,且通常指向阵列法线方向,天线波束不采用电子相控扫描,完全由机械伺服机构驱动。与相控阵天线相比,这类天线虽然轮廓较高,但在动中通工作范围内的性能更优。典型代表产品有以色列 Starling 公司的 StarCar 动中通、Gilat 公司的 E7000 天线、英国 ERA 的 SpitFire 天线、美国 ThinKom 公司的机载宽带 ThinAir Eagle 天线等,如图 4-44 所示。

由于赤道上空的同步轨道卫星数量日益增多,国际电信联盟(International Telecom Union,ITU)对动中通卫星通信天线方位上的功率辐射密度进行了严格规定,要求动中通天线在方位上具有窄波束和高精度的指向跟踪功能,以防止动中通对相邻卫星产生干扰。根据天线方向图函数,在其他因素不变的条件下,天线口径越大,波束宽度越小,即窄波束对应大尺寸天线。因此在满足卫星通信基本要求的前提下,低轮廓动中通的单板天线大部分采用细长的矩形结构,这样方位波束较窄、俯仰波束较宽。

以色列 Starling 公司的 Mijet 动中通系统最初是为空载动中通而生产的卫星通信天线,天线面基于微带阵列结构。StarCar 机载平板天线-MijetLite,现应用于 737、空客等飞机。MijetLite 天线的特点如下所述。

- 工作频率:发射 14～14.5 GHz,接收 10.7～12.7 GHz。
- 采用平面波导阵列天线。
- 微带和波导混合馈电网络。
- 跟踪模式:惯导模块＋GPS 和机械波束扫描跟踪。
- 发射双线极化,接收圆极化与线极化可调。
- 方位机扫:0°～360°。
- 俯仰机扫:0°～90°。
- 高度 190 mm,重量 27 kg。

Gilat 公司 E7000 采用独特的面板移动通信天线技术(1 300 mm×1 300 mm×300 mm),涵盖整个 Rx 和 Tx 频段(10.95～14.5 GHz)。凭借其高发射增益能力,E7000 具有 10 Mbit/s 的数据、视频和语音通信能力,几乎可以在世界任何地方 0°～90° 的仰角范围下使用。另外,系统选用了微机械陀螺组成三个正交陀螺组合,配合倾角仪或加速度计构成低成本惯性测量单元;同时,系统还采用跟踪形成位置闭环校正指向误差。E7000 天线的特点如下所述。

- 等效口径:0.6 m。
- 阵列形式:单板波导阵列,收发共用。
- 收发增益:发射 36 dBi,接收 35 dBi。
- G/T 值:13 dB/K。

- EIRP 值:52 dBW。
- 交叉极化:>25 dB。
- 天线尺寸:1 300 mm×1 300 mm×300 mm。
- 天线重量:50 kg。

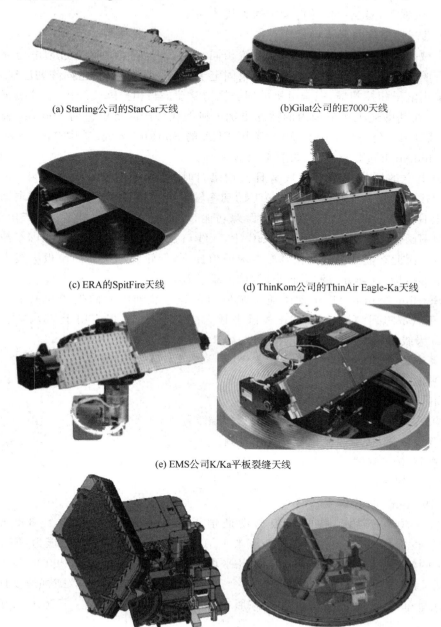

(a) Starling公司的StarCar天线   (b)Gilat公司的E7000天线

(c) ERA的SpitFire天线   (d) ThinKom公司的ThinAir Eagle-Ka天线

(e) EMS公司K/Ka平板裂缝天线

(f)EMS公司机载点对点通信天线示意图

图 4-44   动中通单板机械扫描阵列天线

美国 EMS 公司(European Mobile System)现为美国霍尼韦尔的子公司,主要从事航电设备的研发,其天线产品多为平板缝隙阵列、波导缝隙阵列等,高增益天线产品主要有 AMT-3800 和 AMT-3500,以及部分无源相控阵。

1)K/Ka 平板裂缝天线

- 采用两片天线分置的方式;
- 采用两维机扫的方式;
- K 波段(20 GHz)接收天线,G/T 值 0 dB/K;
- Ka 频段(30 GHz)发射天线,增益 30 dBi;
- 高度(含天线罩)160 mm,圆盘直径 600 mm。

2)机载点对点通信天线

- 工作频段为 X 波段;
- 天线形式为波导缝隙阵列;
- 接收增益为 27 dB,发射增益为 28 dB;
- 实现收发共用且双圆极化信号形式;
- 带罩高度为 304 mm,天线尺寸:254 mm×Φ820 mm。

(2)多板阵列天线

多板阵列天线是将传统的平板相控阵天线进行"切割",实现的一种离散化、阶梯状的天线阵面,也称为多子阵天线,其中的每一单板阵列称之为子阵,这类天线可有效降低系统高度。日本的 NHK 公司和韩国的 ETRI 公司率先开始了多天线合成技术的研究,如图 4-45 (a)、(b)所示,将平板天线分成两块或多块更小的天线,天线通过合适的相位控制技术,使各天线合并后的增益满足通信要求。但由于天线之间间距是固定不变的,工作时存在两个问题:一是天线的俯仰变化范围有限,当俯仰角变化较大时,子阵间存在遮挡或空隙,天线的性能会恶化,需要对天线进行优化才能满足通信要求。这种固定间距多子阵天线只适用于日本、韩国等国土面积较小的国家,不适用于中国这样国土面积较大的国家;另一个问题是多天线本身的离散口径,使得其瞬时信号带宽较小。

(a) NHK公司的多板阵列天线　　　　　　(b) ETRI公司的多板阵列天线

图 4-45　早期的多板阵列天线

当前,典型的多板阵列天线代表产品有 Starling 公司的 Mijet 天线、Raysat 公司的 StealthRay 3000 天线、瑞士 JAST 的 HisatR6000 天线等,如图 4-46 所示。

(a) Starling公司Mijet天线　　(b) Raysat公司StealthRay 3000天线　　(c) JAST的HisatR 6000天线

图 4-46　多板阵列天线

美国 Raysat Antenna Systems 公司的产品 StealthRay1000、2000、3000、5000、7000 等系列都采用了平板阵列的形式。SpeedRay 3000 是一个专为运动车辆设计的低轮廓动中通天线系统(1 277 mm×953 mm×150 mm),包含四个平板天线,其中一个天线用于发射、三个用于接收。系统采用天线分割技术以及相应的方位俯仰、天线距离调整、相位补偿等技术,使在不影响系统性能的前提下有效地降低了天线的高度。由于 SpeedRay 3000 系统采用同步控制的相控阵天线构成一个接收面,所以相比 TracVision A5 的单面天线结构,在同样的高度限制下,系统有更大的俯仰活动范围(20°~70°),从而增加了系统的灵活性和实用性。由于国外卫星性能较强,上述天线增益较低,应用到国内时必须有很高增益的主站组网辅助才能工作。因此,上述产品难以适合我国的国情,没有达到谋求开拓中国市场的愿望。SpeedRay 3000 天线的特点如下所述。

- 等效口径:0.3 m。
- 阵列形式:三个板接收,一个板发射。
- 收发增益:发射 26 dBi,接收 29.5 dBi。
- 采用极化自适应和空间波束合成技术。
- 采用陀螺反馈+GPS 和机械波束扫描跟踪。
- 天线尺寸:1 227 mm×953 mm×150 mm。
- 天线重量:29 kg。

Starling 公司 Mijet 天线由三个子平板天线组成,并列等间距放置的多个单板阵列相互平行,并采用机械驱动的方式调整天线在俯仰方向的波束指向,多个单板阵列通过馈电网络对天线进行合成。Mijet 天线系统的特点如下所述。

- 等效口径:0.45 m。
- 工作频率:发射 14~14.5 GHz,接收 10.7~12.7 GHz。
- 跟踪模式:惯导模块+GPS 和机械波束扫描跟踪。
- 发射双线极化,接收圆极化与线极化可调。
- 机扫范围:方位 0°~360°,俯仰 10°~90°。
- 尺寸:150 mm×760 mm。
- 重量:50 kg。

(3) 相控阵天线

相控阵天线,顾名思义是相位可以控制的阵列天线,一般由天线阵、馈电网络和波束控制器三个部分组成。其中天线阵是由许多辐射单元排成阵列形式构成的天线,各单元或子阵之间的辐射能量和相位是可以控制的。

微处理器接收到包含通信方向的控制信息后,根据控制软件提供的算法计算出各个移相器的相移量,然后通过天线控制器来控制馈电网络完成移相过程。由于移相能够补偿同一信号到达各个不同阵元而产生的时间差,所以此时天线阵的输出同相叠加达到最大。一旦信号方向发生变化,只要通过调整移相器的相移量就可使天线阵波束的最大指向做相应的变化,从而实现波束扫描和跟踪。

相控阵天线最重要的特点是能直接向空中辐射和接收射频能量。它与普通机械扫描天线系统相比,降低了整个天线驱动跟踪系统的复杂性,是目前卫星移动通信系统中最重要的一种天线形式。

相控阵天线根据电子扫描维数一般分为机电混扫阵列天线和两维相控阵天线。机电混扫阵列天线往往方位上采用机械扫描,俯仰上采用电子扫描。这种天线优点是:适合低轮廓设计、跟踪速度快;缺点是:射频系统较复杂、成本高、波束覆盖范围有限。如图 4-47 所示,典型产品有美国 KVH 公司的 TracVision A5 天线、TTI 公司一维相扫体制天线和欧洲 ERA 机电混合扫描天线。

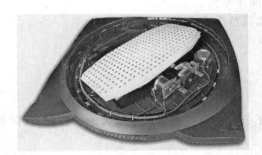

(a) KVH公司的TracVision A5天线

(b) TTI公司一维相扫体制天线

(c) ERA机电混合扫描天线

(d) Ku频段无源相控阵卫星通信天线

图 4-47　机电混扫阵列天线

TracVision A5 天线为单板接收系统,通过馈电网络的特殊设计,使得天线的波束指向与天线板法线存在一个基本固定的角度,在工作时天线与载体的夹角一直处于较低角度,从而降低了天线的整体高度,但这种方式使得俯仰扫描范围有限(31°～57°)。该产品的惯性测量元件仅为两个微机械陀螺,方位上采用机械扫描,俯仰上采用电子扫描,系统成本比较低。由于采用两轴稳定方式,TracVision A5 只针对圆极化直播卫星信号,对线极化信号的卫星通信系统并不适用。

TTI 公司一维相扫体制天线在俯仰面采用相控阵波束扫描,方位面采用机械扫描。单极化一维相扫体制天线主要特点如下所述。

- 收发频率:接收 K 频段,发射 Ka 频段。
- 方位面机扫 0°～360°,俯仰电扫 10°～80°。
- G/T 值＝7 dB/K,EIRP＝38 dBW。
- 收发阵面分开。
- 通电后初始时间小于 2 分钟。

以欧盟成员国为主的国际化参与并建立了"欧洲研究区"(European Research Area,ERA),主要从事航电设备的研发。主要产品为机电混合扫描天线,包括单极化接收天线和双极化收发天线,其特点为

- 工作在 Ku 频段。
- 采用了混合机械与电子扫描技术,剖面非常低。
- 方位面机械扫描,俯仰面电扫,几乎覆盖整个上半空域。
- 副瓣很低,不需要电子移相器。
- 采用铸塑成型的低成本制造技术。
- 采用波导技术,制作工艺坚固耐用。
- 可推广到 X 和 EHF 频段。

①单极化接收天线阵面:亮点在于改变了波导的形状而未产生较大的增益损失,同时能使天线在俯仰面实现大范围的扫描。

- 收发类型:只用于接收。
- 工作频带:12.1～12.7 GHz。
- 单元形式:宽边波导缝隙。
- 天线性能:增益大于 30 dBi,G/T 值大于 9 dB/K。
- 扫描范围:相对于水平面 20°～70°。
- 天线尺寸:高度约 125 mm(含底座和天线罩),尺寸为 560 mm×560 mm。
- 极化形式:通过外部极化器实现单圆极化。

②双极化收发天线:ERA 最新推出的天线收发共用的动中通产品 G3,实现宽带、双极化的孔径,馈电网络混合了印制板和波导元件。

- 收发类型:收发共用。
- 工作频带:收 11.7～12.7 GHz,发 14～14.5 GHz。
- 接收性能:增益大于 30 dBi,G/T 值大于 9 dB/K。
- 发射性能:增益大于 31 dBi。
- 扫描范围:相对于水平面 20°～90°。
- 天线尺寸:高度约 100 mm(含底座和天线罩)。
- 尺寸为 640 mm×640 mm,系统直径 960 mm。
- 极化形式:双线极化。

EMS 公司研制出一款 Ku 频段无源相控阵卫星通信天线,从性能上看,该款天线带宽较窄,只能作为单收或单发天线。其特点为

- 天线单元:加脊波导缝隙阵列。
- 工作频率:14.85～15.15 GHz。
- 扫描方式:俯仰电扫±60°,方位机扫 0°～360°。
- 馈电网络:加脊波导功分网络。
- 极化形式:右旋圆极化。

典型的两维相控阵天线如瑞士 JAST 的 NATALIA 天线、美国 Thinkom 的 VICTS 天线等,如图 4-48 所示。

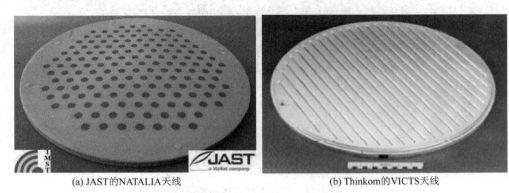

(a) JAST的NATALIA天线　　　　　　　(b) Thinkom的VICTS天线

图 4-48　动中通两维相控阵平板阵列天线

ThinKom 是美国一家主要从事卫星移动通信天线系统研发的公司,主要生产 Thin-Pack 系列产品。VICTS 天线收发阵面采用层式结构,从上到下依次为极化罩、CTS 天线层、线源激励层。通过转动下层圆盘实现俯仰面的波束扫描,转动上层圆盘实现方位面的波束扫描,两层都是通过机械皮轮带动圆盘转动。其特点为

- Ku 频段。
- 微带贴片天线。
- 基于 MMIC 射频集成设计。
- 增益大于 20 dB。
- G/T 值≥－6 dB/K。
- 扫描范围±60°。
- 直径≤300 mm。

一般两维平板相控阵天线的波束扫描范围是与阵列法线夹角小于 60°的空域,若扫描仰角更低,会导致波束畸变,天线的增益、波束宽度、旁瓣电平等性能指标都会急剧变差,这是相控阵天线的原理缺陷。动中通卫星通信要求天线俯仰维的扫描范围不高于 20°,且在我国大部分地区动中通天线仰角通常在 40°附近,在此环境中相控阵天线不能在最佳性能下工作;另外,这类天线的馈电系统复杂,需要大量的射频组件,功耗高、成本高,因此常规的相控阵天线在动中通中应用较少。

4.5.2 平板天线

平板天线具有体积小、高效率、低剖面和重量轻等优点，非常符合车载或机载通信系统的一般需求，因此平板阵列天线的研制成为天线领域中的一个亮点。

1. 基本组成及原理

平板天线采用强制馈电，作为动中通天线不需要馈源和副反射面，因而平板天线动中通可以做得轻巧。但是，要在平板天线实现双频、双极化比较困难。双极化平板天线一般包括辐射层、水平馈电层、垂直馈电层、隔离层和耦合层组成，如图4-49所示。

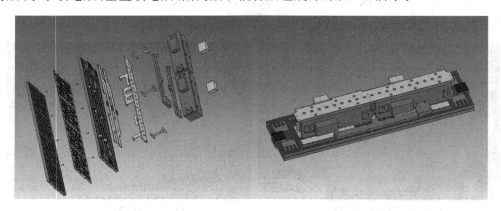

图 4-49　平板天线分解示意图

平板天线辐射单元一般分为由立体传输线（波导）、平面传输线（微带）和波导缝隙单元几种形式，如图4-50所示。

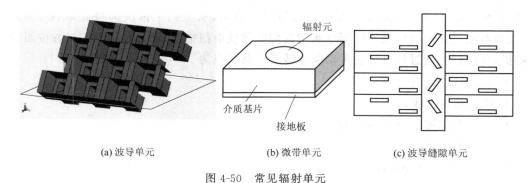

(a) 波导单元　　　　　(b) 微带单元　　　　　(c) 波导缝隙单元

图 4-50　常见辐射单元

微带天线是由一块厚度远小于波长的介质板（称为介质基片）和（用印刷电路或微波集成技术）覆盖在它的两面上的金属片构成的，其中完全覆盖介质板的一片称为接地板，而尺寸可以和波长相比拟的另一片称为辐射元。辐射元的形状可以是方形、矩形、圆形和椭圆形等。微带天线的主要特点有：体积小、重量轻、低剖面，因此容易做到与载体共形，且电性能多样化（如双频微带天线、圆极化天线等），尤其是容易和有源器件、微波电路集成为统一组件，因而适合大规模生产。

波导缝隙天线是在同轴线、波导管或空腔谐振器的导体壁上开一条或数条窄缝，可使电磁波通过缝隙向外空间辐射而形成的一种天线。由于缝隙的尺寸小于波长,且开有缝隙的金属外表面的电流将影响其辐射,因此对缝隙天线的分析一般采用对偶原理。

　　馈电网络的作用是把信号从输入端分配到阵列的各个单元中去。对于双极化收发共用阵列天线,大规模的馈电网络将带来较大的损耗。一种可行的方法是将平板天线常常分成多个子面阵,将"子阵"为基本单元进行设计,内含辐射单元、馈电网络等模块,每个子阵分别馈电。常见的馈电网络如图 4-51 所示。子阵爆炸图如图 4-52 所示。

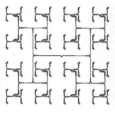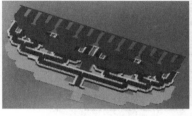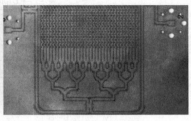

(a) 微带馈电网络　　　　(b) 波时类馈电网络　　　　(c) SIW馈电网络

图 4-51　常见馈电网络

图 4-52　子阵爆炸图

　　天线系统采用多个子阵,子阵之间采用馈电网络进行连接。天线接收的工作原理是,来自空间的水平和垂直电磁波信号,通过平板天线面的辐射层进入天线,再通过水平和垂直极化网络获得水平极化和垂直极化信号,然后两极化信号分别经过波导网络进入双工器,双工器将信号的发射与接收进行分离,使两者互不干扰,分离出的接收水平和垂直极化信号进入接收极化器,通过调节极化器,可以选择所需要的极化信号。发射端的工作流程与接收信号相反。天馈系统的工作示意图如图 4-53 所示。两个极化的馈电网络位于上、下不同的层,共用反射腔体和辐射口,以达到小型化、高增益、双频段的目的。双层的馈电形式提高两个极化的端口隔离度,而波导合并网络的高隔离度通过正交模耦合器(OMT)来实现。

2. 数学模型

　　阵列天线是指多个单元天线在一个平面或曲面上,按照一定的规律或随机分布进行布局排列,并通过馈电网络进行信号合成的天线型式。构成天线阵的辐射单元称为天线元或阵元。天线阵的辐射场是各天线元所产生场的矢量叠加,只要各天线元上的电流振幅和相位分布满足适当的关系,就可以得到所需要的辐射特性。阵列天线方向图主要由单元方向

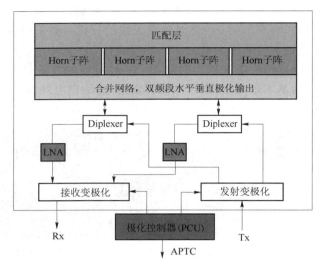

图 4-53　天馈系统框图

图和阵列因子的乘积决定。矩形平面阵结构如图 4-54 所示,图中"〇"表示阵元。阵元位于 xoy 平面上,天线沿 x 轴方向的阵元数为 N_x,沿 y 轴的阵元数为 N_y,θ、ϕ 分别为天线波束的指向。假设所有阵元相同且无方向性,则平面阵列的天线方向图可表示为

$$
\begin{aligned}
AF(\theta,\phi) &= \sum_{m=1}^{N_x}\sum_{n=1}^{N_y} a_{mn}\exp\left[jk\left(D_{xm,n}\sin\theta\cos\phi + D_{ym,n}\sin\theta\sin\phi\right)\right] \\
&= \sum_{m=1}^{N_x}\sum_{n=1}^{N_y} a_{mn}\exp\left[jk\left(D_{xm,n}u + D_{ym,n}v\right)\right]
\end{aligned}
\tag{4-2}
$$

式中,a_{mn} 是阵列中第 m 行 n 列阵元的幅度,$k=2\pi/\lambda$ 为自由空间波数,λ 为波长。θ 与 ϕ 的定义域分别为 $\theta\in[0,\pi/2]$,$\phi\in[0,\pi/2]$,$u=\sin\theta\cos\phi$,$v=\sin\theta\sin\phi$ 是天线波束扫描的方向余弦;$D_{xm,n}$、$D_{ym,n}$ 分别表示第 (m,n) 阵元沿 x 轴和 y 轴的坐标。

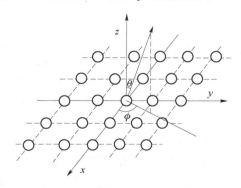

图 4-54　矩形平面阵列结构

3. 发展趋势

(1) 阵列天线性能提升

- 阵列天线的旁瓣和交叉极化电平需进一步降低;

- 阵列天线馈电网络的一致性实现 —— 降低旁瓣和交叉极化；
- 通过馈电技术可进一步降低交叉极化电平；
- 通过优化技术、幅度加权可进一步降低旁瓣电平。

（2）宽带超宽带阵列天线（综合孔径技术）

宽带超宽带阵列天线可广泛用于多频段卫星通信系统，从而减少天线的数量。

（3）共形相控阵天线（智能蒙皮技术）

天线阵列、射频元器件等与平台一体化设计，天线作为载体的一部分，已满足载体平台的启动、隐身以及波束空间覆盖能力。推动天线向小型化、集成化、低剖面、芯片化的方向发展。共形微带天线阵列如图 4-55 所示。

图 4-55　共形微带天线阵列

4.6　天线极化技术

4.6.1　极化匹配原理

天线极化定义为主波束轴线上所辐射远场电磁波的极化，并以电场矢量端点的轨迹来描述。如果电场矢量投影在与传播方向相垂直的平面上轨迹为一条直线，则是线极化，此时，电场的幅度在变，而其方向保持不变；电场矢量做圆周旋转的电磁波为圆极化，此时，电场的两个分量幅度不变，相位差相差 90°。线极化分为水平极化和垂直极化，圆极化分为左旋圆极化和右旋圆极化。

在我国卫星发展的早期，接收到的下行信号都只有一种极化（偏振）方式。随着卫星通信事业的发展，为充分利用宝贵的频谱资源，增加了转发信号的数量，广泛采用极化复用方式，即在同一频带内利用不同极化波束传送两路信号。例如亚洲 2 号卫星 A 系列转发器下行为垂直极化 V，B 系列转发器下行为水平极化 H，且两种极化的转发器频带有重叠部分。因此，极化问题成为卫星信号接收的重要问题，极化方向调整不好，或出现错误，就可能接收不到信号，或使信号接收质量差（模拟信号信噪比低，数字信号误码率高）。

在地面接收终端，接收天线的极化方向应与电波的极化方向一致，这称为极化匹配，这时，接收天线能接收电波的全部能量。若接收天线的极化方向与电波的极化方向不一致，则为极化失配，这时会产生极化损失，只能接收部分能量。以线极化匹配为例，如果天线的极化方向与电波的极化方向之间存在夹角 θ，则能接收到的功率仅为电波功率的 $\cos^2(2\theta)$ 倍。

因此,接收天线的极化状态应与被接收电磁波的极化状态相匹配,才能最大限度地收进该电磁波的功率。在水平与垂直线极化情况下,极化匹配要求接收天线具有与被接收电磁波相同的极化状态。同时,在地面终端发射信号时,为了避免干扰别的用户,也要求发射信号的极化形式与卫星的极化形式一致。但在移动卫星通信中,一方面,当载体位于不同的地理区域时,天线对卫星的极化角是不同的,甚至相差几十度;另一方面,载体运行过程中姿态的变化,不仅影响车载天线的波束指向,还会造成天线波束的滚动角变化,天线极化方向往往偏离转发器极化方向,造成信号衰落和严重的交叉极化干扰,从而影响卫星接收系统的载噪比。这就要求动中通天线在行进中,不仅要时刻跟踪卫星,而且需要进行极化匹配。

4.6.2 动中通变极化方式

在国内、外众多动中通变极化方案中,按极化调整方式大体上可分为两大类:电动变极化和电子变极化。

1. 电动变极化

电动变极化(又称"机械变极化")主要针对反射面天线,通过天线伺服机构旋转高频头从而控制天线极化面转动,使之与卫星的极化波匹配。电动变极化又分为闭环变极化和开环变极化两种方式。闭环变极化是依靠卫星的 AGC 信号强度进行天线极化调整;开环变极化是利用姿态测量元件敏感天线极化的变化进行极化机械调整。由于国内动中通普遍采用反射面天线,所以绝大部分都采用电动变极化的方式对极化进行调整,如步进极化跟踪方式、陀螺惯导组合开环变极化方式等。

2. 电子变极化

由于系统采用平板天线,如果采用上述电动变极化方式,即通过天线面的旋转来实现极化匹配会增加天线系统的高度,这不适合低轮廓天线系统的设计要求,应当采用特殊的极化匹配方式。借鉴雷达抗干扰中单模双通道极化捷变技术,通过移相器和功分器件相组合实现两个通道信号以不同幅相关系相合成,便可产生或匹配电波的任意极化状态,称为"电子变极化"或"相移变极化"。电子变极化天线结构简单、体积小,极化控制方法简单,且可实现快速极化调整,满足低轮廓天线系统的设计要求。

4.6.3 电子变极化原理

1. 极化波合成

电磁波电场矢量可按极化(如两个相互正交的线极化状态)进行合成;同样任意极化形式的电磁波也可以分解成两个正交的线极化波。由于通信中一般利用线极化信号或圆极化信号进行通信,所以对线极化与圆极化信号在两个相互正交的线极化状态下的合成进行了分析。

(1)线极化波的合成

设

$$\begin{cases} E_x = E_{xm}\cos(wt-kz) \\ E_y = E_{ym}\cos(wt-kz-\varphi) \end{cases} \tag{4-3}$$

讨论 $z=0$ 平面,此时

$$\begin{cases} E_x = E_{xm}(\cos wt) \\ E_y = E_{ym}\cos(wt-\varphi) \end{cases}$$

E_x，E_y 分量相位相同或相差180°则合成波电场表示直线极化波。

令 $\varphi = n\pi$ 得：

$$\begin{cases} E_x = E_{xm}\cos(wt) \\ E_y = E_{ym}\cos(wt+n\pi) \end{cases}$$

合成电场的大小：

$$E(t) = \sqrt{E_x^2 + E_y^2} = \sqrt{E_{xm}^2 + E_{ym}^2}\cos(wt) \qquad (4-4)$$

$E(t)$ 矢量与 x 轴的夹角：

$$\alpha = \pm\arctan\frac{E_{ym}}{E_{xm}}$$

可见，$E(t)$的大小随时间变化，但端点的轨迹始终保持与 x 轴的夹角为一常数，轨迹为一直线，即线极化。如果将式(4-3)中的 $E(t)$ 的两个分量看成两个直线极化波，如图 4-56 所示，很容易得出这样的结论：两个直线极化波，可以合成任意取向的线极化波；反之，任意取向的线极化波都可以分解为两个直线极化波。

（2）圆极化波的合成

令 $|E_{xm}| = |E_{ym}| = |E_0|$，

且 $\delta = \begin{cases} +\left(\dfrac{1}{2}+2n\right)\pi & （右旋） \\ -\left(\dfrac{1}{2}+2n\right)\pi & （左旋） \end{cases}$ $(n=0,1,2,\cdots)$时，

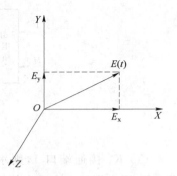

图 4-56　电场分解示意图

$$\begin{cases} E_x = E_0\cos(wt) \\ E_y = E_0\cos\left(wt\pm\dfrac{\pi}{2}\right) \end{cases} \qquad (4-5)$$

合成电场振幅为

$$E(t) = E_0$$

合成电场与 x 轴正方向的夹角α 为

$$\alpha = \pm wt$$

可见，$E(t)$大小不变，但方向却随时间改变，$E(t)$端点轨迹为以角速度 w 旋转的圆，即圆极化。

2. 变极化器工作原理

综上所述，通过调整两个正交线极化波的幅度和相位，可以获得圆极化波和任意取向线极化波。由于任意极化均可由一对正交极化以不同的幅度比和相位差合成，在接收时用两副极化正交的天线，并将两个通道信号以不同幅相关系合成，便可产生或匹配电波的任意极化状态。在发射时，原理上也可将同一信号源经功分器后，分别经过不同的幅相关系处理并送到极化正交的一对天线，在远场将相干信号的不同极化分量合成特定方向上的极化波。

由微波原理可知，要实现电磁波的极化转换，单模双通道的变极化器必须具备下列三个条件。

（1）功率分配器：在输入一路电磁波的情况下，使用功率分配器将其分离成等幅的两路电磁波，这一般可用三分贝电桥、魔 T（四分支波导接头）或正交模耦合器等波导元件构成。

（2）移相元件：可用波导中的螺钉、膜片、介质片或铁氧体旋磁媒质，也可用移相器构成。

（3）功率合成器：将极化正交的等幅的两路电磁波同时输入功率合成器中，控制两支路中的移相元件，即可得到任意极化的波。

如图 4-57 所示，变极化器中的移相元件由两个移相器组成，将移相器 Φ_1 和 Φ_2 放置在两个功分器之间，第一个功分器采用 3 dB 电桥执行 V、H 信号的等幅交叉分解，并把这些分解的输出加到移相器的输入端。这两个信号在重新组合前，由移相器调整它们的相对相位，使信号重组为输出信号获得需要的振幅和相位。极化控制通过极化选择开关 K_1 和 K_2，使电磁波在任意取向线极化、左旋圆极化、右旋圆极化之间跳变。

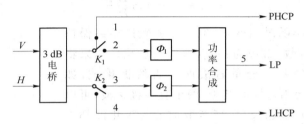

图 4-57　变极化器示意图

（1）K_1 接通端口 1，则水平极化分量 E_x 经过 3 dB 电桥后，相位滞后垂直极化分量 $E_y\pi/2$，则在端口 1 合成右旋极化波；

（2）K_2 接通端口 4，则在端口 4 合成左旋极化波；

（3）K_1 接通端口 2，K_2 接通端口 3，控制两个正交极化分量的相位 Φ_1 和 Φ_2，可在端口 5 输出可在 0°～90°上可调的线极化波；

（4）K_1 同时接通端口 1 和 2，K_2 同时接通端口 3 和 4，可以同时接收圆、线极化波。

4.6.4　电子电动变极化器

机械极化器采用伺服电动机改变极化方式，图为 Ku 波段电动伺服馈源，机械极化器内部结构如图 4-58 所示。伺服电动机带动一个深入圆波导内的小探针旋转，随着探针在圆波导内的方向不同，感应出与接收信号同相的线极化波。因为探针能在 180°范围内旋转，所以可以方便地选择垂直或水平线极化波。机械极化器只在早期的馈源系统中可以看到，现在已被双极化馈源和双极性高频头所取代。

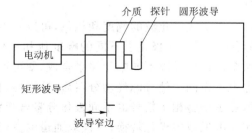

图 4-58　Ku 波段电动伺服馈源内部结构示意图

　　目前,一种应用于动中通天馈系统的极化器,如图 4-59 所示,由步进电动机、编码器、控制器、旋转探针、波导同轴转换等器件组成。控制器实时计算动态极化角,通过控制两路线极化波的幅度来达到极化匹配的要求,可以在不增加天线高度的前提下,实现任意变极化。采用电子电动变极化控制精度比较高,且方法较为简单。

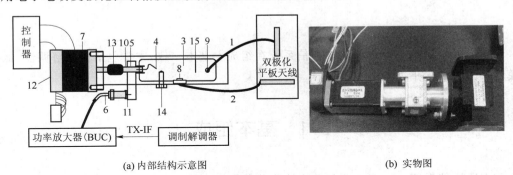

(a) 内部结构示意图　　　　　　　　　　　　(b) 实物图

图 4-59　电子电动变极化器组成框图

　　如图 4-59(a)所示,电子电动变极化器主要由以下部分构成:同轴电缆 1、2,圆波导 3,可旋转探针 4,矩形波导 5,同轴线 6,步进电动机 7,垂直探针 8,水平探针 9,介质棒 10,同轴波导转换 11,编码器 12,联轴节 13,匹配螺钉 14,隔离棒 15。

　　当电子电动变极化器处于发射状态时,BUC 提供的射频信号由同轴电线 6,通过同轴波导转换 11 进入矩形波导 5。通过"电激励"的方法,靠探针 4 顶端的交变电荷产生时变的电场,从而在矩形波导中激起 TE_{10} 波。探针电激励的方法是将一根探针平行放置在波导中所需激模式电场强度最强处,靠探针顶端的交变电荷产生时变电场,在波导中激起电磁场。矩形波导中 TE_{10} 模就可由这种方法来激励。理论上讲探针应从 TE_{10} 模的电场最强处:宽边中央处插入,但实际为了获得较宽频带匹配往往放在稍偏中心一点。调整探针的插入深度和探针直径尺寸,可使矩形波导激励端口的输入阻抗等于同轴线的线性阻抗而获得匹配。旋转探针 4 在矩形波导 5 的一端感应出的突变电流在圆波导 3 中激起 TE_{11} 波。由于 TE_{11} 具有极化简并的特性,分别由水平极化探针 8 和垂直极化探针 9 感应,由各自的同轴电缆 2、1 送至双极化天线的馈电网络进行馈电。同理电动变极化的接收也是利用"极化简并"现象,通过旋转探针 4 对水平与垂直的两路极化波进行合成以达到理想的接收。可以看出该系统不需要旋转天线就能够实现极化调整,实现平板天线的极化匹配。

第5章 通信分系统

动中通通信系统与地面地球站通信系统在组成上基本一致,主要包括调制解调器、低噪声模块(LNB)和上下变频器等组成。

5.1 基本组成

动中通通信系统从功能上可以分为接收分系统和发送分系统。接收分系统接收通信卫星转发的微波信号经前置放大、下变频、解调滤波后变成基带信号。发送分系统的作用是将本地的基带信号经调制、上变频和功率放大,通过天线向通信卫星发送。从频段上,通信系统又分为基带设备、中频和射频设备两部分。如图 5-1 所示,中频和基带设备主要包括基带处理电路、调制解调器、复用和解复用器。它的作用是进行信号的调制和解调,其复杂度取决于采用的调制方式和多址技术。射频设备中,低噪声模块 LNA 和下变频器构成了接收链路,而上变频器、高功率放大器(HPA)以及天线构成了发射链路。

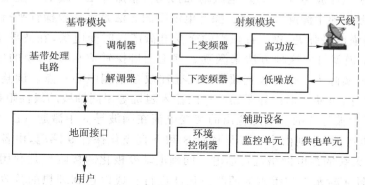

图 5-1　典型地球站的结构

1. 接收分系统

接收分系统包括 LNB,定向耦合器/功分器和解调器。LNB 又称高频头,主要功能是低噪声放大器 LNA 和低噪声下变频器。其中低噪声下变频器由混频器、本机振荡器等电路组成。由于地面天线接收到来自卫星的 C 或 Ku 波段信号极其微弱,需要首先通过 LNA 放大,然后在混频器中将收到的信号频率与本机振荡器产生的本振频率混频,使得不同频段的高频率的信号转换为适合卫星接收机处理的、统一频段的中频信号,其频率范围大概为 L 频段:950~2 150 MHz,以利于同轴电缆的传输及卫星设备的解调和工作。得到中频信号后,下一步是通过定向耦合器/功分器。定向耦合器/功分器的作用是将中频信号另分两路出来,一路送给调制解调器,另一路送给信标接收机,主路信号经由旋转关节到达调制解调器,调制解调器对信号进行下变频、解调和解码后得出基带信号。

卫星的发射功率受到限制,而通信距离又很远,地球站收到的信号极其微弱,接收系统各部分设备所产生的内部噪声以及其他外部噪声的影响必须很小,才能使系统正常工作。

2. 发送分系统

发送分系统主要由卫星调制解调器 Modem、上变频器模块 BUC 组成。首先将欲发送的业务数据信号转换成基带信号,经过必要的基带处理,再通过 Modem,将基带信号变为中频调制信号。之后进入 BUC 中,上变频为指定的高频发射频率,由高频功率放大器进行放大,最后由天线发射给卫星。上行发射站可向卫星传送一路或多路信号,通常采用主瓣较窄的大口径发射天线发射,以提高上行链路的抗干扰能力。

由于两个分系统都需要经由馈源喇叭,为了避免相互干扰,采用了两个措施:一是使用微波分离装置即正交模,来隔开通向 LNB 与从 BUC 传输过来的信号。二是接收、发射采用不同的频率,而且收、发电磁波的极化方向也采用相互正交的措施,如发射采用水平极化波 H,而接收采用垂直极化波 V,并采用收发滤波装置和极化选择器来分离收、发信号,然后送至低噪声放大及其控制单元。

5.2　调制解调与编码技术

5.2.1　调制解调技术

所谓调制,就是信号的变换,即在发送端将传输的信号(模拟或数字)变换成适合信道传输的高频信号;而解调是调制的逆过程,即在接收端将已调信号还原成原始信号。调制方式分为模拟调制和数字调制两种。目前,卫星通信系统中普遍应用数字调制,主要有幅移键控(ASK)、相移键控(PSK)和频移键控(FSK)3 种基本方式。针对卫星通信系统系统功率受限和频率受限的特点,一般对于数字调制有如下要求。

(1) 不主张采用 ASK 技术(抗干扰性差、误码率高)。

(2) 选择尽可能少地占用射频频带,而又能高效利用有限频带资源、抗衰落和干扰性能强的调制技术。

(3) 采用的调制信号的旁瓣应较小,以减少相邻通道之间的干扰。

为适应以上要求,在卫星系统中所使用的调制方式是 PSK、FSK 和以此为基础的其他调制方式。从功率有效角度来看,常用的有四相相移键控(QPSK)、偏置四相相移键控(OQPSK)、π/4-DQPSK、最小频移键控(MSK)和高斯滤波的最小频移键控(GMSK);从频谱有效角度来看,常用的有多进制相移键控(MPSK)和多进制正交振幅调制(MQAM)。此外,还有格型编码调制(TCM)、多载波调制(MCM)等新技术也正在卫星系统中得到应用。

1. QPSK

PSK 是用数字基带信号控制载波相位来传递数字信息的。在模拟通信中,相位调制和频率调制相近。而在数字通信,相位调制则和振幅调制相近。可以证明:一个码元等概率的二相相移键控信号,实际上相当于一个抑制载波的双边带调幅信号。BPSK(或 2PSK)与

QPSK 和 8PSK 等 MPSK 相比,其相位模糊度低,便于解调,至今仍在很多场合中使用,但其频谱利用率低;而 MPSK 具有比 BPSK 高的频谱利用率,由于调制技术水平的提高,MPSK 得以实际应用,从而获得高的频谱利用率。

QPSK 的调制原理如图 5-2 所示,假定输入二进制序列为 $l\{a_n\}$,$a_n=\pm1$,则在 $kT_s\leqslant t\leqslant(k+1)T_s(T_s=2T_b)$ 区间内,QPSK 调制器的输出为(令 $n=2k+1$)

$$S(t)=\begin{cases}A\cos(\omega_ct+\pi/4), & a_na_{n-1}=+1+1\\A\cos(\omega_ct-\pi/4), & a_na_{n-1}=+1-1\\A\cos(\omega_ct+3\pi/4), & a_na_{n-1}=-1+1\\A\cos(\omega_ct-3\pi/4), & a_na_{n-1}=-1-1\end{cases}\quad(5\text{-}1)$$

$$=A\cos(\omega_ct+\theta_k)$$

式中,$\theta_k=\pm\pi/4,\pm3\pi/4$。其相位的星座图如图 5-3 所示。在实际中,也可以产生 $\theta_k=0$,$\pm\pi/2,\pi$ 的 QPSK 信号,即将图 5-3 的星座旋转 45°。在 QPSK 的码元速率与 BPSK 信号的比特速率相等的情况下,QPSK 信号是两个 BPSK 信号之和,因而它具有与 BPSK 信号相同的频谱特征和误比特率性能。

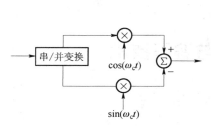

图 5-2　QPSK 信号产生原理

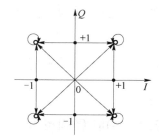

图 5-3　QPSK 星座图和相位转移图

2. π/4-DQPSK

π/4-DQPSK 调制是对 QPSK 信号的特性进行改进的一种调制方式,改进之一是将 QPSK 的最大相位跳变 $\pm\pi$ 降为 $\pm3\pi/4$,从而改善了 π/4-DQPSK 的频谱特性。改进之二是解调方式,QPSK 只能用相干解碼,而 π/4-DQPSK 既可以采用相干解调,也可以采用非相干解调。

π/4-DQPSK 调制器的原理如图 5-4 所示,输入数据经串/并变换之后得到同相支路I和正交支路 Q 的两种非归零脉冲序列 S_I 和 S_Q。通过差分相位编码,使在 $kT_s\leqslant t\leqslant(k+1)T_s$ 时间内(这里 T_s 是 S_I 和 S_Q 的码宽,$T_s=2T_b$),I 支路的信号 U_k 和 Q 支路的信号 V_k 发生相应的变化,再分别进行正交调制之后合成为 π/4-DQPSK 信号。

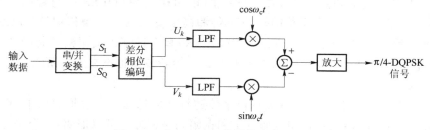

图 5-4　π/4-DQPSK 信号的产生原理图

$$\begin{cases} U_k = U_{k-1} \cdot \cos \Delta\theta_k - V_{k-1} \cdot \sin \Delta\theta_k \\ V_k = V_{k-1} \cdot \cos \Delta\theta_k - U_{k-1} \cdot \sin \Delta\theta_k \end{cases} \tag{5-2}$$

这是 $\pi/4$-DQPSK 的一个基本关系式,它表明了前一码元两正交信号 U_{k-1}、V_{k-1} 与当前码元两正交信号 U_k、V_k 之间的关系。它取决于当前码元的相位跳变量 $\Delta\theta_k$,而当前码元的相位跳变量 $\Delta\theta_k$ 又取决于差分相位编码器的输入码组 S_1 和 S_Q。

上述规则决定了在码元转换时刻的相位跳变量只有 $\pm\pi/4$ 和 $\pm 3\pi/4$ 四种取值。$\pi/4$-DQPSK 的相位关系如图 5-5 所示。

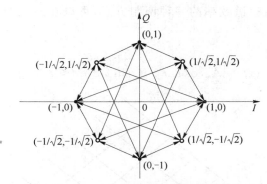

图 5-5　$\pi/4$-DQPSK 信号的相位关系

3. MSK

近年来发展了一种相位连续的频移键控(CPFSK)方式,对于缓和码间相位跳变、降低频带要求是十分有利的。MSK 就是 CPFSK 的一种特殊形式,其频差是满足两个频率相互正交(即相关函数等于 0)的最小频差,并要求其信号的相位连续。最小频差 $\Delta f = f_2 - f_1 = 1/(2T_b)$(这里,$f_1$、$f_2$,分别为 2FSK 信号的两个频率,$T_b$ 为比特宽度,亦即码元宽度),调制指数或频移指数为 $h = \Delta f/(1/T_b) = 0.5$,且 $f_2 = f_c + \Delta f/2 = f_c + 1/(4T_b)$(这里,$f_c$ 为载波频率,$\omega = 2\pi f_c$),即频移等于码元速率的 $1/4$。

MSK 信号的正交调制方法如图 5-6 所示。

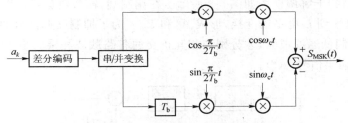

图 5-6　MSK 信号的正交调制方法

MSK 的信号表达式为

$$S(t) = \cos\left[\omega_c t + \frac{\pi}{2T_b} a_k t + x_k\right], kT_b \leqslant t \leqslant (k+1)T_b \tag{5-3}$$

MSK 的所有可能相位轨迹如图 5-7 所示。MSK 的优点主要有两个:一是彻底消除了相位跳空;二是实现自同步比较简单。

4. QAM

上面讨论的 QPSK 和 MSK 等调制方式,其实际系统的频谱利用率都小于 $2\ \text{bit} \cdot \text{s}^{-1} \cdot \text{Hz}^{-1}$。大部分运行的卫星系统是功率受限的系统,也就是说,其可能提供的每比特能量与噪声密度之比 (E_b/N_0) 不足以使那些频谱效率大于 $2\ \text{bit} \cdot \text{s}^{-1} \cdot \text{Hz}^{-1}$ 的调制解调器良好地工作,因为这些调制解调器要求有较高的 E_b/N_0 值。

由于无线频谱日趋拥挤,加之数字卫星通信的广泛应用,因此迫切要求改进频谱利用技术。正交振幅调制(QAM)就是 BPSK、QPSK 调制的进一步推广,它是通过相位和振幅的联合控制,得到更高频谱效率的一种调制方式,可以在限定的频带内传输更高速率的数据。

QAM 的一般形式为

$$y(t) = A_m \cos \omega_c t + B_m \sin \omega_c t \qquad 0 \leqslant t < T_s \qquad (5\text{-}4)$$

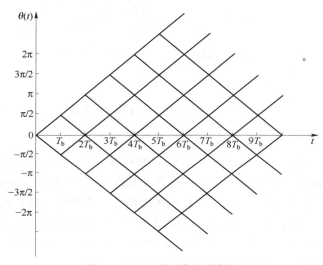

图 5-7　MSK 的可能相位轨迹

QAM 的调制相干解调框图如图 5-8 所示。在调制端,输入数据经过串并变换后分为两路,分别经过 2 电平到 L 电平的变换,形成 A_m 和 B_m。为了抑制已调信号的带外辐射,A_m 和 B_m 还要经过预调制低通滤波器,才分别与相互正交的各路载波相乘。最后将两路信号相加就可以得到已调输出信号 $y(t)$。

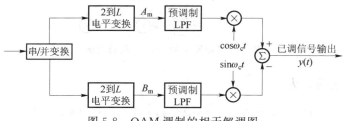

图 5-8　QAM 调制的相干解调图

在实际中,常用的一种 QAM 的信号空间如图 5-9 所示。这种星座称为方形 QAM 星座。

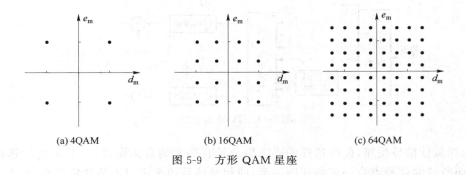

图 5-9　方形 QAM 星座

为了改善方形 QAM 的接收性能,还可以采用星形的 QAM 星座,如图 5-10 所示。

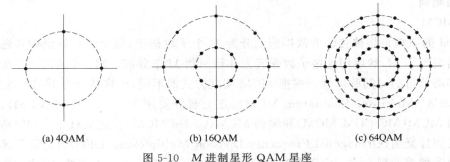

图 5-10　M 进制星形 QAM 星座

5. TCM

传统上数字调制与纠错编码是独立设计的,纠错编码需要冗余度,而编码增益依靠降低信息传输效率来获得。在带限信道中,则可通过加大调制信号来为纠错编码提供所需的冗余度,以避免信息传输速率因纠错编码的加入而降低。但若调制和编码仍按传统的相互独立的方法设计,则不能得到满意的结果。为此可以将数字调制与纠错编码相结合形成调制编码技术,这样可以兼顾有效性和可靠性。TCM 正是根据这一思路提出的一种调制编码技术,它打破了调制与编码的界限,利用信号空间状态的冗余度实现纠错编码,以实现信息的高速率、高性能传输。

下面以一个简单的例子来说明 TCM 技术的基本概念及具体实现。如果在 QAM 方式中传输速率为 14.4 kbit/s 的数据信号,则在发送端需将串行数据的每 6 bit 分为一组,即 6 bit 码元组,这 6 bit 码元组的码元速率,即调制速率为 2 400 bit/s。显然,这 6 bit 码元组合成星座点数是 $2^6 = 64$ 个,这时的信号点间隔,即判决区间将变得很小。在这种情况下,由于传输干扰的影响,一个星座点会很容易变为相邻的另一个星座点而错码。为了减少这种误码的可能性,TCM 采用了一种编码器,该编码器是二进制卷积码编码器,这个编码器就设置于调制器中,设置位置如图 5-11 所示。

从图 5-11 可以看出,在调制器中经串/并变换输出的 6 bit 中取 2 bit 进入卷积码编码器,经编码器编码,加入冗余度后输出变为 3 bit,这 3 bit 与原来的 4 bit 组成 7 bit 码元。这 7 bit 码元的组合共有 128 种状态,通过信号点形成器时,只选择其中的一部分信号点用作信号传输。这里的信号点的选择有两点考虑:一是用欧氏距离替代汉明距离(码组中的最小

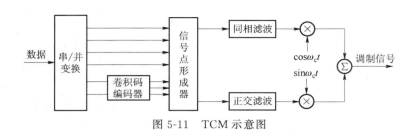

图 5-11　TCM 示意图

码距)选择最佳信号星座,使所选择的码字集合具有最大的自由距离;二是后面所选的信号点与前面所选的信号点有一定的规则关系,即相继信号的选定引入某种依赖性,因而只有某些信号序列才是允许出现的,而这些允许出现的信号序列可以采用网格图来描述,所以称为网格编码调制。

6. MCM

MCM 的原理是将被传输的数据流划分为 M 个子数据流,每个子数据流的传输速率将是原数据流的 $1/M$,然后用这些子数据流去并行调制 M 个载波。MCM 的优点是能够有效地抵抗移动信道的时间弥散性。根据 MCM 实现方式的不同,可将其分为不同的种类,如多音实现 MCM(Multitone Realization MCM)、正交频分复用 MCM(OFDM MCM)、多载波码分复用 MCM(MC-CDM MCM)和编码 MCM(Coded MCM)。这里只介绍 OFDM 方式。

正交频分复用(Orthogonal Frequency Division Multiplexing,OFDM)是近年来备受关注的一种多载波调制方式。由于调制后信号的各个子载波是相互正交的,因此称为正交复用。OFDM 以减少和消除码间串扰(ISI)的影响来克服信道的频率选择性衰落。目前提出的 OFDM 方法有滤波法、偏置 QAM 法(OQAM)和 DFT 法等。OFDM 不是包络恒定的调制方式,其峰值功率比平均功率要大得多。两者的比值取决于信道的星座图和脉冲成形滤波器的滚降系数 a。

OFDM 的优点之一是能将宽带的、具有频率选择性衰落的信道转换为几个窄带的、具有频率非选择性衰落的子信道,子载波的数目取决于信道带宽、吞吐量和码元宽度,每个 OFDM 子信道的调制方式可以根据带宽和功率的需求进行选择。

5.2.2　信道编码技术

信号经过信道传输会引入干扰和噪声。卫星通信信号经长距离传输容易受大气衰减影响,造成接收端信号严重畸变,信噪比下降,进一步反映为接收端信息比特错误。信息比特错误的多少用误比特率(Bit Error Rate,BER)表示,其代表了系统的信息传输可靠性。为了提高通信系统的可靠性,通信中需加入信道编码。发送端在信息进行发送前主动添加一些冗余,在接收端发生错误时则可以利用冗余及时准确地发现错误并予以纠正,这就是信道编码的基本做法。卫星通信属于带宽受限和功率受限的系统,其信道为典型的无记忆高斯白噪声信道,为了使系统传输可靠有效,需要有高性能的信道编码技术来满足误比特率要求。

信道编码技术是适应数字通信抗噪声干扰的需要而诞生和发展起来的,它始于 1948 年著名信息论创始人香农在贝尔系统技术杂志发表的《通信的数学理论》一文。香农在该文中指出一个通信信道有其确定的信道容量 C,在要求的传输速率 R 低于信道容量 C 的条件下,则总存在一种编码方法,当码长 N 充分大时,采用最大似然(Maximum Likelihood,ML)译码时信息的错误概率 ε 可达到任意小。香农指出通信系统所能获得的性能(即保护能力或编码增益)与信道编码的码长 N 成正比,但最优译码算法 ML 译码的实现复杂度随 N 的增加呈指数增加,当 N 充分大时,ML 译码在物理上是不可实现的。所以,研究人员一直努力寻求高效可行的编解码方法来达到可靠通信。

1. 分组码

最早的前向纠错技术是基于线性分组码的。一个 (n,k) 线性分组码,是把信息划成 k 个码元为一组(称为信息组),通过编码器变为长度为 n 的一组码字 $C(n,k,d)$,其中 n 表示码字长度,k 表示信息长度,d 表示分组码的最小汉明距离,即在一个码字集合中任意两个码字之间不同比特数的最小值。这样,在分组码中,小于等于 $d-1$ 的错误码字可以不被译成另一个码字,即分组码可以检测出任何小于等于 $d-1$ 的错误码型。最小汉明距离为 d 的分组码不仅能够检测出错误码型,而且能够纠正一个码字中小于等于 $t=(d-1)/2$ 的错误码型。常用的分组码有汉明码、格雷码、BCH 码、RS 码等。

2. 卷积码

由于分组码是将序列切割成分组后孤立地进行编译码,分组与分组之间没有任何联系,忽略了各信息分组之间的联系,丢失了一部分相关信息。为利用这些相关信息,人们提出了卷积码的概念。卷积码的输出序列是输入序列和编码器冲激响应的离散时间卷积,故名卷积码。卷积码是一个有限的记忆系统,将信息序列切割成长度为 k 的一个个分组。与一般的分组码不同的是:当某一分组进行编码时,不仅根据本时刻的分组,而且根据本时刻以前的 L 个分组共同来决定输出码字。由于码字的产生一共受到 $L+1$ 个信息分组的制约,因称 $L+1$ 为约束长度(Constraint Length)。约束长度是卷积码的一个基本参数,常用 (n,k,L) 来表示卷积码。这个卷积码的码字长度是 n,信息位是 k,约束长度是 $L+1$。

图 5-12 给出了一个 $(2,1,3)$ 卷积编码器示意图。初始状态时,寄存器全部为 0,输入数据比特以 R_b 的比特率连续进入,并逐步移入移位寄存器,在信息流的末端总是附加 3 个 0,以使编码器恢复到初始状态,随时准备进行下一组编码。编码输出为寄存器中数据的异或输出,每移入一位输入比特对应两位编码输出。

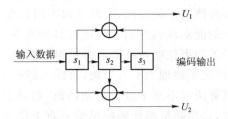

图 5-12　一个速率为 1/2 的卷积码编码器

自 1955 年 P. Elias 第一个提出卷积码的概念以来,卷积码的研究有了很大的进展。与分组码不同的是,目前卷积码的大多数"好码"是通过用计算机对大量的码字进行搜索找到的。卷积码的译码算法可以分为代数译码和概率译码两大类。代数译码算法完全依赖于卷积码的代数结构,其中最重要的是大数逻辑译码。概率译码则不仅根据码的结构,而且还利用了信道的统计特性。目前普遍采用的是维特比译码算法,主要通过寻找最小路径并使输出概率达到最大。由于卷积码的优异性能,它已经广泛应用于卫星通信中。

3. 级联码

从理论上讲,只要增加码字长度以增大随机化,几乎所有的码都可以是渐近好码。但是由传统的代数方法构造的长码,译码部分通常很复杂,工程实现难度很大,因此长码实现最佳译码几乎是不可能的。

1966 年,Forney 提出了一种构造长码的有效方法,就是利用两个短码串接构成一个长码,称为级联码。级联码在发送端是两级编码,在接收端是两级译码,属于两级纠错。连接信息源的称为外编码器,连接信道的称为内编码器。一般在分组码与分组码级联的方案中,外编码器通常采用 RS 码,用于进行突发纠错,内编码器一般是一个二进制线性分组码,如 BCH 码,用于进行随机纠错;类似地,在分组码与卷积码级联的方案中,外编码器通常采用 RS 码,内编码器采用卷积码且用维特比软判决译码。级联编码可以在不增加编译码复杂度的前提下,得到与长码相同的纠错能力和编码增益。目前,级联码已经广泛应用于通信系统中,特别是卫星通信系统中。

图 5-13 给出了级联码的编译码示意图,外码为 RS 码,内码为卷积码。交织器的作用是将编码输出按一定规律重排,这样在接收方通过去交织处理,可以有效地将突发错误转换为随机错误。

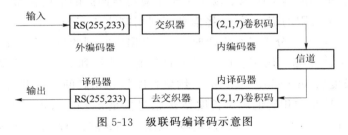

图 5-13　级联码编译码示意图

4. Turbo 码

由于最大似然译码复杂度太高,所以人们普遍认为随机性编译码仅仅是为证明定理存在性而引入的一种数学方法和手段,在实际好码构造中是不能实现的。在过去的几十年内,编码领域中的研究工作主要围绕两个关键问题,即寻求不同长度下具有良好性能的码类,以及复杂程度能够接受条件下的能实现码的固有性能的译码算法。香农理论已经指出,增加分组码的长度或增加卷积码的约束长度可以提高码的纠错性能。但是由于最大似然译码的复杂度随 n 的增加而增加,以至于物理上不可实现,这样人们就试图构造出具有大的等效分组长度、性能强大、同时译码算法又不至于过于复杂的码,如乘积码、级联码、大约束长度的卷积码等都是这方面的尝试,采用随机编译码的思想一直未给予足够的重视。上述几种编码方案的译码性能与信道的极限之间还有着很大差距。

直到 1993 年,Turbo 码的提出,随机编译码的思想才在构造长码中得到应用。Turbo 码是法国不列颠通信大学的两位教授 C. Berrou 和 A. Glavieux 以及该校缅甸籍博士生 P. Thitimajshima 在 ICC′93 上提交的论文中提出的。Turbo 码编码器将待编码的信息序列经交织器产生两路不相关子序列,两路子序列分别送入两个独立的分量码编码器进行独立编码,然后经删除、复用产生最终编码后的码字序列。由于交织器的存在,使交织后的信息比特能够近似随机分布。这样分量码编码器产生的码字码重较高,经删除、复用后也具有较高的码重,对 Turbo 码的性能有了较大提高。因此,交织器的设计在 Turbo 编码中起到重要的作用,良好的交织器有助于 Turbo 码获得更好的码字性能。由于 Turbo 码的工作方式,它也被称为并行级联卷积码。Turbo 码性能更接近香农极限,在地面移动通信系统中已获得广泛应用,同时 Turbo 码也被多次提议为卫星通信系统的备选编码方案。

　　Turbo 码也存在一些不足之处。首先,编码时为了获得优异性能引入了交织器,在译码时需加入相应的去交织模块,使译码器结构相对复杂、实现难度增加,且译码输出时延长;其次,大量仿真表明,在较高信噪比情况下,进一步提升信噪比,其误码率无明显下降,基本保持在同一水平上,即存在所谓的误码平层。

5. LDPC 码

　　早在 1962 年,Gallager 就首先提出了 LDPC(Low Density Parity Check)码,即低密度奇偶校验码。它是一种可以用非常稀疏的奇偶校验矩阵或二分图定义的线性分组码,具有逼近香农极限的特性。但限于当时计算机水平和理论知识有限一直没得到重视,直到 1996 年 LDPC 码才被 MacKay 和 Neal 等人重新发现,并迅速成为人们研究的焦点,经过几年的研究与发展,人们在许多方面都取得了突破性的进展。LDPC 码是一种线性分组码,它通过一个生成矩阵 G 将信息序列映射成发送序列(即码字序列)。对于生成矩阵 G,完全等效地存在一个奇偶校验矩阵 H,使所有的码字序列 V 构成了 H 的零空间。

　　LDPC 码的奇偶校验矩阵 H 是一个稀疏矩阵,相对于行与列的长度 (N, M),奇偶校验矩阵每行、每列中非零元素(即行重、列重)的数目非常小(即低密度)。由于奇偶校验矩阵 H 的稀疏性以及构造时所使用的不同规则,不同 LDPC 码的编码二分图具有不同的闭合环路分布。而二分图中闭合环路是影响 LDPC 码性能的重要因素,它使得 LDPC 码在类似可信度传播算法的一类迭代译码算法下,表现出完全不同的译码性能。当 H 的列重和行重保持不变或尽可能保持均匀时,则称之为正则 LDPC 码;当 H 的列重、行重变化差异较大时,则称之为非正则 LDPC 码。正确设计的非正则 LDPC 码性能要优于正则 LDPC 码。

　　尽管 LDPC 码属于分组码,但相对于 Turbo 码它仍有很多优势:采用迭代译码算法,使译码相对简单、易于工程实现;同时,还可采用部分并行或全并行的译码结构。最为可贵的是,其在较高信噪比时,误码率比 Turbo 码更低,更接近香农极限。目前,最好的 LDPC 码离香农限仅 0.0045 dB。正是由于 LDPC 码具有这些特别的优势,使其获得更广泛的应用,部分卫星通信和深空通信已采用 LDPC 码为其信道编码方案。经多年发展与完善,LDPC 码在构造、编码码、工程实现等方面都取得了令人骄傲的成果,发挥着巨大的作用。

5.2.3　调制解调器

　　调制解调器是卫星通信网传输设备中的一个关键环节,处于地面通信设备与发射设备的上下变频器之间,主要负责卫星通信信号的调制与解调,在很大程度上决定着传输信道的质量。

　　CDM-570L 调制解调器为 COMTECH 公司生产的全双工卫星通信设备,调制器把输入的数字信号经过成帧处理、信道编码、基带调制和中频调制后输出中频调制信号;解调器把下变频器输出的中频信号经过中频解调、基带解调、信道译码以及解帧处理后输出发送端的数字信息。CDM-570L 的外观如图 5-14 所示。

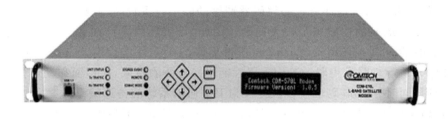

图 5-14　Comtech EF Data 公司生产的 CDM-570L 外观图

　　CDM 系列调制解调器具有数据速率和中频频率、调制方式可变等特点,同时具有完善的监控功能,因此在卫星通信系统中得到了广泛的应用,主要完成综合数据业务的传输。

　　1. 主要技术参数与指标

　　(1) 中频特性

- 工作频率:52～88 MHz。
- 输出电平:−20～0 dBm,0.1 dB 步进。
- 输入电平:−60～−30 dBm。
- 捕获范围:32 kHz。
- 输出杂散:≤−55 dBc/4 kHz。

　　(2) 调制解调特性

- 调制方式:BPSK、QPSK。
- 纠错方式:采用卷积码(1/2、3/4)和维特比译码,RS 级联编译码可选。
- 数据钟源:内钟、外钟、终端钟、恢复钟。
- 信息速率:2.4～2 048 kbit/s,1 bit/s 步进。

　　(3) 传输性能

- 1/2 卷积编码,高斯信道 E_b/N_o=6.7 dB 时,BER≤1×10^{-7}。
- 3/4 卷积编码,高斯信道 E_b/N_o=8.2 dB 时,BER≤1×10^{-7}。
- 1/2 卷积编码+RS,高斯信道 E_b/N_o=4.5 dB 时,BER≤1×10^{-7}。
- 3/4 卷积编码+RS,高斯信道 E_b/N_o=6.0 dB 时,BER≤1×10^{-7}。

　　(4) 组帧方式

IBS、IDR、EDMAC、UNFRAMED 模式。

　　(5) 线路接口

- G703 不平衡和平衡口、RS-422、V. 35;
- 同步 EIA-232 口。

　　(6) 监控接口

4 线 RS485、2 线 RS-485、RS-232。

（7）设备监控单元

设备监控单元具有设置参数、设备自检、状态显示与告警功能等。

2. 基本工作原理

线路接口将由各对外接口输入的数据转换为 CMOS 电平。从接口输入一个小 FIFO，根据时钟和成帧选项受到不同的控制。如果允许组，从 FIFO 输出的时钟和数据通过成帧单元，帧头数据（IDR，IBS 或 EDMAC）加入主数据；否则，时钟和数据直接输出到前向纠错（FEC）编码器。数据在 FEC 编码器中经过差分编码、扰码和卷积编码处理，然后进入数字移位滤波器中进行成型滤波处理。输出的 I 和 Q 两路信号进入 BPSK，QPSK/OQPSK 调制器中，对由频率合成器产生的载波进行调制后，形成输出的中频信号。输入的中频信号通过 VCO 带通滤波后转换为基带信号（I 和 Q），在转化为 I 和 Q 信号前要先经过复杂的混频。基带信号的电平经过一个 AGC 电路放大后，进入高速采样模数转化器，转化为数字信号输出。数字信号经过 Costas 环，执行的功能 Nyquist 滤波、同步时钟恢复和载波恢复，最终产生的复合数据进入选定的 FEC 解码器中。数据解调后，已恢复的时钟和数据传到解帧单元中（如果允许 IBS，IDR 或 EDMAC 组帧），帧头数据与主数据分离，接下来数据通往有足够容量的 Plesichronous/Dopper 级存储器中，也可以不通过，然后数据和时钟传送到对外的接口，最终传送给连接的外部 DTE 设备。

3. 设备模块组成

CDM-570L 调制解调器主要由信道编译码与帧处理单元、调制单元、解调单元、监益单元和电源部分组成。信道编译码与帧处理单元主要完成接口转换、帧处理以及纠错译码等功能；调制单元主要完成基带成型和中频调制功能；解调单元主要完成相干解功能；监控单元主要完成调制解调器的本地监控和远端监控功能；电源采用开关稳压源把 220 V（50 Hz）标准市电转换成调制解调器所需的各种直流电源。

5.3　变频器

动中通系统中变频器包括上变频器和下变频器两类。发送分系统中上变频器将卫星 Modem 输出的 L 波段信号转变为高频的射频信号；接收分系统，卫星信号经过低噪声放大和下变频，把 Ku 或 C 波段信号变成 L 波段，经同轴电缆传送给卫星接收机。

5.3.1　上变频器

上变频又称上变频功率放大器（Block Up-Converter，BUC），把卫星 Modem 输出的 L 波段信号转变为高频的射频信号，逆向传送到 C 波段、Ku 波段或 Ka 波段卫星。上变频器主要由上变频链路、射频放大器和频率源（包括作为低本振的单点本机振荡器和作为高本振的微波频率合成器）等部分组成。上变频可以分为单级频率转换上变频器和双级频率转换上变频器两类。

1. 单级频率转换上变频器

单级频率转换上变频器的原理框图如图 5-15 所示。中频输入信号首先经过一个放大器和带通滤波器，产生较高功率，较低噪声的信号，然后与本地振荡器产生的高频信号进行混频,得到卫星上行链路需要的信号频率。频率合成器可为本地振荡器产生卫星上行链路频带内的任意频率信号。混频后的信号在进入高功放之前还要进一步放大。混频器输出端的带通滤波器可以消除信号中上行链路频带范围内的本振频率和谐波分量,但滤波器的插入损耗会降低系统的 EIRP。需要说明的是,系统中的放大器主要用来提供增益以及降低中频设备和混频器给信号带来的噪声。

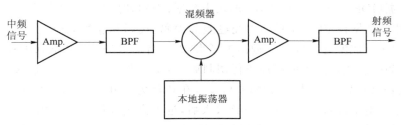

图 5-15　单级频率转换上变频器框图

2. 双级频率转换上变频器

双级频率转换上变频器中利用两个混频器进行上变频。首先中频信号进入第一个混频器得到 L 波段的信号,然后进入第二个混频器得到最后的射频信号。类似于单级频率转换,此时在混频器之前存在一个放大器,之后存在一个带通滤波器。图 5-16 给出了 C 波段双级频率转换上变频器的结构框图。

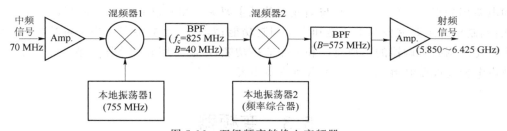

图 5-16　双级频率转换上变频器

图 5-17 所示为 Wavestream 公司的 MBB-KUS040 产品 BUC,主要技术指标如表 5-1 所示。其主要技术特点如下:

图 5-17　Wavestream 公司的 MBB-KUS040

（1）以较小较轻的封装优势提供了无与伦比的效率和性能；

（2）两个直流电源（24 V/48 V）供电模式可选；

（3）可提供监控 RS-485 串口或可选的以太网络控制接口；

（4）两种选配的 IF 或电源模块供电方式，更适用于广泛的系统配置。

表 5-1　BUC 主要技术指标

发射功率	40 W
发射频率	14.0～14.5 GHz
IF 频率	950～1 450 MHz
频率参考	外接 10 MHz
P-1dB 功率输出	(0 dBm＋/－5 dB)＞46 dBm
额定输出功率	46 dBm
小信号增益	70 dB
谐波	－30 dBc
接收波段噪声功率	－150 dBW/ 4 kHz
相位噪声	满足 IESS -308
输出杂散	－55 dBc
调幅/调相变换	2.0 deg /dB
电源功耗	275 W（额定功率）
主电源	240 W(3 dB 回退) 48 VDC
IF 端口连接器	N 型阴
IF 输入阻抗	50 ohms
IF 输入驻波比	2∶1 最大
RF 端口连接器	WR-75
RF 输出驻波比	1.25∶1 最大
尺寸	262 mm(长)×137 mm(宽)×112 mm(高)
重量	4.2 kg
工作温度	－40～＋60℃

5.3.2　下变频器

下变频器，又称高频头（Low Noise Block，LNB），即低噪声下变频器，其功能是将卫星传来的极其微弱的 C 或 Ku 波段的信号经 LNA 放大，然后在混频器中将收到的信号频率与本机振荡器产生的本振频率相减，使得不同频段的高频率信号转换为适合卫星接收机处理的、统一频段（950～2 150 MHz）的中频信号，以利于同轴电缆的传输及卫星设备的解调和工作。下变频器内部结构一般由低噪声前端放大、极化信号切换、本振混频电路和两级中频放大这四个单元组成。

1. 下变频器种类

下变频器按工作频段可分为 C 波段 LNB 和 Ku 波段 LNB，如图 5-18 所示。按结构形状划分,可分为单极化分体式和双极性馈源一体化两种,其中双极性馈源一体化高频头种类较多,按本振方式可分为单本振和双本振两种;按输出端口可分为单输出、双输出、多输出等。

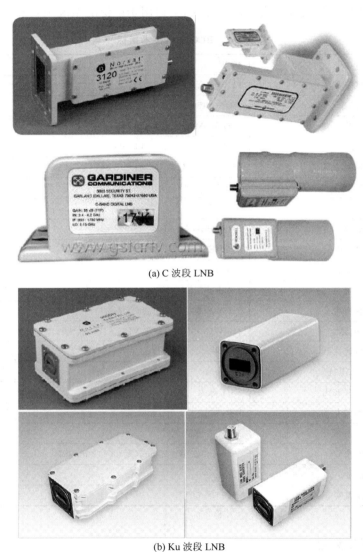

(a) C 波段 LNB

(b) Ku 波段 LNB

图 5-18   常见的 LNB

（1）单极化分体式高频头

单极化分体式高频头的波导腔体里只有一个极化振子,也称极化探针。它只能接收一种极化信号,如要接收另一种极化信号,需将高频头旋转 90°。单极化高频头的内部由于没有极化转换电路,因此信号耗损较小、增益和稳定性较高。

由于单极化高频头采用的是分体式结构,需配装馈源。馈源输出端是通过法兰盘和高频头连接的,法兰盘是按标准尺寸制造,C 波段馈源的法兰盘外形呈矩形,如图 5-19 所示,内径也为矩形；Ku 波段馈源的法长盘外形为正方形，如图 5-18（b）所示，内径为矩形，长×宽为 19.1 mm×9.5 mm。两种馈源内径的长宽比均为 2：1。

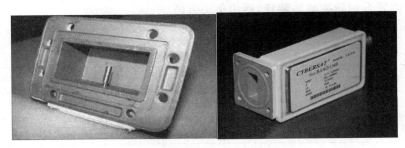

图 5-19 单极化高频头

常用的 C 波段单极性高频头，如 GARDINER（嘉顿）3605、ASK（奥斯卡）CZ1 等型号性能都不错，增益在 65 dB 左右，这样在室内机距离接收天线较远时，接收信号衰减会小一些。Ku 波段单极性高频头有 PBI PLK-900 等型号。

（2）双极性单本振单输出高频头

最常接触到的高频头是双极性单本振单输出高频头。拆下塑料防护盖，可以发现其波导管内部有两个互相垂直的探针，分别接收水平（H）、垂直（V）极化信号，其间还有一个横棒为隔离针，起极化隔离作用。

双极性单输出高频头可以看成是两个单极化分体式高频头合用一个馈源，并且将13/18 V 电子切换开关电路引入腔体内部，自动识别接收机送来的极化电压高低（18 V/13 V），以选择水平或垂直的极化探针工作，从而达到双极性单输出的目的。由于双极性单输出高频头每次只能输出一个极化，因此只适用于个人单收站，不适用于有线电视前端等集体接收站。

Ku 波段双极性高频头均采用标准中心馈源环聚焦式一体化设计，品种型号很多，如常用的直头 ASK Ku07。

2. 典型产品

加拿大诺赛特国际有限公司（Norsat 公司）以其世界第一品牌的商用高频头广泛用于卫星数字广播、数据通信和国防通信领域。以 Norsat 公司 LNB 1008XHN 为例，如图 5-20 所示，型号为1008XHBN，其主要技术特点如下：

图 5-20 Norsat 公司 LNB 1008XHN

• 多种品种，不同的噪声系数和本振稳定性可选；

- 尺寸较小,外部 10M 参考输入;
- 相位噪声低,有利于低信噪比应用;
- 具有内置发射频率滤波装置,使用更加方便。

LNB 1008XHN 主要技术指标如表 5-2 所示。

表 5-2　LNB 1008XHN 主要技术指标

输入频率	12.25～12.75 GHz
输入输出回驻损耗	2.5∶1 最大
中频输出频率	950～1 450 MHz
输出驻波比	N 型接口　2∶1 最大,50 Ω
增益	60 dB 典型值
增益稳定性	6 dB 峰峰值(在整个温度和频率范围内)
1 dB 增益压缩点	8 dBm
噪声系数	0.8 dB
相位噪声	−75 dBc/Hz @ 1 kHz −85 dBc/Hz @ 10 kHz −95 dBc/Hz @ 100 kHz
本振频率	11.30 GHz
本振稳定度	−25～+5kHz 或+5～+25 kHz
输入接口	WR-75 波导
输出接口	N 型 50 Ω
环境温度	−40～60 ℃
湿度	15%～100%
耗电	200 mA 最大,15～24 VDC

3. 下变频器主要参数

LNB 的主要特性参数有输入输出频率、本振频率、本振频率稳定度、噪声特性、增益、输出电压驻波比等。

(1) 输入频率(Input Frequency):即 LNB 接收卫星发射信号的下行频率。

(2) 输出频率(Output Frequency):即输入信号的下行频率,经 LNB 内部电路降频后,再由自身端口输出的中频频率。

(3) 本振频率:即 LNB 内部的本机振荡器产生的固定频率。C 波段 LNB 本振频率一般为 5 150 MHz,双本振有 5 150 MHz 和 5 750 MHz 两种;Ku 波段本振频率较多,有 9.75 GHz、10.0 GHz、10.6 GHz、10.75 GH、11.25 GHz、11.30 GH 等。本振频率很重要,因为卫星下行频率与本振混频后所产生的中频信号,必须在接收机输入频率 950～2 150 MHz 之内,否则接收不到信号或者只收到部分信号。

通过查阅卫星转发器的下行频率，可以知道应该选用何种本振值的 LNB，具体算法如下：C 频段输出中频＝本振频率－下行频率，Ku 频段输出中频＝下行频率－本振频率。各个本振值的 LNB 所对应的频率参数如表 5-3 所示。

表 5-3　卫星接收 LNB 的频率参数对应表

本振	本振频率	输入频率范围/GHz	输出频率范围/MHz	接收波段
单本振	3 620 MHz	2.57～2.67	950～1 100	S 波段
	5 150 MHz	3.7～4.2	950～1 450	C 波段窄带
	9.75 GHz	3.4～4.2	950～1 750	C 波段全频带
	10 GHz	10.7～11.9	950～2 150	Ku 波段窄带
	10.25 GHz	10.95～12.15		
	10.5 GHz	11.2～12.4		
	10.6 GHz	11.55～12.75		
	10.75 GHz	11.7～12.75		
	11.2 GHz	12.15～12.75		
	11.25 GHz	12.2～12.75		
	11.3 GHz	12.25～12.75		
	11.475 GHz	12.425～12.75		
双本振	5 150/5 750 MHz	3.6～4.2	950～1 550/1 550～2 150	C 波段宽带
	9.75/10.6 GHz	10.7～11.7/11.7～12.25	950～1 950/1 100～2 150	Ku 波段全频带
	9.75/10.75 GHz	10.7～11.7/11.7～12.25	950～1 950/950～2 000	

以 Norsat 公司的 1108HB 型号的 Ku 波段的 LNB 为例，测试中，亚洲四号卫星作为信号源，Ku 频段水平极化信标频率为 12 254.00 MHz，天线的 LNB 本振为 11 300 MHz，则信标接收机检测信号的频率为 954.0 MHz。

（4）噪声（Noise Figure）：放大器输入端和输出端信噪比的比值，表示信号经 LNB 后损失的信噪比，它对接收系统整体性能起着重要的作用。噪声特性以噪声系数或噪声温度来描述，C 波段用噪声温度 T_{LNB}（°K）表示，如 25°K、17°K 等；Ku 波段用噪声系数 N_F（dB）表示，如 0.8 dB、0.6 dB 等，其数值越小越好。

（5）增益（Gain）：为弥补线路衰减及噪声影响，LNB 必须具有较高的功率增益。一般要求大于 60 dB。

（6）输出电压驻波比（Output VSWR）：表示输入输出信号的反射损耗，驻波比过大，会引起较强的反射，降低传输功率及稳定性，通常要求比值小于 2.5。

5.4　功率放大器

对于常规卫星通信，通信卫星多采用静止卫星，卫星被置于赤道上空约 35 786 km 处。为了增加通信容量，载波多选用微波频段。因此，从动中通发向卫星的信号到达卫星后会形成很大的衰减。卫星上的接收设备由于噪声的限制其接收灵敏度不可能无限提高,再者动中通发射机的上变频器限于器件水平,其输出功率一般都比较低(−20～10 dBm)。所以为了使卫星能有效可靠地接收卫通站的上行信号,在动中通必须加设微波功率放大器(简称高功放)。要求微波功率放大器要有高增益、高功率输出(几瓦到几千瓦),并且还要保证所规定的多项技术指标。

等效全向辐射功率(EIPR)是决定地球站性能的一个关键参数,而高功率放大器(简称为高功放)与 EIRP 密切相关:高功放的输出功率和发射天线增益的乘积再减去馈线损耗即为 EIRP。

地球站为了获得特定的 EIRP,可以使用一个输出功率适中的高功放和高增益天线,或者使用一个输出功率相对较高的高功放和一个大小适中的天线。这种关系可以通过曲线直观的了解,图 5-21 中展示了当 EIRP 为 80 dB 时所需的高功放功率与天线直径参数。由图可知,对于 C 波段转发器,直径为 6 m 的天线需要 800 W 的高功放,而对于 10 m 的天线只需要 300 W 的高功放。

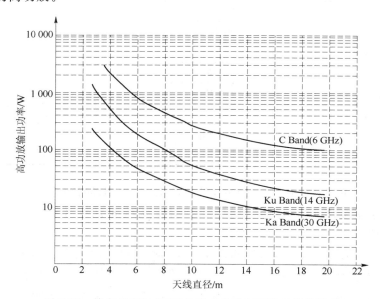

图 5-21　特定 EIPR 下 HPA 输出功率与天线直径的关系

地球站的高功放主要有以下两种。

(1) 行波管放大器(Traveling Wave Tube Amplifiers,TWTA)

行波管放大器可以提供带宽大于 500 MHz,功率从几瓦至几千瓦的输出信号。

(2) 固态功率放大器(Solid State Power Amplifiers,SSPA)

固态功率放大器提供的功率相对行波管放大器要小,但更加便宜也更加可靠。

除了频率、功率、带宽之外,高功放的参数还包括增益、频率的群时延、噪声水平等。对于多载波的情况,高功放有单级放大器和多级放大器之分。

1. 单级放大器结构

如图 5-22 所示,单级高功放首先将不同的载波进行合并,然后放大器将输入的合成信号进行线性放大,以避免出现交调噪声。

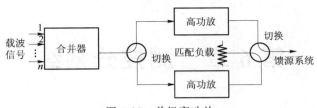

图 5-22　单级高功放

2. 多级放大器结构

如图 5-23 所示,在多级高功放中,每个放大器放大一个或一组载波,而且放大的信号在高功放的输出端进行合并。这种配置可以使得高功放工作在几乎最高的额定功率,从而提高地球站的整体效率。当然,这种放大器需要更多的功率放大器件。

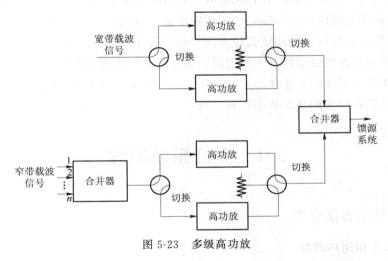

图 5-23　多级高功放

第6章 测控分系统

动中通设备的特别之处在于天线是置于无规则不停运动的载体上,要保证通信质量就必须使天线波束始终对准卫星。国际电信联盟规定:Ku 频段车载卫星地球站的指向误差应小于 0.2°;当天线指向误差大于 0.5°时,则必须减小发射功率避免干扰到相邻卫星。由于动中通天线增益高、波束窄、工作环境恶劣,为保持指向精度,测控系统往往采用开环稳定与闭环跟踪相结合的测控方式。开环稳定利用惯性传感器对载体扰动进行稳定隔离,确保天线在一定的指向范围内;在此基础上,闭环跟踪以天线信号强度作为闭环反馈量,实现系统对卫星的跟踪。一旦出现遮挡或其他原因引起信号中断时,系统就会自动切换到开环模式,此时完全依赖惯性传感器保持天线指向。当载体驶出阴影,动中通测控系统自动完成卫星的再捕获,并转入正常的工作状态。这就形成了在运动状态下对目标卫星的初始捕获、稳定、跟踪和阴影后再捕获的复杂智能控制过程。

6.1 测控系统原理

6.1.1 控制方法分类

1. 开环稳定和闭环跟踪

目前,天线指向的控制方法可分为开环稳定和闭环跟踪两种。开环稳定在不利用卫星信号的情况下,借助 GPS、惯性传感器及编码器等传感器提供的信息,通过执行机构(电动机或移相器)隔离载体扰动对天线指向的影响,将天线稳定在地理坐标系中。其中,天线在地理坐标系中的目标指向由载体所处当地的经纬度和通信卫星所在经度进行计算。闭环跟踪是在能接收到卫星信号时,通过一定的跟踪算法对目标卫星进行跟踪,根据接收到的卫星信号强度判断卫星所处的方向并对波束进行调整以对准卫星。跟踪模式利用卫星信号对指向偏差进行反馈补偿,因此也称为闭环控制。

开环稳定反应速度快,可以快速补偿载体运动带来的干扰;闭环跟踪通过反馈补偿偏差,可以校正由于周围环境及陀螺漂移引起的指向偏差,控制精度相对较高,表 6-1 给出了两者的比较。开环稳定完全依赖于惯性传感器的精度,如果惯性传感器的精度足够高,如激光陀螺、高精度的惯导等,所获得的载体姿态信息也会很精确,天线波束的精确指向可以仅仅通过开环指向控制来实现。这种方案的主要优势在于其能够得到精确的姿态信息,无须利用跟踪卫星信号来校正位置偏差,所以不存在阴影问题,能够长时间自主地保持指向稳定。但这种方案需要高精度惯性传感器,价格相对较高。对于低精度微机械惯性传感器,单独采用开环稳定控制不能满足动中通的精度要求。从低成本考虑,往往将开环稳定与电平闭环跟踪相结合,通过开环稳定,将天线波束稳定在一定的空间坐标系,实现对卫星的粗指向,在此基础上通过闭环跟踪实现波束的精确对准。

表 6-1　开环稳定和闭环跟踪的比较

控制形式	优　点	缺　点
开环稳定	不受环境因素的影响;更新频率高	需要惯性传感器;存在漂移误差
闭环跟踪	跟踪精度高	存在阴影问题,需要捕获;更新频率低

2. 稳定环和位置环稳定

稳定控制系统在环路上可以采用速度环或位置环,相应的稳定的实现方法主要有两种:角速率补偿法和位置补偿法。角速率补偿法稳定的机理是隔离方程,利用速率陀螺测得相对惯性空间的角速率直接投影到天线坐标系进行补偿。陀螺摆放位置不同,相应的角速率也不同;位置补偿法是通过陀螺得到角速率,经过欧拉角法、方向余弦、四元数或者旋转矢量法进行姿态解算得到相对应的姿态角命令,再在位置环上进行稳定。需要说明的是,陀螺位置摆放不同,对应的角度也不同。当陀螺放在载体上时,计算得到的是载体相对惯性空间的姿态变化角;当陀螺放在天线上时,计算得到的是天线相对惯性空间的姿态变化角。

3. 前馈控制和反馈控制

动中通系统天线保持稳定的基本工作原理是,采用前馈补偿控制和闭环反馈控制来抑制载体扰动。

前馈补偿控制:利用陀螺元件感知被控对象在惯性空间中所受到的扰动,采用前向通道补偿的控制策略,抑制载体扰动,稳定天线的空间指向。前馈补偿控制系统的框图如图 6-1 所示。

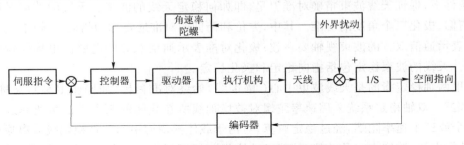

图 6-1　天线稳定平台的前馈补偿框图

闭环反馈控制:利用陀螺元件感知被控对象在惯性空间的绝对运动,采用速度闭环或者位置闭环的反馈的控制策略,抑制载体扰动,稳定天线的空间指向,原理如图 6-2 所示。

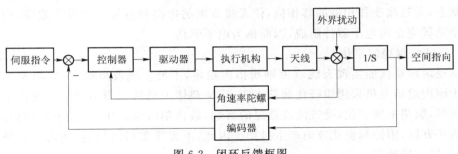

图 6-2　闭环反馈框图

在实际工程中,惯导前馈法是利用惯导系统测出相应方向的姿态角和角速率,经坐标变换折算后反向加到相应的环路输入端,给载体扰动的隔离加一提前量,减小扰动引起的附加角误差。这种方法隔离扰动效果受到大型载体扰动角速率的精度、测量点与补偿点摇心不一致、变形等因素所带来误差的影响,还有坐标变换误差及回路对信号大小的非线性等因素的影响,使之对扰动量的隔离度不会太高。因而这种方法比较适合大型船载天线,其船摇角速率不大的情况下使用。

速率陀螺反馈法是将速率陀螺安装于天线上,速率陀螺可以敏感天线方位转盘坐标系 a、天线波束指向坐标系 f 或天线波束坐标系 T 相应坐标轴的旋转角度,根据陀螺安装方式的不同,隔离载体扰动所需的角速率也不同。这种方法要求陀螺环路有较宽的频带,对于高传动比的电伺服系统,机械刚度差,机械谐振频率低而阻尼小,陀螺回路刚好包围该环节,使回路增加带宽受到限制,对较高频率的船摇量隔离变差,所以适合对频率较低的载体扰动,靠陀螺反馈隔离。

4. 两轴和三轴稳定

陀螺稳定系统可以分为单轴陀螺稳定系统,双轴陀螺稳定系统以及三轴陀螺稳定系统。单轴陀螺稳定系统能使被稳定对象在惯性空间绕一根稳定轴保持方位稳定或按给定规律转动。但在现实生活中,机载、舰载、车载等对象的运动轨迹均为空间任意曲线,要对它们进行稳定或跟踪,就需要测量其在三个方向上的运动规律,因此也就产生了双轴陀螺稳定系统以及三轴陀螺稳定系统。

(1)双轴陀螺稳定系统

动中通的关键技术在于如何在车、船、飞机姿态变化(如航向改变、颠簸、大范围位置变化)的条件下,保证天线波束精确对准卫星,即如何稳定天线的波束。天线的波束对准包括方位、俯仰、极化三个角度的对准。其中,方位和俯仰的对准通常称为指向对准(有的称瞄准线),它表示通信双方的波束视轴要一致;极化对准表示通信双方的电磁波电场矢量的方向要一致。天线的波束稳定包括指向稳定和极化稳定。

这里两轴稳定指的是天线波束中心(瞄准线)始终对准目标(如同步卫星),又称为“瞄准线稳定”。双轴稳定系统采用速率陀螺对被稳轴线所在载体的三个摇摆角速率进行测量采用两个或三个速率陀螺,经过稳定解算,对由于载体摇摆而引起的被稳轴线偏离原始空间指向,进行方位、俯仰方向的补偿,补偿运动恰好与摇摆运动大小相等、方向相反,最终使得被稳轴线在载体摇摆过程中保持空间指向不变。

有两种基本方式可以驱动天线波束:一是通过电动机驱动天线转动来调节波束的指向和极化,波束相对于天线面保持恒定,这种波束驱动机制称为机械驱动;另一种是天线面处于静止状态,通过改变移相器的移相值,使天线波束的指向和极化方式发生改变,由于这种波束驱动系统完全由电子器件组成,因而称为电子驱动。

(2)三轴陀螺稳定系统

两轴稳定跟踪仅能实现天线波束轴线指向稳定,不能实现波束稳定,它将发生波束滚动。对于国内通信卫星采用线极化通信方式,运动载体上的移动卫星通信系统由于载体的机动性很强,航路不断变化,受气流或路况的影响,载体随时会产生偏航、纵摇和横滚,导致通信天线在方位、俯仰和极化方向产生抖动。因此,不光需要指向稳定,还需考虑极化方向上的稳定,即三轴稳定。

三轴陀螺稳定系统能使被稳定对象在惯性空间绕三根相互垂直的稳定轴保持方位稳定或按规律转动,常用于舰载、机载光电成像跟踪系统。它采用速率陀螺测量被稳对象三个方向的摇摆角速率,经过稳定解算,对该对象的三个方向进行实时稳定补偿,使得对象伺服系统的每个方向的补偿运动恰好与摇摆运动大小相等、方向相反。这样,就能保证实施稳定后的对象在大地坐标系中的姿态始终保持不变,最终使得被稳定的瞄准线在空间的指向保持不变。

6.1.2　动中通主要测控方式

1. 开环控制模式

早期动中通广泛采用"位置环前馈＋速率环反馈"的开环控制模式,如图 6-3 所示。开环指的是相对于卫星信号是开环,不利用卫星信号进行跟踪,而是采用高精度的惯性基准感知载体在惯性空间中受到的扰动。利用惯性基准提供的载体姿态经坐标转换得到天线指向角,在位置环路上进行捷联稳定,通过前馈控制方式抑制载体扰动,决定着系统的精度。同时,将速率陀螺安装在天线转动轴上,利用速率陀螺感知天线在惯性空间的绝对运动,采用反馈控制策略,稳定天线的空间指向,决定着系统的动态特性。同时两个环路还需要角度传感器如光电编码器提供伺服传动机构在环路反馈信息。由于其高精度的位置环控制,无须利用跟踪卫星信号来校正位置偏差,所以不存在阴影问题,能够长时间自主的保持指向稳定。但是,这种方案需要高精度的惯性基准,适用于环境苛刻的军事应用环境,但价格相对较高。

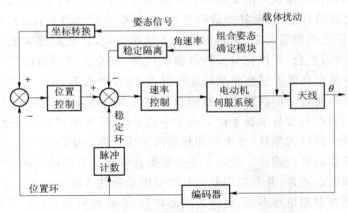

图 6-3　早期动中通工作模式

2. "开环稳定＋闭环跟踪"模式

随着微机械(Mirco Electro Mechanical System,MEMS)电子技术、光纤技术、数字信号处理技术和新材料、新工艺的发展,出现了多种低成本惯性传感器如微机械陀螺、微机械加速度计等,其低成本和大批量生产的特性使得惯性器件在卫星动中通应用成为可能。当前,普遍采用"开环稳定＋闭环跟踪"的工作模式。其中,开环稳定是将微机械惯性传感器置于载体或天线轴上,敏感姿态或角速率,经变换后在位置环或稳定环进行稳定隔离。当前,动中通测控系统采用不同的传感器组合,主要形式有以下几种。

（1）微机械陀螺自稳定

将微机械速率陀螺集成于天线背面，利用速率陀螺输出直接反馈构成自稳定系统，并在位置环上辅以信号电平极大值跟踪。这种方式过度依赖跟踪信息，在阴影状态下由于无法进行闭环跟踪，随着微机械陀螺漂移误差的积累，其指向会逐渐偏离卫星。因此，该系统只适合路况较好、天线孔径小、波束宽的场合。相关的产品有美国 Raysat 公司的 SpeedRay1000 系统和 KVH 公司的 TracVision A5 系统。

（2）微机械陀螺＋辅助传感器

由于微机械陀螺存在陀螺漂移及姿态初值问题，需要其他传感器提供辅助校正信息。因此，低成本姿态确定系统往往以陀螺为基准，采用几个不同类型的传感器和姿态估计算法对陀螺误差进行校正。比如在船载动中通中采用速率陀螺和倾角仪，通过融合分别得到角速率和倾角信息。美国 Raysat 公司 SpeedRay3000 系统使用三个安装在天线上的微硅陀螺实现天线稳定，同时采取方位机械步进、俯仰机械电子混合控制的方式进行卫星跟踪。俯仰和横滚上利用转台上的加速度计校正陀螺，航向上采用跟踪信息进行校正。

（3）多 GPS 天线测姿

将两个或三个 GPS 天线以一定的距离分开安装在载体上，通过测量各个接收机的相位差可以解算载体的姿态。这种方式更新较慢，系统无法独立完成载体姿态的动态测量。另外，基于 GPS 测姿系统完全依赖性 GPS 信号的存在，城市楼群、狭窄的街区、山区等往往存在遮挡而使其无法正常工作，只适用于船载卫星通信系统。

（4）GPS/SINS 组合导航系统

基于低成本微惯性测量组件的捷联惯性导航系统（Strapdown Inertial Navigation System,SINS)具有很强的自主性，但其测量误差较大，误差随时间增长；GPS 可在全球范围内提供高精度、长期稳定的测量信息，但其信号抗干扰能力差，且更新速率低。两者具有很强的互补性，将两者进行组合，可以充分发挥各自的优势，提高系统的精度和可靠性。在该系统中，利用 GPS 测量信息修正惯性测量信息的误差，或者用基于 GPS 的姿态估计结果与惯性导航姿态信息进行组合。但这种方法航向角和惯性器件误差可观测度低，长时间工作姿态精度下降。类似的产品有日本新干线上的动中通系统、星展测控的动中通系统。

由于低成本惯性器件的漂移，基于开环稳定的天线指向会逐渐偏离目标卫星，因此还需要闭环跟踪对天线指向进行调整。跟踪主要是根据接收到的卫星信号强度检测出天线波束指向与卫星方向间的误差角，并利用误差信号驱动电动机使天线波束指向卫星。

当天线受到遮挡引起信号中断，则进入阴影状态，系统此时完全依赖开环控制保持天线指向。当载体驶出阴影，动中通系统自动完成卫星的再捕获，并转入正常工作状态。开环稳定用来快速隔离姿态的扰动，闭环跟踪则保证稳定的精度，两者结合起来既可以弥补陀螺误差造成的开环指向漂移，又可以弥补闭环跟踪的响应慢、不能够及时补偿载体的快速扰动和短时间阴影等缺点。

6.1.3　测控系统基本组成

动中通的测控系统包括测量单元、控制器和测控算法、伺服控制模块，如图 6-4 所示。姿态测量通过测量器件感知到天线的扰动，而后控制器通过融合估计算法给出决策（补偿角速率和角度），最后送入伺服驱动单元执行决策实现动中通的稳定跟踪。

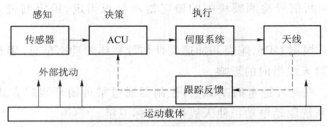

图 6-4　测控系统的组成框图

姿态测量通过测量器件感知到天线的扰动,而后通过融合估计算法给出决策——补偿角速率和角度,最后送入伺服驱动单元执行决策实现动中通的稳定跟踪,下面分别简要介绍各个单元的组成以及功能。

（1）姿态测量单元

测量单元主要完成控制系统需要的数据的获取,包括 GPS、惯性传感器、信号检测模块、编码器和限位开关等。其中,GPS 提供载体的地理位置和速度、航向角信息;惯性传感器主要完成载体或天线的姿态角以及运动角速率测量;信号检测模块完成信号强度检测和锁定指示。由于测控系统的主要任务是隔离载体姿态扰动,因此其关键核心器件是惯性传感器,包括陀螺和加速度计,但是高精度惯性传感器成本较高,造价可能是低成本微机械惯性器件的几十倍甚至上百倍。因此,惯性传感器的选取很大程度上决定了测控系统的总体成本,是降低动中通系统成本的一个关键环节。

（2）控制器及测控算法

控制器接收惯性传感器和 GPS 提供的信息,经过姿态估计算法和坐标转换后,与编码器、限位开关和跟踪信号一起通过控制算法产生控制信息,分别送到相应的驱动单元。控制器由高性能的微处理器来实现,其高效的计算能力可尽量减少因数据处理的延时而造成的波束控制上的动态滞后,并且要求能够对整个系统的各个工作状态进行合理的控制和切换,协调整个系统正常工作。

（3）伺服驱动机构

主要是通过驱动机构完成对天线的方位、俯仰、极化的控制。包括伺服驱动以及电子驱动,系统采用了方位与俯仰电动机驱动,极化控制较为复杂,方位采用电子与步进电动机相结合的电子电动变极化控制方式。

6.1.4　测控流程

测控系统采用"开环稳定＋闭环跟踪"模式时,如图 6-5 所示,其工作流程如下所述。

（1）初始化。一旦系统加电工作,控制器首先控制方位和俯仰两个电动机运转并监视编码器检测两个电动机对于命令是否准确。然后,伺服系统将天线驱动到零位。

（2）初始捕获。典型的方法是在固定俯仰角的同时在方位 0°～360°上扫描,然后再改变俯仰角继续在方位上扫描直至捕获到卫星。天线波束较窄时,要在全空域通过搜索寻找到指定卫星时间较长。根据 GPS 得到载体当前的经度、纬度,推算出俯仰角、方位角,只需在一个很小的区域内搜索信号强度最大点的方式来实现。搜索一直持续收到最强的信号强度,并判断信号检测模块中的锁定指示是否锁定,锁定则进入跟踪,否则重新进行搜索。

（3）开环稳定。根据 GPS、陀螺和加速度计估计载体的动态信息（姿态和角速率信息），隔离载体姿态变化对天线指向的影响。

（4）闭环跟踪。在开环稳定的基础上,控制器通过某种闭环跟踪方式,确定出方位、俯仰误差后控制伺服系统驱动电动机使天线指向目标卫星。

（5）阴影再捕获。当 $AGC<\delta_2$（δ_2 由实际行车实验决定）,可认为天线受到树、建筑物等障碍物阻挡,即进入阴影模式。此时停止跟踪,仅根据惯性传感器的信息对天线进行开环稳定,同时检测 AGC 信号强度,一旦信号强度超过预定值且锁定,则再次恢复到闭环跟踪。如果经过一定时间,AGC 信号强度都没有超过预定值或没有锁定信号,则进入重新捕获状态。此时,在上次卫星附近区域进行扫描。

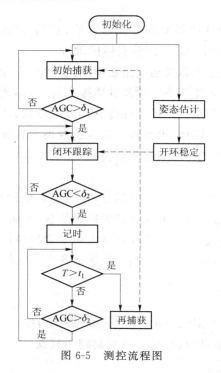

图 6-5　测控流程图

6.2　测量单元

测量单元主要完成控制系统需要的数据的获取,包括 GPS、惯性传感器、信号检测模块、编码器和限位开关等,不同的动中通可以采用不同的传感器组合。由于测控系统的主要任务是隔离载体姿态扰动,因此其关键核心器件是惯性传感器,包括陀螺和加速度计,但是高精度惯性传感器成本较高,造价可能是低成本微机械惯性器件的几十倍甚至上百倍。因此,惯性传感器的选取很大程度上决定了测控系统的总体成本,是实现动中通系统低成本的一个关键环节。动中通中常见的惯性传感器主要包括陀螺、加速度计、惯性测量单元、航姿系统和惯性导航系统等。

6.2.1　GPS 模块

车载天线的最大特点是具有可移动性，因此，车载天线系统在开始工作前需要知道车辆所在的位置，即车辆所在地的经度、纬度和高度。GPS 接收机的功能是接收 GPS 卫星发送的导航信息，恢复载波信号频率和卫星钟，解调出卫星星历、卫星钟校正参数等数据；通过测量本地时钟和恢复的卫星钟之间的时延来接收天线至卫星的距离（伪距）；通过测量恢复的载波频率变化（多普勒频率）来测量伪距变化率；根据获得的这些数据，按定位解算法计算出用户所在的地理经度、纬度、高度、速率、准确的时间等导航信息，并将这些结果显示在显示屏幕上或通过输出端口输出。

根据具体应用，GPS 天线可以采用单天线或者单基线两类。如图 6-6 所示，单天线 GPS 模块如 MiniISA-WG13GPS，GPS 芯片为 REB-3310 模块。该接收模块是台湾鼎天（RoyalTek）公司开发生产的一款低功耗、小封装的新一代 GPS 接收模块，采用 SiRF Star III 芯片组和 RoyalTek 自有产权的导航算法，能够更稳定地提供导航数据。REB-3310 具有高度集成、体积小、功能全、耗电低的特点，其电气性能参数如下所示：

- 工作电压电流为 3.3 V/72 mA；
- 能实现 20 个通道并行接收，接收频率为 L1　1 575.42 MHz；
- 输出支持 NMEA-0183 V3.0 协议，支持 DGPS(WAAS/EGNOS/RTCM)；
- 冷启动定位时间 37 s，热启动定位时间 1 s，更新率为每秒 1 次；
- 定位精度小于 25 m，测速误差小于 0.3 m/s，测时误差小于 500 ns。

图 6-6　单天线 GPS 模块

单基线以 XW-ADU3601 模块为例（包含两个 GPS 零相位测量型天线和一个 OEM 模块），如图 6-7 所示。两个 GPS 天线一前一后置于载体纵轴上，在无阴影情况下利用各天线测量的 GPS 载波信号相位差来实时确定运动坐标系相对于当地地理坐标系的角位置，可以准确输出速率、位置和航向角信息，其更新速率为 10 Hz。航向角的精度取决于两根天线之间的距离，天线距离越长测量越精确。但该模块对空视环境要求较高，需要同时收到 6 颗以上卫星才可以可靠地定向。在实际运用中经常有小于 6 颗的情况发生，建筑、树荫、电线杆等遮挡物的影响都可能失去航向信息，其参数如表 6-2 所示。

(a) OEM 模块　　　　　　　　　　(b) 测量型零相位中心天线

图 6-7　XW-ADU3601 实物图

表 6-2　XW-ADU3601 基本参数

性能指标	动态性能	速率	<515 m/s
		高度	<18 000 m
		加速度	4 g
		振动	7.7 G
	定向时间	定向典型值	<90 s
		重捕获时间	<10 s
	定位定向精度	航向角	0.1°(2 m 基线) 0.05°(4 m 基线)
		俯仰角	0.2°(2 m 基线) 0.1°(4 m 基线)
		位置	0.3 m CEP DGPS <2 m CEP autonomous,no SA
		速率	0.02 m/s

6.2.2　倾斜仪

倾斜仪(图 6-8)用于测量载体相对于水平面的静态倾斜角度,通过测量静态重力加速度变化,转换成倾斜角度变化,用俯仰角和横滚角表示测量倾角值。传感器采用具有独特优势的硅微机械传感器和高性能的微处理器,通过对重力加速度信号的数字化处理降低测量信号的噪声,提高测量数据的稳定性,确保了测量的实时性和精准度。产品的电源接口和通信接口采用了电磁兼容处理,保证了产品的可靠性。

图 6-8　倾斜仪

6.2.3　微机械陀螺

微机械陀螺采用硅性 MEMS 技术,用于测量运动物体角速率的微型惯性器件,在剧烈冲击和震动条件下仍能保持卓越的性能。在动中通应用中主要用于敏感载体或天线相对于惯性空间的角速率,为隔离载体扰动提供测量信号。速率陀螺一般安装在载体或天线上,敏感载体或天线相对于惯性空间的角速率,将该信号输入主控制器,结合天线相对载体的姿态,经主控制器给出伺服机构控制指令,消除载体运动和姿态变化的扰动,使天线波束指向保持稳定。如图 6-9 所示,动中通系统中应用的 CRS03 微机械陀螺和 CRG20 微机械陀螺。

(a) CRS03　　　　　　　　　(b) CRS20

图 6-9　微机械陀螺

表 6-3　CRS03 陀螺系列性能指标

Part Number	CRS03-01S	CRS03-02S	CRS03-04S	CRS03-05S	CRS03-11S
	CRS03-01T	CRS03-02T			
角速率测量范围	±100 °/s	±100 °/s	±200 °/s	±80 °/s	±573 °/s
输出	Analogue voltage(ratiometric)				
接口形式	Solder Pins	Connector	Solder Pins		
比例因子					
名义值	20 mV/°/s	20 mV/°/s	10 mV/°/s	25 mV/°/s	3.49 mV/°/s
全温变化量	<±3%				<±5%
非线性	<±0.5% of full scale				
偏移					
设定范围	<±3 °/s	<±3 °/s	<±6 °/s	<±4 °/s	<±30 °/s
全温变化量	<±3 °/s(S)	<±1 °/s(T)	<±6 °/s	<±4 °/s	<±30 °/s
比率误差	<±1 °/s	<±1 °/s	<±2 °/s	<±0.8 °/s	<±1 °/s
基于时间的漂移	<±0.55 °/s in any 30 s period(after start-up time)				
G 敏感度	<±0.1 °/s/g on any axis				
带宽	10 Hz(−3 dB)			55 Hz(−3 dB)	
静态噪声	<1 mV rms(S)<0.5 mV rms(T)				
环境指标					
温度范围	−40～+85 ℃			−20～+60 ℃	

Part Number	CRS03-01S	CRS03-02S	CRS03-04S	CRS03-05S	CRS03-11S
	CRS03-01T	CRS03-02T			
线性加速度	<100 g				
冲击	200 g(1 ms,1/2 sine)				
震动	2 g rms(20 Hz~2 kHz,random)				
交叉轴灵敏度	<5%				
重量 mass	<18 gram			<10 gram	
电气指标					
输入电压	+4.75~+5.25 V				
功耗	<35 mA(steady state)				
噪声/波纹	<15 mV rms(DC to 100 Hz)				
启动时间	<0.2 s				
RoHS 环保	Yes				

陀螺放置于载体上,陀螺测量的是在载体坐标系的角速率。其中,欧拉角速率与三轴陀螺输出角速率的关系如下:

$$
\begin{bmatrix} \omega_x \\ \omega_y \\ \omega_z \end{bmatrix} = \begin{bmatrix} \dot{\phi} \\ 0 \\ 0 \end{bmatrix} + \begin{bmatrix} 1 & 0 & 0 \\ 0 & \cos\phi & \sin\phi \\ 0 & -\sin\phi & \cos\phi \end{bmatrix} \begin{bmatrix} 0 \\ \dot{\theta} \\ 0 \end{bmatrix} + \begin{bmatrix} 1 & 0 & 0 \\ 0 & \cos\phi & \sin\phi \\ 0 & -\sin\phi & \cos\phi \end{bmatrix} \begin{bmatrix} \cos\theta & 0 & -\sin\theta \\ 0 & 1 & 0 \\ \sin\theta & 0 & \cos\theta \end{bmatrix} \begin{bmatrix} 0 \\ 0 \\ \dot{\psi} \end{bmatrix}
$$

$$(6\text{-}1)$$

式中,ω_x、ω_y、ω_z 分别表示安装于载体系 x、y、z 轴的三个陀螺测量值,ϕ、θ 和 ψ 分别对应横滚角、俯仰角和航向角三个欧拉角。

根据上式可得到欧拉角的微分方程:

$$
\begin{bmatrix} \dot{\phi} \\ \dot{\theta} \\ \dot{\psi} \end{bmatrix} = \begin{bmatrix} 1 & \sin\phi\tan\theta & \cos\phi\tan\theta \\ 0 & \cos\phi & -\sin\phi \\ 0 & \sin\phi/\cos\theta & \cos\phi/\cos\theta \end{bmatrix} \begin{bmatrix} \omega_x \\ \omega_y \\ \omega_z \end{bmatrix}
$$

$$(6\text{-}2)$$

这里需要明确的是,对于航向角 ψ 来说,车头指向正北时为 0,由北向东旋转为正,例如正东方向为 90°,正南方向为 180°;对于俯仰角 θ 来说,车体水平时为 0,车头向上为正,也就是说上坡时俯仰角为正,下坡时俯仰角为负;对于横滚角 ϕ 来说,车体水平时为 0,向右倾斜为正。

给定初值之后,姿态角可以通过式(6-2)积分得到,但是,陀螺存在零偏,积分后姿态误差会随时间累积,而陀螺的零偏变化缓慢近似常值,因此一般将陀螺测量值建模为

$$\omega_{\mathrm{m}} = \omega_{\mathrm{t}} + b + \eta_{\omega}$$

$$\dot{b} = \eta_b$$

$$(6\text{-}3)$$

式中,ω_{t} 为真实角速率,b 为陀螺零偏,n_{ω} 与 n_b 分别为零均值白噪声。由于慢时变零偏 b 的存在,陀螺积分得到的姿态角将会存在随时间累积的误差,由于其慢变的特性,因此需要辅助传感器对其进行估计和补偿。

6.2.4　加速度计

加速度计工作于倾角仪状态时,是通过直接测量当地重力加速度来确定载体的姿态。由于加速度计固连于载体,其敏感的是载体所受的比力:

$$\boldsymbol{f} = \dot{\boldsymbol{v}}^b + \boldsymbol{\omega} \times \boldsymbol{v}^b - \boldsymbol{g}^b$$

$$= \begin{bmatrix} \dot{u} - \omega_z u + \omega_y w \\ \dot{v} + \omega_z u - \omega_x w \\ \dot{w} - \omega_y u + \omega_x v \end{bmatrix} + \begin{bmatrix} g \sin\theta \\ -g \sin\phi\cos\theta \\ -g \cos\phi\cos\theta \end{bmatrix} \tag{6-4}$$

式中,$\dot{\boldsymbol{v}}^b = [\dot{u}, \dot{v}, \dot{w}]^T$ 是加速度矢量,$\boldsymbol{\omega} = [\omega_x, \omega_y, \omega_z]^T$ 为陀螺输出,$\boldsymbol{g}^b$ 为重力场在载体坐标系中的分量。

如果忽略哥氏加速度及其他机动加速度的影响,此时加速度计输出可看作重力场在载体坐标系中的分量,满足:

$$\boldsymbol{f} = \begin{bmatrix} f_x \\ f_y \\ f_z \end{bmatrix} \approx -g \begin{bmatrix} -\sin\theta \\ \sin\phi\cos\theta \\ \cos\phi\cos\theta \end{bmatrix} \tag{6-5}$$

式中,f_x、f_y 和 f_z 是加速度各个轴向的输出值。此时,倾角可以表示为

$$\theta_a = \arcsin\left(\frac{f_x}{g}\right), \quad \phi_a = \arctan\left(\frac{f_y}{f_z}\right) \tag{6-6}$$

式中,θ_a 和 ϕ_a 分别为根据加速度计确定的横滚角和俯仰角。

加速度计无法区分成重力加速度和非重力加速度,当有非重力加速度的干扰时,直接用加速度计测量数据进行载体俯仰和横滚角的解算,得到的俯仰角和横滚角估计会出现较大的误差。

6.2.5　微惯性测量单元

微惯性测量单元(Micro Inertial Measurement Unit,MIMU)一般包含三轴的微加速度计和三轴的微陀螺,用来测量物体在三维空间中的加速度和角速率。MIMU 与传统的惯性测量单元相比在体积、质量和成本等方面均具有明显的优势。随着 MIMU 技术的进步和应用领域的不断扩大,微惯性测量单元已经开始与其他多种微传感器相结合,构成功能更多、使用范围更广的广义微惯性测量组,在航姿参考系统、微惯性/卫星组合导航系统、多传感器融合系统等中均有应用。

MIMU 一般包括微惯性敏感元件组件、信号处理单元、信息解算单元、电源单元等。惯性敏感元件组件(Inertial Seneors Assembly,ISA)是 MIMU 的核心组件。它为系统提供了最基本的敏感功能和性能基础该组件包括微机械陀螺、微机械加速度计、机械安装基准座、连接电缆等。信号处理电路由高性能的 A/D 转换器和数字信号处理电路组成,用来完成陀螺和加速度计的信号转换、控制和处理功能。信息解算单元通常由嵌入式 CPU 或 DSP 以及外围控制电路组成,用来完成系统导航信息的解算功能。电源模块的功能是将外部提供的电源变换成系统中敏感元件和数字电路所需的稳定的、低噪声的多路电源,并滤除来自外部和内部的各种电磁干扰。减振器的功能是衰减载体的高频振动,用来为惯性仪表提供一个良好的工作环境。

图 6-10 为星网宇达公司的微机械惯性测量单元 XW-IMU5220。该器件是一种高动态、低成本六自由度的惯性测量单元,由三个陀螺与三个加速度计、集成电路等组成。微机械陀螺和加速度计分别安装在正六面体基座的 3 个相互正交的平面内,可以按 100 Hz 的更新速率稳定提供角速率和线加速度的测量信息,其基本参数如表 6-4 所示。

图 6-10　XW-IMU5220 实物图

表 6-4　XW-ADU5220 基本参数

性能指标	陀螺	量程	±150 (°)/s(±100 (°)/s 可选)
		零偏	<0.08 (°)/s
		零偏稳定性	<0.05 (°)/s
		零偏重复性	<0.05 (°)/s
	加速度计	量程	±10 g(±2 g 可选)
		零偏	<0.005 g
		零偏稳定性	<0.001 g
		零偏重复性	<0.002 g

图 6-11 为火箭军工程大学研制的系列低成本微机械惯性测量单元,采用了独特温度补偿方法,突破了随机误差补偿、温度补偿等误差补偿技术,大幅提高了测控精度、降低了系统成本。

图 6-11　低成本微惯性测量单元

6.2.6　微机械航姿参考系统

微机械航姿参考系统包括多个轴向传感器,能够为载体提供航向、横滚和侧翻信息,这类系统用来为载体提供准确可靠的姿态与航向信息。

微机械航姿参考系统包括三轴微机械速率陀螺、三轴加速度计和磁强计，它能依靠重力矢量和地磁矢量作为参考信息来修正陀螺积分后的漂移误差。航姿参考系统与惯性测量单元 MIMU 的区别在于,航姿参考系统(AHRS)包含了嵌入式的姿态数据解算单元与航向信息,微惯性测量单元(MIMU)仅仅提供传感器数据,并不具有提供准确可靠的姿态数据的功能。目前常用的航姿参考系统(AHRS)内部采用的多传感器数据融合进行的航姿解算单元为卡尔曼滤波器。微机械 AHRS 的系统组成框图如图 6-12 所示。

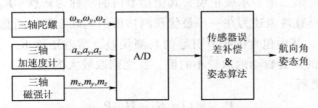

图 6-12　微机械 AHRS 的系统组成框图

Kalman 滤波最突出的优点是它的"递推性"和"实时性"。在一个滤波周期内,从 Kalman 滤波在使用系统信息和测量信息的先后次序来看,Kalman 滤波具有两个明显的信息更新过程:时间更新过程和量测更新过程。算法的流程图如图 6-13 所示。

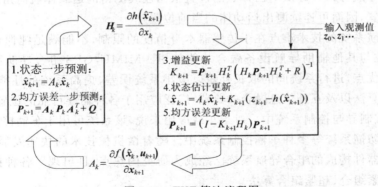

图 6-13　EKF 算法流程图

算法的具体步骤如下:

(1) 初始化

Kalman 滤波不需要过去全部的观测值,它是根据前一个估计值和最近一个估计信号的当前值,用状态方程和递推方法进行估计,因而 Kalman 滤波是一种递推算法,必须先给定初值 $\hat{x}_0$ 和 P_0。

(2) 状态一步预测

$$\hat{x}_{k+1}^- = A_k \hat{x}_k$$

式中,$A_k = \dfrac{\partial f(\hat{x}_k, u_{k+1})}{\partial x_{k+1}}$ 为状态转移矩阵。

(3) 均方误差一步预测

$$P_{k+1}^- = A_k P_k A_k^T + Q$$

（4）增益更新

$$K_{k+1} = \boldsymbol{P}_{k+1}^{-} H_k^T \ (H_k \boldsymbol{P}_{k+1}^{-} H_k^T + R)^{-1}$$

式中，$H_k = \dfrac{\partial h(\hat{\boldsymbol{x}}_{k+1}^{-})}{\partial x_k}$ 为测量转移矩阵。

（5）状态估计更新

$$\hat{\boldsymbol{x}}_{k+1} = A_k \hat{\boldsymbol{x}}_k + K_{k+1}(z_{k+1} - h(\hat{\boldsymbol{x}}_{k+1}^{-}))$$

这个方程右端的第二项表示校正项，其中括号内的项称为新息。$\boldsymbol{K}_{k+1}$ 称为增益阵。因此卡尔曼滤波方法可直观表述为在一步最优预测估值的基础上增加新息校正。新息是由第 $k+1$ 步观测决定的，其中包含由噪声引起的观测误差。增益矩阵 $\boldsymbol{K}_{k+1}$ 对它有调节作用，当噪声很大时 $\boldsymbol{K}_{k+1}$ 的元会自动地取较小的值，反之则取较大的值。

（6）均方误差更新

$$\boldsymbol{P}_{k+1} = (I - K_{k+1} H_k)\boldsymbol{P}_{k+1}^{-}$$

6.2.7　微惯性导航系统

惯性导航系统（INS）是一种利用惯性传感器测量载体的比力及角速度信息，并结合给定的初始条件实时推算速度、位置、姿态等参数的自主式导航系统。具体来说惯性导航系统属于一种推算导航方式。即从一已知点的位置根据连续测得的运载体航向角和速度推算出其下一点的位置，因而可连续测出运动体的当前位置。

微惯性导航系统的技术难点在于传感器本身精度的限制，不能满足纯惯性导航的精度要求，因此往往与其他辅助导航设备融合才能使用。MIMU/GPS 组合导航系统可以有效地利用各自的优点，进行系统间的取长补短以减小系统误差，提高系统的性能，已经成为导航领域的标准算法以及互补信息融合的典范，广泛应用于各种需要可靠的位置、速度以及姿态信息的导航、制导与控制系统中。对于车载应用来说，该系统可用于车辆控制、自动驾驶、稳定控制以及防撞系统等多种车辆控制系统中。随着微机械技术的快速发展，采用低成本的微机械惯性器件构成的组合导航系统已经成为研究的热点，且出现了各种提高导航精度以及可靠性的紧组合、超紧组合算法。

将 INS 放置于载体上，选择导航坐标系为当地地理坐标系（n 系），则捷联惯导的误差方程为

$$\dot{\boldsymbol{\psi}}^n = -\boldsymbol{C}_b^n \cdot \delta\boldsymbol{\omega}_{ib}^b - \boldsymbol{\omega}_{in}^n \times \boldsymbol{\psi}^n \tag{6-7}$$

$$\delta\dot{\boldsymbol{V}}^n = \boldsymbol{C}_b^n \cdot \delta f^b + f^n \times \boldsymbol{\psi}^n + \delta\boldsymbol{g}^n - (-2\boldsymbol{\omega}_{ie}^n + \boldsymbol{\omega}_{en}^n) \times \delta\boldsymbol{V}^n \tag{6-8}$$

$$\delta\dot{\boldsymbol{R}}^n = \delta\boldsymbol{V}^n - \boldsymbol{\omega}_{en}^n \times \delta\boldsymbol{R}^n \tag{6-9}$$

式中，$\boldsymbol{\psi}^n$、$\delta\boldsymbol{V}^n$ 以及 $\delta\boldsymbol{R}^n$ 分别是表示在当地地理坐标系中的姿态角误差矢量、速度误差矢量以及位置误差矢量，$\boldsymbol{C}_b^n$ 表示载体系到地理系的坐标变换矩阵，$\delta\boldsymbol{\omega}_{ib}^b$ 表示载体系中的姿态角速度测量误差，δf^b 表示载体系的比力测量误差，δf^n 表示地理系的比力测量误差，$\delta\boldsymbol{g}^n$ 表示重力矢量误差，$\boldsymbol{\omega}_{ie}^n$ 和 $\boldsymbol{\omega}_{en}^n$ 分别表示地球自转角速度矢量以及载体在地球表面平动引起的相对地心的角速度，$\boldsymbol{\omega}_{in}^n = \boldsymbol{\omega}_{ie}^n + \boldsymbol{\omega}_{en}^n$。

当选用低成本的微机械陀螺时，由于陀螺的零偏以及噪声较大，根本无法敏感到地球自转角速度 $\boldsymbol{\omega}_{ie}^n$（大致为 $0.004\ 17\ (°)/s$，而 MEMS 陀螺零偏可达 $0.2\ (°)/s$）。同时，车体的运

行速度相对于地球自转角速度低得多,因此 $\boldsymbol{\omega}_{en}^n$ 也可忽略不计,也就是说对于车体来讲,其运动产生的哥氏力以及重力加速度的变化均可忽略。则上述的姿态、速度、位置误差传递方程可化简为

$$\dot{\boldsymbol{\psi}}^n = -\boldsymbol{C}_b^n \cdot \delta\boldsymbol{\omega}_{ib}^b \tag{6-10}$$

$$\delta\dot{\boldsymbol{V}}^n = \boldsymbol{C}_b^n \cdot \delta\boldsymbol{f}^b + \boldsymbol{f}^n \times \boldsymbol{\psi}^n \tag{6-11}$$

$$\delta\dot{\boldsymbol{R}}^n = \delta\boldsymbol{V}^n \tag{6-12}$$

而陀螺测量的角速度误差和加速度计的比力测量误差可以分别认为是陀螺的零偏误差 $\delta\boldsymbol{b}$ 以及加速度计的零偏误差 $\delta\nabla$,将这两个惯性器件的误差增广入系统状态方程,则状态矢量为

$$\boldsymbol{x} = [(\delta\boldsymbol{R}^n)^\mathrm{T} \quad (\delta\boldsymbol{V}^n)^\mathrm{T} \quad (\boldsymbol{\Psi})^\mathrm{T} \quad (\delta\boldsymbol{b})^\mathrm{T} \quad (\delta\nabla)^\mathrm{T}]^\mathrm{T}$$

进而得到 INS 误差传递方程为

$$\dot{\boldsymbol{x}} = \boldsymbol{A}\boldsymbol{x} \tag{6-13}$$

式中,状态矢量矩阵 $\boldsymbol{A}$ 为

$$\boldsymbol{A} = \begin{pmatrix} 0 & \boldsymbol{I}_{2\times2} & 0 & 0 & 0 \\ 0 & 0 & [(\boldsymbol{f}^n)\times]_{2\times3} & 0 & [\boldsymbol{C}_b^n]_{2\times2} \\ 0 & 0 & 0 & -\boldsymbol{C}_b^n & 0 \\ 0 & 0 & 0 & 0 & 0 \\ 0 & 0 & 0 & 0 & 0 \end{pmatrix} \tag{6-14}$$

式中,$(\boldsymbol{f}^n)\times$ 表示比力测量值的反对称矩阵。对于地面行驶的车辆来说,可不考虑其高度维,因此,这里的位置误差矢量 $\delta\boldsymbol{R}^n$、速度误差矢量 $\delta\boldsymbol{V}^n$ 以及加速度计零偏误差矢量 ∇ 均只含有 x 和 y 两维(东向和北向)。

测量值只有 GPS 的速度和位置,因此,测量方程如下

$$\boldsymbol{y} = \begin{pmatrix} \Delta\boldsymbol{R} \\ \Delta\boldsymbol{V} \end{pmatrix} = \boldsymbol{H}\boldsymbol{x} = \begin{pmatrix} \boldsymbol{I}_{2\times2} & 0 & 0 & 0 & 0 \\ 0 & \boldsymbol{I}_{2\times2} & 0 & 0 & 0 \end{pmatrix}\boldsymbol{x} \tag{6-15}$$

式中,测量误差矢量 $\Delta\boldsymbol{R}$ 和 $\Delta\boldsymbol{V}$ 分别为 INS 通过积分得到的位置、速度与 GPS 测量得到的结果之差。假定惯性器件的采样时间为 T,将式(6-13)近似离散化得

$$\boldsymbol{x}_k = \boldsymbol{x}_{k-1} + \boldsymbol{A}_{k-1}\boldsymbol{x}_{k-1} \cdot T \tag{6-16}$$

通过式(6-13)、式(6-15)以及式(6-16)即可通过 Kalman 滤波算法来实现 GPS/INS 组合导航。

6.3　天线控制器

天线控制器(ACU)包含在 ODU 中,是动中通系统的控制中心,它由嵌入式 CPU、传感器、卫星信号检测等部分以及各部分之间的通信链路组成。主要完成接收并执行室内单元的命令,从传感器采集信息,运行天线控制算法并控制天线方位、俯仰、极化三轴对准卫星,协调 IDU、传感器、伺服和软件算法的运作,保证系统各部分之间互连、互通、互操作。ACU 作为动中通系统的关键,其性能直接影响到动中通系统的整体效能。

6.3.1 主要任务

天线控制器部分的主要任务是：采集信息、与 IDU 通信、建立软件平台放入测控算法、控制伺服机构、向下级控制器发送控制命令。其任务可以概括为获取信息、处理信息、协调工作、执行命令。根据天线控制器的任务描述，系统输入包括：IDU 命令、传感器信息。系统输出包括：方向、俯仰、极化命令。天线控制器与上下游系统的输入输出关系如图 6-14 所示。

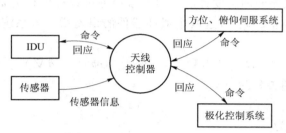

图 6-14　天线控制器数据流图

具体来说，天线控制器主要功能包括以下几方面。

1. 数据显示和记录

显示天线方位轴、俯仰轴、极化轴的预置角度和当前角度；显示所跟踪卫星的经度、信标频率、AGC 电平信号值；显示惯导给出的载体当前航向角度以及天线转台的姿态角度；显示载体所处位置的经纬度、高度；显示惯导、GPS 的工作状态。

2. 系统参数设定

天线初始对准星时方位、俯仰、极化角度的标定；更改所跟踪卫星的卫星经度、极化方式（信标频率）；设定跟踪接收机的中心频率、AGC 倍频、本振频率等参数；可存储多颗卫星的星位参数。

3. 自动跟踪和手动操作

可通过面板按键在自动跟踪和手动操作之间进行切换。手动操作就是手动控制天线各个轴的独立转动，每次只有一个轴运动，运动角速率为一恒定值。在手动操作的过程中可同时观察 AGC 电平的变化和当前角度的变化。如果退出手动操作界面，则系统自动在手动对准的基础上转入跟踪模式，无须系统重新启动，天线自动对准所选卫星。

4. 本控和远控

ACU 能够查询并显示本机处于本控状态还是远控状态。本控状态或远控状态由上位机软件（即远控界面）进行设置。但是，当 ACU 与上位机通信中断时或未连接时，ACU 自动进入本控状态。ACU 控制单元与天线上的伺服控制板通过 RS422 串口进行数据通信。

5. 记忆功能

开机后，ACU 自动选取前次保存的卫星数据以及天线标定值，而不必每次开机进行默认卫星的选择，卫星天线初次安装时的安装误差在天线角度标定中输入并将数据保存，直到下次修改为止，另外天线控制器还具有掉电保护功能以及自检功能。

6.3.2　基本组成

动中通控制系统往往采用分级设计,分别是天线控制器(主控制器)、伺服控制器和极化控制器。如图 6-15 所示,天线控制器部分构成逻辑上的控制级,主要负责采集信息并运行测控算法;由"下级控制器"部分构成逻辑上的执行级,主要负责正确执行控制级的驱动命令并修正伺服系统自身的误差。各级控制器各司其职,完成相应的控制功能。各个控制器可以有硬件实体也可以是软件实现,通过软硬件模块接口连接起来。这样做可以使系统各个逻辑部分在设计时能只集中精力于本部分的内部算法设计,而不必过多考虑系统的整体硬件实现。可以起到分块设计、分工协作、简化系统设计复杂性的作用。

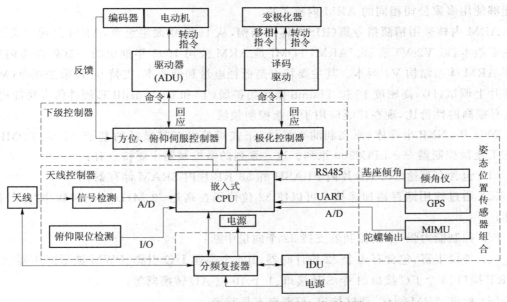

图 6-15　天线控制器结构及连接关系框图

按照模块化设计要求,将硬件系统划分为电源模块、CPU 模块、IDU 通信模块、执行机构模块、模拟传感器采集模块(陀螺等)、数字传感器通信模块(GPS、倾角仪、限位检测等)、信号检测模块。硬件模块连接关系如图 6-16 所示。

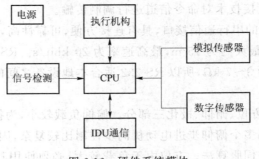

图 6-16　硬件系统模块

1. CPU

CPU 作为天线控制器的中心,担负着采集传感器信息,运行控制算法程序,接收并执行 IDU 命令,向下级控制器发送命令的任务,其性能和稳定性至关重要。通过对国外动中通产品的分析,一般新型的动中通产品都使用了 32 位微处理器。通过对算法的功能仿真和复杂度分析以及在实践中的应用,证明 32 位微处理器完全可以完成天线控制系统 CPU 的任务。

ARM 架构微处理器是指采用了 ARM 技术知识产权(IP)核的微处理器,ARM 公司本身并不直接进行芯片研发,而是向各半导体公司供应 ARM 核心技术,各半导体公司进行二次开发后形成嵌入式芯片。这样做的好处是用户只需掌握一种 ARM 内核及其开发手段,就能够使用多家公司相同的 ARM 内核芯片。

ARM 内核采用精简指令集(RISC)体系结构,从 1985 年诞生至今,ARM 公司定义了 7 种主要版本,以 V2-V7 表示。ARM7TDMI 是 ARM 公司 1995 年推出的一款处理器内核,基于 ARM 体系结构 V4 版本。其主要特点是低耗电量和低成本,支持 64 位乘法指令(M),支持片上调试(D),高密度 16 位 Thumb 指令集扩展(T)和 EmbededICE 硬件仿真功能模块(I),有很高的性价比,现在广泛应用于工业控制领域。

2007 年,NXP 半导体(原飞利浦半导体)正式对外发布其最新的基于 ARM7TDMI 内核的工业微控制器——LPC2300 系列。这一系列的微控制器主要特点有:

(1) 包含有高达 512 KB 片内 FLASH 和 58 KB 片内 SRAM 储存器;

(2) 通过使用储存器加速技术可以使 32 位代码在高达 72 MHz 的时钟频率"零等待"工作;

(3) 控制能力强,中断控制器支持 32 个向量中断;

(4) 外设丰富,包含有 4 个 32 位计时器、104 个高速 I/O 引脚、PWM 波形产生器、4 个 UART 接口、3 个 I²C 接口、1 个 SPI 接口、1 个 10 位 AD 转换器等;

(5) 标准 ARM 测试/调试接口,与现有工具兼容;

(6) 支持低功耗模式。

2. IDU 通信模块

IDU 通信模块主要任务是连接 CPU 与 IDU,建立命令传输通道。IDU 与 CPU 之间是长线连接,因此需要选择一种支持长距离传输的连接方式。为了减少 IDU 与 ODU 连接线的数目,还要使用频分复接技术对命令信道进行调制传输。

RS-232 是一种常用的串行通信接口,具有连接方便,可靠性高,可以实现双向全双工通信的优点。其传送距离最大约为 15 m,最高速率为 20 kbit/s。RS-232 是为点对点通信而设计的,其驱动器负载为 3~7 kΩ,所以 RS-232 适合本地设备之间的通信。

3. 执行机构模块

执行机构模块包括方位、俯仰、极化三部分。俯仰负载较小,为提高控制精度,俯仰控制使用步进电动机,考虑到多个俯仰步进电动机同步控制比较复杂,因此设置一单片机作为俯仰控制器,实现基本步进伺服算法。方位由于负载较大,必须使用直流电动机,使用光电编码器测速,为简化硬件系统,方位伺服控制器可以在 CPU 内通过软件实现,由 CPU 输出 PWM 控制方位电动机驱动器。

4. 信号检测模块

信号检测模块用于检测卫星信号的强度,常用的实现方法包括使用独立的 RSSI(接收信号强度指示)电路或通过 IDU 从卫星接收机中上传 AGC 信号。为了缩小体积,减少与 IDU 通信,部分动中通使用 RSSI 电路实现信号检测,RSSI 电路原理框图如图 6-17 所示。

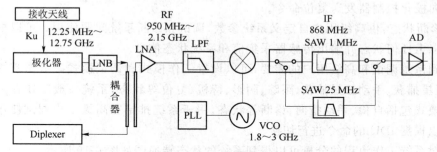

图 6-17　RSSI 电路原理框图

6.3.3　工作流程

某典型天线控制器内部的工作方式如图 6-18 所示,系统有如下工作状态。

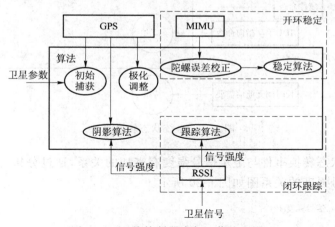

图 6-18　天线控制器内部工作流程图

(1) 自检状态:系统上电或 IDU 发出自检命令时,进行硬件检测,初始化传感器和伺服系统。如果出现错误,则向用户发送报告。

(2) 自动卫星捕获状态:根据 IDU 提供的卫星参数,对空域进行搜索,当信号强度大于门限值后,由 IDU 识别卫星。如果是所需卫星,捕获结束。如果不是所需卫星,继续搜索。

(3) 手动卫星捕获状态:根据 IDU 命令手动控制天线指向(绝对位置移动或相对位置移动),返回信号检测信息,用户根据信号检测信息手动控制结束搜索进入跟踪状态。

(4) 跟踪状态:对卫星信号进行步进跟踪,使信号强度达到最大值。

(5) 阴影状态:检测到阴影时,利用惯性器件使天线保持当前指向不变。车辆驶出阴影后信号强度恢复,则回到跟踪状态,否则在一定时间后重新进行卫星捕获。

（6）手动指向状态：接收到手动指向命令时，使天线指向指定位置，在此状态下不进行跟踪。

（7）待机状态：关闭伺服机构，处理器进入省电模式。可以设置卫星通信是否停止。主要用于载体长时间静止的情况下节省电能。

（8）复位状态：使天线指向方位角 0，俯仰角 0 的位置，复位位置基准由光电传感器确定。同时向极化控制器发送复位命令。

（9）诊断状态：供高级用户自定义系统参数，调试和诊断系统问题使用。可以根据调试命令进入以上任何状态并输出传感器采集值和系统状态信息。

考虑到系统调试和高级用户的需要，可以设置工作模式和调试模式。工作模式包括自检、自动卫星捕获、手动卫星捕获、跟踪、阴影、待机、复位等状态，系统一般工作在工作模式下。调试模式包括自检、手动指向、诊断等状态，用于系统排错和高级用户调试使用。这两种模式可以根据 IDU 的命令进行切换。

通过对系统工作流程的分析可以得到系统的状态转换图如图 6-19 所示。

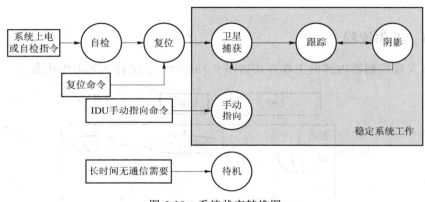

图 6-19　系统状态转换图

由于系统的状态转换事件与卫星信号强度有密切的关系，通过分析可以得出系统状态与时间和卫星信号强度的关系图如图 6-20 所示。

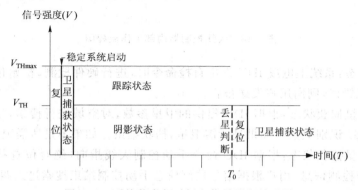

图 6-20　系统状态与时间和信号强度关系图

图中,横轴为时间,纵轴为信号强度。V_{THmax} 为稳定启动形信号强度阈值。V_{TH} 为阴影阈值,T_o 为丢星判断时间阈值。

6.4　伺服系统

6.4.1　伺服系统基本组成及分类

伺服系统也称为随动系统,主要用来控制天线,使其自动地、精确地指向卫星。动中通伺服系统往往利用惯性传感器和闭环跟踪信息,通过闭环或开环方式,使天线准确、稳定地跟踪通信卫星,保证通信正常进行。动中通天线伺服系统如图 6-21 所示,担负着对天线的控制、隔离载体扰动、稳定天线波束、对目标卫星进行可靠捕获和跟踪的任务。它具有如下主要功能:

(1) 进行电压放大和功率放大;

(2) 陀螺稳定和目标自跟踪;

(3) 显示和反馈天线位置信息。

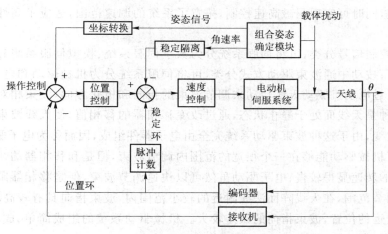

图 6-21　天线伺服组成

1. 伺服系统分类

按执行元件的类别分类可以将进给伺服系统分为步进伺服系统、直流伺服系统和交流伺服系统。

(1) 步进伺服系统

步进伺服系统是一种用脉冲信号进行控制,并将脉冲信号转换成相应角位移的控制系统,其角位移与脉冲数成正比,转速与脉冲频率成正比,通过改变脉冲频率可调节电动机的转速;如果停机后某些绕组仍保持通电状态,则系统还具有自锁能力;此外,步进电动机每转一周都有固定的步数,如 500 步、1 000 步、5 000 步等,从理论上讲其步距误差不会累计。步进伺服系统结构简单,符合系统数字化发展的需要,但精度差、能耗高、速度低,且其功率越大、移动速度越低,特别是步进伺服系统易于失步,故主要用于速度与精度要求不高的场合。

但近年发展起来的 PWM 驱动、微步驱动、超微步驱动和混合伺服技术,使步进电动机的高、低频特性得到了很大的提高,特别是随着智能超微步驱动技术的发展,步进伺服系统的性能将提高到一个新的水平。

(2)直流伺服系统

直流伺服系统的工作原理是建立在电磁力定律基础上,与电磁转矩相关的是互相独立的两个变量,主磁通与电枢电流,它们分别控制励磁电流与电枢电流,可方便地进行转矩与转速控制。从控制角度看,直流伺服系统的控制是一个单输入、单输出的单变量控制系统,经典控制理论完全适用于这种系统。

然而,从实际运行考虑,直流伺服电动机引入了机械换向装置,其成本高、故障多、维护困难,经常因碳刷产生的火花而影响可靠性,并对其他设备产生电磁干扰。另外,机械换向器的换向能力限制了电动机的容量和速度;电动机的电枢在转子上,使得电动效率低、散热差;为了改善换向能力,减小电枢的漏感,转子变得短粗,影响了系统的动态性能。

(3)交流伺服系统

针对直流电动机的缺陷,如果将其做"里翻外"的处理,即把电枢绕组装在定子上,转子为永磁部分,由转子轴上的编码器测出极位置,就构成了永磁无刷电动机。其宽调速范围、高稳速精度、快速动态响应及四象限运行等良好的技术性能,使其动态特性可完全与直流伺服系统相媲美,同时可实现弱磁高速控制,拓宽了系统的调速范围,适应了高性能伺服动的要求。

此外,按控制信号分类,可将伺服系统分为数字伺服系统、模拟伺服系统和数字模拟混合伺服系统等;按动中通波束驱动方式分类,可将伺服系统分为机械驱动和电子驱动两类。机械驱动是通过电动机驱动天线转动来调节波束的指向和极化方向,波束相对于天线面保持恒定;另一种是天线面处于静止状态,通过改变移相器的移相值,使天线波束的指向和极化方式发生改变,由于这种波束驱动系统完全由电子器件组成,因而称为电子驱动。电动机的特点决定了机械驱动能够在一个很宽的范围内调节波束,但是和移相器的快速反应能力相比,电动机的转速显得较慢;电子驱动虽然可以快速调节波束,但是移相器限制了电子驱动对波束的调节范围,在天线阵面法线附近的较小范围内,波束指向具有较高精度,而在距离阵面法线较远的位置,波束指向的误差较大。机械驱动系统的组成简单、成本较低;电子驱动系统组成复杂、成本较高。

2. 基本组成

伺服控制系统的结构类型繁多,但从自动控制理论的角度来分析,伺服控制系统包括比较环节、控制器(调节环节)、被控对象、执行环节、检测环节六部分,如图 6-22 所示。

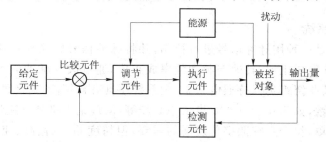

图 6-22 伺服控制系统基本框图

（1）比较环节

比较环节是将输入的指令信号与系统的反馈信号进行比较，以获输出与输入间的信号，通常由专门的电路或计算机来实现。

（2）控制器

控制器通常是指计算机或 PID 控制电路，其主要任务是对比较元件输出的偏差信号进行变换处理，以控制执行元件按要求动作。

（3）执行环节

执行环节的作用是按控制信号的要求，将输入的各种形式的能量转化成机械能，驱动被控对象工作，机电一体化系统中的执行元件一般指各种电动机或液压、气动伺服机构等。

（4）被控对象

被控对象通常为机械参数量，包括位移、速度、加速度、力和力矩。

（5）检测环节

检测环节是指能够对被控对象的输出进行测量并转换成比较环节所需要量纲的装置，一般包括传感器和转换电路。

其基本工作原理如下，由比较元件将给定元件产生的输入量与检测元件测到的输出量进行比较，获得偏差信号。调节元件将偏差信号进行放大、判断其变化趋势，确定调节过程的快慢，并由执行元件输出足够的功率，直接对控制对象进行控制引起输出量趋向于预定的值。能源和扰动分别是系统上必不可少的基础条件和外界环境对系统产生的各种干扰。

3．主要指标

衡量伺服控制系统性能的主要指标有频带宽度和精度。频带宽度简称带宽，由系统频率响应特性来决定，反映伺服系统跟踪的快速性。带宽越大，快速性越好。伺服系统的带宽主要受控制对象和执行机构惯性的限制。惯性越大，带宽越窄。一般伺服系统的带宽小于 15 Hz，大型设备伺服系统的带宽则在 1～2 Hz。20 世纪 70 年代以来，力矩电动机及高灵敏度测速机的发展，使伺服系统实现了直接驱动，减小了齿隙和弹性变形等非线性因素，使带宽达到 50 Hz，并成功应用在远程导弹、人造卫星、精密指挥仪等场所。

伺服系统的精度主要取决于所用的测量元件的精度。因此在伺服系统中必须采用高精度的测量元件，如精密电位器、自整角机和旋转变压器等。此外也可采取附加措施来提高系统的精度，例如，将测量元件（如自整角机）的测量轴通过减速器与转轴相连，使转轴的转角放大，以提高相对测量精度。采用这种方案的伺服系统称为精测粗测系统或双通道系统。通过减速器与转轴啮合的测角线路称为精读数通道，直接取自转轴的测角线路称为粗读数通道。

（1）系统精度

伺服系统精度指的是输出量复现输入信号要求的精确程度，以误差的形式表现，可概括为动态误差、稳态误差和静态误差三个方面。

（2）稳定性

伺服系统的稳定性是指当作用在系统上的干扰消失以后，系统能够恢复到原来稳定状态的能力，或者当输入一个新的指令后，系统达到新的稳定运行状态的能力。

（3）响应特性

响应特性指的是输出量跟随输入指令变化的反应速度,决定了系统的工作效率,响应速度与许多因素有关,如计算机的运行速度,运动系统的阻尼和质量等。

（4）工作频率

工作频率通常是指系统允许输入信号的频率范围。当工作频率信号输入时,系统能按技术要求正常工作;而其他频率信号输入时,系统不能正常工作。

对于卫星动中通而言,根据中华人民共和国国家标准、国内卫星通信地球站天线和系统设备技术要求,伺服系统还有两个指标要求。

（1）指向精度:天线波束轴与所要求方向之间的夹角（通常由角度读出装置给定）要小于 0.2 个波束宽度。波束宽度即主波束半功率点之间的夹角。

（2）跟踪精度:在自动跟踪的工作状态下,天线波束轴与接收的卫星信号来波方向之间的剩余误差角要求小于 0.1 个波束宽度。

6.4.2　伺服控制器

1. 伺服控制器系统

伺服控制器又称伺服驱动器,用来控制电动机的一种控制器,属于伺服系统的一部分。如图 6-23 所示,伺服控制器接收天线控制器解算后的控制信息,控制电动机按预定的方向和速度运动,从而使动中通天线的指向保持不变。整个过程中由电动机牵引天线的运动,而电动机则由伺服控制器根据天线控制器给出的控制信号实现闭环控制,伺服控制器性能的好坏直接关系到天线的运动速度和对准精度,从而影响动中通整体的工作性能。

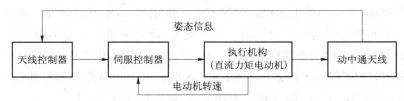

图 6-23　动中通伺服控制器系统结构框图

2. 基本组成

（1）处理器模块

处理器模块是伺服控制器的核心,是实现控制算法的前提,还担负着伺服控制器功能调度的任务,同时也是实现数据通信和故障自动诊断功能不可或缺的一部分;动中通伺服控制器对处理速度要求较高,动中通天线控制器对伺服系统的调整频率为 200 Hz,对速度信息的采样频率在 5～10 kHz,对电流信息的采样频率在 20～50 kHz,在实现数据采集的同时需要同步输出控制用 PWM 信号,其频率一般与电流采样频率一致,在完成采样的同时还需要对电流和电压信号实时解算,对角速度信号实时解码,对电流、电压和速度信号的实时存储,考虑到动中通后期的升级改造（如伺服算法中稳定环的增加等）需要预留的资源,处理器的稳定工作频率应较高,最好控制在 100 MHz 以上。

（2）电源模块

伺服控制器作为动中通伺服系统的组成部分，主要由天线控制器或者独立电源供电，供电电压与电动机的额定工作电压相同，目前电动机的常用额定电压有 24 V、36 V 和 48 V 等几种型号，而伺服控制器内部为实现不同的功能往往需要不同的电压标准，如处理器模块一般为 3.3 V，通信接口芯片和传感器多为 5 V，而比较器电路和功率管驱动电路一般为 15 V，因此电源模块需要实现直流降压功能。电源模块在设计时需要充分考虑到功率、效率、电压纹波以及热耗散等问题。

根据原理不同直流降压电路主要包括开关稳压电路和线性稳压电路，两种电路具有各自的优缺点，需要根据需求选择最适合方案的电路。

开关稳压电路，具有功耗小、效率高、稳压范围宽、滤波电容的容量和体积小的特点，缺点是由于开关元件的存在，它产生的交流电压和电流会在电路中产生尖峰干扰，这些干扰需要一定的措施进行抑制、消除和屏蔽，这直接导致了电源的滤波电路比较复杂。

线性稳压电路则恰恰相反，其变换后输出的结果纹波较低，仅需要基本的电容滤波电路即可，然而其效率较低，在输入输出压差较大的情况下，其功耗大、效率低、热效应惊人，且滤波电容的容量和体积都较大。

（3）电动机驱动模块

伺服控制器的基本功能是控制电动机，负责将控制信号功率放大后控制电动机转动的驱动模块，也是整个电路的核心部分。

功率管的工作效率决定了伺服控制器的效率，这一点在功率管选型中及其重要，另外功率管的工作电压需要大于 64 V，且额定工作电流大于 10 A。

（4）监测模块

伺服控制器中的系统输入电压、系统温度、电动机端电压、电动机电流和电动机转速等重要信息都需要实时监测，一方面确保伺服控制器在正常工作过程中出现异常时能够及时关断系统；另一方面，相关信息也是辨识算法和控制算法实现的重要依据。采样电路的精确度和可靠性对伺服控制器的性能有着很大的影响。

系统温度变化主要是伺服控制器的驱动电路造成的，温度传感器分数字型和模拟型，在芯片选型时，主要依据工作温度范围和芯片本身体积以及传感器外围电路情况进行甄别。

（5）保护模块

伺服控制器在工作过程中遇到特殊状况时，可能会出现故障，这些故障往往以过压、过流、过热的形式表现出来，为了避免伺服控制器在工作过程中出现不可逆的损伤，合理有效、反应迅速的保护机制是不可或缺的。

通过各信息采集电路，伺服控制器的电压、电流和温度信息都已采集，可以在处理器中直接对数据进行判断，起到一定的保护作用，虽然软件保护简单灵活，可以在故障排除后快速重启，但反应速度较慢，且存在控制机死机而无法实现保护功能的可能，因此还需要设计硬件保护电路。保护模块的结构框图如图 6-24 所示。

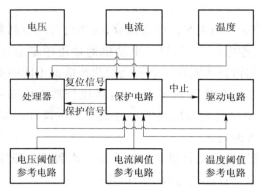

图 6-24　保护电路结构框图

（6）数据存储模块

系统辨识需要大量的数据为基础，一般的单片机内部缓存空间为若干千字节（KB），若动用内部 FLASH 空间，虽然有满足数据存储量的需求，但大大增加了处理器崩溃宕机的概率，从工程实际的角度出发，一般不采用这种方式。

为了保证伺服控制器稳定工作前提下对大量数据的保存，需要在外围电路中增加存储芯片，常见的存储芯片有 FLASH 芯片、SRAM、TF 或 SD 卡等。其中 SRAM 的存储空间适中，存储速度最快，但掉电数据自动丢失，且芯片封装一般较大；TF 或 SD 卡存储空间最大，但相应存储速度最慢，且占用空间最大，且数据读写程序最复杂，FLASH 芯片一般为串行，写入速度介于 SD 卡和 SRAM 之间，掉电数据不丢失，存储空间相对较小，芯片封装较小。综合考虑，伺服控制器存储芯片应该选用存储空间满足需求且工作温度满足要求的 FLASH 芯片。

（7）通信模块

一般的稍微高级的芯片的外设中都具有通信模块，如 USART 模块、CAN 总线模块、IIC 模块等，但考虑到不同设备之间的保护问题，往往会在设备外侧增加相关的保护芯片或者解码芯片，其中 CAN 总线通信需要解码芯片，USART 通信通常增加光耦隔离芯片，为了实现与计算机的通信，在光耦隔离芯片后增加 USB 转串口芯片等。

6.4.3　位置检测元件

位置检测系统在伺服系统中的作用主要是实时检测天线的位置，反馈给天线控制单元作为伺服系统驱动天线运动的基准，一般包括传感器和相应的转换显示电路。位置检测元件是动中通伺服系统的重要组成部分，其精度对伺服系统的控制精度有很大影响。

位置检测传感器按照功能可分为回转式和直线式两大类。回转式用于检测角位移，直线式用于检测直线位移。按照其输出信号的类型又可分为模拟式和数字式，模拟式测得的位置信号是一个模拟量，这个模拟量需经 AD 转换后才能送入控制单元；而数字式测得的位置信号是数字，它可直接送入控制单元。位置检测传感器还可按照测量值分为增量式和绝对式。常用位置检测传感器类型如表 6-5 所示。

表 6-5　常用位置检测传感器类型

按功能分	按测量值分	
	增量式	绝对式
回转式	脉冲编码器 旋转变压器 感应同步器	绝对脉冲编码器 多速旋转变压器 三速感应同步器
直线式	直线感应同步器 磁尺	三速感应同步器 绝对值式磁尺

卫星动中通伺服系统中的位置检测系统主要包括感应同步器、光电码盘、旋转变压器和轴角编码器,其中旋转变压器和脉冲编码器是最常用的器件。

1. 旋转变压器

旋转变压器(图 6-25)用于运动伺服控制系统中,作为角度位置的传感和测量用。早期的旋转变压器由于信号处理电路比较复杂,价格比较贵,应用受到了限制。因为旋转变压器具有无可比拟的可靠性,以及具有足够高的精度,在许多场合有着不可代替的地位,特别是在军事以及航天、航空、航海等方面。

图 6-25　旋转变压器

和光学编码器相比,旋转变压器有这样几点明显的优点。①无可比拟的可靠性,非常好的抗恶劣环境条件的能力;②可以运行在更高的转速下(在输出 12 bit 的信号下,允许电动机的转速可达 60 000 rad/min。而光学编码器,由于光电器件的频率一般在 200 kHz 以下,在 12 bit 时,转速只能达到 3 000 rad/min;③方便的绝对值信号数据输出。

(1) 旋转变压器的结构

旋转变压器(又称同步分解器)是一种旋转式的小型交流电动机,它由定子和转子两部分组成。定子和转子均由高导磁的铁镍软磁合金或硅钢薄板冲压成的槽状芯片叠成。在定子和转子的槽状铁心内分别嵌有绕组,定子绕组为旋转变压器的原边,定子绕组通过固定在壳体上的接板直接引出;转子绕组为旋转变压器的副边,转子绕组分为有刷和无刷两种引出方式。

根据转子绕组的引出方式,可将旋转变压器分为有刷式和无刷式两种结构形式。有刷式旋转变压器的转子绕组是通过滑环和电刷直接引出的,由于电刷与滑环是机械滑动接触,所以,旋转变压器的可靠性差、寿命短。无刷式旋转变压器可分为旋转变压器本体和附加变压器两部分。附加变压器的一次侧、二次侧铁心及绕组均做成环形,分别固定于壳体和转子轴上,径向留有一定的间隙。旋转变压器本体的绕组与附加变压器二次绕组连接在一起,因此,通过电磁耦合,附加变压器二次侧上的电信号(即旋转变压器转子绕组中的电信号)经附加变压器二次绕组间接地送了出去。这种结构避免了电刷与滑环的接触不良,提高了旋转变压器的可靠性和使用寿命,但也增加了体积、重量和成本。

按码盘的刻孔方式不同分类编码器可分为增量式和绝对式两类。增量式编码器是将位移转换成周期性的电信号,再把这个电信号转变成计数脉冲,用脉冲的个数表示位移的大小。绝对式编码器的每一个位置对应一个确定的数字码,因此它的示值只与测量的起始和终止位置有关,而与测量的中间过程无关。旋转增量式编码器以转动时输出脉冲,通过计数设备来知道其位置,当编码器不动或停电时,依靠计数设备的内部记忆来记住位置。这样,当停电后,编码器不能有任何的移动,当来电工作时,编码器输出脉冲过程中,也不能有干扰而丢失脉冲,不然,计数设备记忆的零点就会偏移,而且这种偏移的量是无从知道的,只有错误的生产结果出现后才能知道。

绝对型旋转光电编码器,因其每一个位置绝对唯一、抗干扰、无须掉电记忆,已经越来越广泛地应用于各种工业系统中的角度、长度测量和定位控制。绝对编码器光码盘上有许多道刻线,每道刻线依次以 2 线、4 线、8 线、16 线编排,这样,在编码器的每一个位置,通过读取每道刻线的通、暗,获得一组从 2 的零次方到 2 的 $n-1$ 次方的唯一的二进制编码(格雷码),这就称为 n 位绝对编码器。这样的编码器是由码盘的机械位置决定的,它不受停电、干扰的影响。

(2) 旋转变压器工作原理

由一个中心有轴的光电码盘,其上有环形通、暗的刻线,有光电发射和接收器件读取,获得四组正弦波信号组合成 A、B、C、D,每个正弦波相差 90°相位差(相对于一个周波为 360°),将 C、D 信号反向,叠加在 A、B 两相上,可增强稳定信号;另每转输出一个 Z 相脉冲以代表零位参考位。由于 A、B 两相相差 90°,可通过比较 A 相在前还是 B 相在前,以判别编码器的正转与反转,通过零位脉冲,可获得编码器的零位参考位。

(3) 旋转变压器的主要参数和性能指标

①额定励磁电压和励磁频率。励磁电压都采用比较低的数值,一般在 10 V 以下旋转变压器的励磁频率通常采用 400 H 以及 5~10 kHz 之间。

②变压比和最大输出电压。变压比是指当输出绕组处于感生最大输出电压的位置时,输出电压和原边励磁电压之比。

③电气误差。输出电动势和转角之间应符合严格的正、余弦关系。如果不符合,就会产生误差,这个误差角称为电气误差。根据不同的误差值确定旋转变压器的精度等级。不同的旋转变压器类型,所能达到的精度等级不同。多极旋转变压器可以达到高的精度,电气误差以角秒(")来计算:一般的单极旋转变压器,电气误差在 5′~15′之内;对于磁阻式旋转变压器,由于结构原理的关系,电气误差偏大。磁阻式旋变一般都做到两对极以上。两对极磁阻式旋变的电气误差,一般做到 60′(1°)以下。但是,在现代的理论水平和加工条件下,增加极对数,也可以提高精度,电气误差也可控制在数角秒(")之内。

④阻抗。一般而言,旋转变压器的阻抗随转角变化而变化,以及和初、次级之间相互角度位置有关。因此,测量时应该取特定位置。在目前的应用中,有 4 个阻抗:开路输入阻抗、

开路输出阻抗、短路输入阻抗、短路输出阻抗。作为旋转变压器负载的电子电路阻抗都很大,因而往往都把电路看成空载运行。在这种情况下,实际上只给出开路输入阻抗即可。

⑤相位移。在次级开路的情况下,次级输出电压相对于初级励磁电压在时间上的相位差。相位差的大小,随着旋转变压器的类型、尺寸、结构和励磁频率的不同而变化。一般小尺寸、频率低、极数多时相位移大,磁阻式旋变相位移最大,环形变压器式的相位移次之。

⑥零位电压。输出电压基波同相分量为零的点称为电气零位,此时所具有的电压称为零位电压。

⑦基准电气零位。确定为角度位置参考点的电气零位点称为基准电气零位。

2. 脉冲编码器

脉冲编码器是一种光学式位置检测元件,编码盘直接装在电动机的旋转轴上,以测出轴的旋转角度位置和速度变化,其输出信号为电脉冲。脉冲编码器是数字伺服系统中精度最高的敏感部件,它把天线轴位置变化的角度模拟量转化为数字信号,它比模拟量角度传感器具有更高的分辨率和检测精度。现代伺服系统中脉冲编码器占有极其重要的地位和作用,对于卫星动中通来讲显得更为突出,几乎所有控制功能的实现都离不开脉冲编码。

脉冲编码器具有精度高、结构紧凑、工作可靠等优点,一般分为增量式和绝对式两种类型。

（1）增量式脉冲编码器

增量式脉冲编码器需要一个计数系统和一个辨向系统,旋转的码盘通过敏感元件给出一系列脉冲,在计数中对每个基数进行加或减,从而记录了旋转方向和角位移。

增量式脉冲编码器的工作原理如图 6-26 所示。图 6-26(a)中的 E 为等节距的辐射状透光窄缝码盘,Q_1、Q_2 为光源,D_A、D_B、D_C 为光电元件(光敏二极管或硅光电池),D_A 与 D_B 错开 90° 相位角安装。当码盘随工作轴一起转动时,每旋转一个节距,在光源照射下,就在光电元件 D_A、D_B 上得到如图 6-26(b)所示的光电波形输出,A、B 信号为具有 90° 相位差的正弦波。经放大器放大与整形,得到如图 6-26(c)所示的输出方波,其电压幅值为 5 V。其脉冲数就等于转过的节距数。若将上述脉冲信号送到计数器中计数,此计数值就反映了码盘转过的角度。

若 A 相超前 B 相 90°,则表示工作轴为正方向旋转,反之为反方向旋转,因此,可用此方法来辨别工作轴的旋转方向。C 相脉冲为基准脉冲,又称为零点脉冲,它是工作轴每旋转一周在固定位置上产生的一个脉冲。A、B 相脉冲信号经频率-电压转换后,可得到与工作轴转速成比例的电压信号,又可将它作为速度反馈信号。

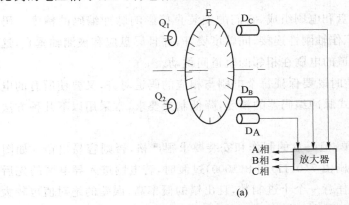

(a)

图 6-26　增量式脉冲编码器工作原理

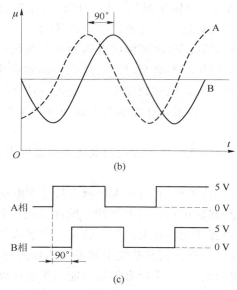

图 6-26　增量式脉冲编码器工作原理(续)

（2）绝对式脉冲编码器

绝对式脉冲编码器不需要基数，它在任意位置都能给出与其对应的一个固定数字码输出。常用的绝对式脉冲编码器有接触式码盘、光电式码盘和电磁码盘。

1）接触式码盘

接触式码盘的特点是敏感元件电刷与码盘上导电区直接接触，以检测出码盘的位置。

接触式编码器的码盘基体是绝缘体，码道是一组同心圆，码道的数目根据分辨率来决定。同心圆的径向距离是码道的宽度。若码道数为 n，则每周测量的分辨率为 $360°/2^n$。以这个角度为间隔，在一周内划出 2^n 个扇区，如图 6-27 所示。其中阴影部分为导电区，逻辑电平为"1"，白色部分为绝缘区，逻辑电平为"0"。为了读出导电区的电位，每个码道上装有一个电刷，每个电刷和一根单独电线相连，作为某一位逻辑电平"1"或"0"的输出。这样一组扇形区对应于一个二进制数。一般外轨道为低位，内轨道为高位，这样就可用二进制数来表示码盘转过的角度。

接触式编码器主要由码盘和电刷组成，它们的安装直接影响脉冲编码的精度。码盘安装时，要求码盘的中心孔和工作轴刚性连接，同轴度要好，并且码盘应和被测轴垂直，这样可避免码盘旋转过程中某个轨道的电刷在相邻的轨道间跳动。

电刷由金属丝组成，安装时既要保证每个电刷与相应的码道对齐，又要使所有的电刷在同一直线上。为了提高绝对式脉冲编码器的精度，降低制造要求，常采用以下几种方法。

①采用循环码盘

直接二进制码盘虽然简单，但码盘的制作和安装要求很严格，否则容易出错。如图 6-27 所示的 4 位二进制码盘，当电刷由 7(0111) 向 8(1000) 过渡时，若电刷进入导电区的先后有差别，就可能出现 0～15 之间的任意一个十进制数，且出错的概率高，误差的绝对值也较大。为了解决这一问题，通常采用循环码盘。循环码盘的特点是相邻的两组数码之间只有一位变化，如图 6-28 所示。这样即使制作和安装有一定误差,其测量误差也不会超过码盘自身的分辨率。

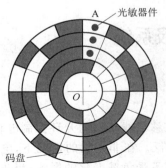　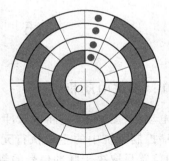

图 6-27　标准二进制编码　　　　　　　　图 6-28　格雷码

②采用扫描法

提高直接二进制码盘精度的另一种方法是采用扫描法。其方法为在直接二进制码盘的最低位的码道上安装一个电刷,而其他高位码道均安装两个电刷。一个电刷安装在被测位置的前边,称为超前电刷;另一个电刷安装在被测位置的后边,称为滞后电刷。因此,在每个确定的位置,最低位电刷输出的电平反映了它的真正值,而高位码道由于有两个电刷,则会输出两种电平。这两个电平的选择方法为:当本级为"1"时,高一级码道上的电压从滞后电刷读出;当本级为"0"时,高一级码道上的电压从超前电刷读出。

由于二进制码具有从低位逐级进位,且最低位变化最快,从低位到高位变化逐渐减慢的特点。这样当某一组二进制码的第 i 位为"1"时,该组的第 $i+1$ 位和前组的第 $i+1$ 位状态一样,故该组的第 $i+1$ 位从滞后电刷读出;反之,当某一组二进制码的第 i 位为"0"时,该组的第 $i+1$ 位和后组的第 $i+1$ 位状态一样,故该组的第 $i+1$ 位从超前电刷读出。

③采用组合码盘

为了提高分辨率,可将几个码盘通过机械传动装置连接在一起形成组合码盘。这样避免了靠增加单个码盘的码道来提高分辨率的不足,同时还可用于测量转速。但其分辨率的提高和机械传动装置的传动比有关,此处的机械传动比起"放大"和"缩小"作用。

2) 光电式和电磁式脉冲编码器

接触式脉冲编码器由于电刷与码盘的相对运动会产生机械磨损而造成接触不良。另外电刷从导电区向绝缘区过渡时会产生电弧,会降低脉冲编码器的使用寿命,因而产生了非接触式脉冲编码器。非接触式脉冲编码器主要有光电式和电磁式两种。

光电式脉冲编码器的码盘是由透明区和不透明区按一定编码规律构成。由于没有机械磨损,因而允许转速高,使用寿命长,可靠性高。如在单个码盘上制成 18 条码道,分辨率为 $360°/2^{18}=0.001\ 4°$,因此测量精度高。

电磁式脉冲编码器是在导磁体圆盘上用腐蚀的方法制成编码图形,使导磁体圆盘上有的地方厚,有的地方薄;另有一个马蹄形磁芯体磁头,磁头上绕有两组线圈,原边线圈用正弦电流励磁,副边所产生的感应电动势的大小与磁路的磁导有关。当导磁盘的厚区转到磁头下时,磁头的磁导大,副边线圈感应电动势大,定义为"1";当导磁盘的薄区转到磁头下时,磁头的磁导小,副边线圈感应电动势小,定义为"0"。电磁式脉冲编码器也是一种无触点码盘,它具有寿命长、转速高的特点。

6.5 电动机伺服系统

6.5.1 步进电动机

步进电动机(图 6-29)是将电脉冲信号转变为角位移或线位移的开环控制电动机,是现代数字程序控制系统中的主要执行元件,应用极为广泛。在非超载的情况下,电动机的转速、停止的位置只取决于脉冲信号的频率和脉冲数,而不受负载变化的影响,当步进驱动器接收到一个脉冲信号,它就驱动步进电动机按设定的方向转动一个固定的角度,称为"步距角",它的旋转是以固定的角度一步一步运行的。可以通过控制脉冲个数来控制角位移量,从而达到准确定位的目的;同时可以通过控制脉冲频率来控制电动机转动的速度和加速度,从而达到调速的目的。

图 6-29　步进电动机

步进电动机结构简单,速度控制比较容易实现;但在大负载和高转速情况下,会产生失步,同时输出功率也不够大。因此,步进电动机主要用于开环控制系统的进给驱动。

1. 步进电动机的分类

步进电动机的结构形式很多,其分类方式也很多,常见的分类方式是按其产生力矩的原理、输出力矩的大小及定子和转子数量来分类。根据不同的分类方式,步进电动机的类型如表 6-6 所示。

表 6-6　步进电动机的分类

分类形式	具体类型
按结构形式	反应式:转子无绕组,由被励磁的定子绕组产生力矩实现步进运行 励磁式:定子、转子均有励磁绕组,由电磁力矩实现步进运行
按输出力矩	伺服式:输出力矩在几牛·米到几十牛·米,只能驱动较小的负载 功率式:输出力矩在 5~50 N·m,可以驱动较大的负载
按定子数	单定子式、双定子式、三定子式、多定子式
按各相绕组	径向分相式:电动机各相按圆周依次排序 轴向分相式:电动机各相按轴向依次排序

2．步进电动机的结构

图 6-30 所示的是一台典型的单定子、径向分相、反应式伺服步进电动机的结构原理图。这种步进电动机主要由定子和转子两部分组成，其中定子又由定子铁心和定子绕组构成。定子铁心由硅钢片叠压而成，定子上有六个均匀分布的极，每两个为一对。定子绕组是绕置在定子的六个均匀分布铁心齿上的线圈，它把沿直径方向上相对的两个齿上的线圈串联在一起，构成一相控制绕组。图 6-30 所示的步进电动机为 A、B、C 三相控制绕组，故称为三相步进电动机。当任一相绕组通电时，便形成对定子磁极，即形成 N、S 极。在定子的每个磁极上，即定子铁心的每个齿上又开了五个小齿，齿槽等宽，齿间夹角为 9°。转子是一个带齿的铁心，转子上没有绕组，转子上均匀分布了 40 个小齿，齿槽等宽，齿间夹角也是 9°，与定子磁极上的小齿一致。此外，三相定子磁极上的小齿在空间位置上依次错开 1/3 齿距，其展开图如图 6-31 所示。当定子 A 相磁极上的小齿与转子上的小齿对齐时，定子 B 相磁极上的小齿刚好超前（或滞后）转子小齿 1/3 齿距角，定子 C 相磁极上的小齿超前（或滞后）转子小齿 2/3 齿距角。

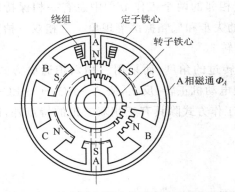

图 6-30　单定子伺服步进电动机结构原理图

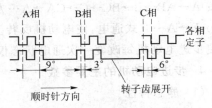

图 6-31　步进电动机的齿距

3．步进电动机的工作原理

下面以单段反应式步进电动机为例说明其工作原理。其工作原理图如图 6-32 所示，定子上有六个磁极，每极上都绕有定子绕组，且每两个相对的磁极组成一相，即有 A、B、C 相。转子上有四个均匀分布的齿 1、2、3、4。当 A 相绕组通电，而 B、C 相绕组断电时，因磁通总是要沿着磁阻最少的路径闭合，将使转子齿 1、3 和定子磁极 A、A′对齐，如图 6-32(a)所示。当 B 相绕组通电，A、C 相绕组断电时，将使转子齿 2、4 和定子磁极 B、B′对齐，在电磁力矩的作用下使转子沿逆时针方向转过 30°，如图 6-32(b)所示。如果再使 C 相绕组通电，A、B 相绕组断电，又使转子齿 1、3 和定子磁极 C、C′对齐，在电磁力矩的作用下使转子再沿着逆时针方向转过 30°，如图 6-32(c)所示。若使定子绕组按 A→B→C→A 的顺序通电，则步进电动机转子便不停地沿逆时针方向转动。如果定子绕组的通电顺序为 A→C→B→A…则步进电动机转子沿顺时针方向转动。这种通电方式称为三相单三拍工作方式。三相单三拍工作方式从一相绕组的通电或断电切换到另一相绕组的断电或通电时，由于电动机绕组是电感性元件，磁场的消失或建立均需一定时间，因此，切换期间容易使电动机产生失步。此外，由单一绕组通电吸引转子,也容易使转子在平衡位置附近产生振荡,运行的稳定性较差,所以很少采用。

(a)A相通电　　　　　　　(b)B相通电　　　　　　　(c)C相通电

图 6-32　反应式步进电动机工作原理

为了克服以上不足,通常将其改为三相双三拍通电方式,即按 AB→BC→CA→AB 方式通电,可使电动机正转;反之按 AB→AC→BC→AB……方式通电,可使电动机反转。这种工作方式每个通电状态均为两相绕组同时通电,且相邻的两个工作节拍中总有一相保持通电的状态不变,因此,可避免三相单三拍工作方式的失步和低频振荡等现象。三相双三拍工作方式下,每改变一次通电状态可使步进电动机旋转 30°。

为减小每改变一次通电状态使步进电动机所转过的角度,而采用三相六拍通电方式。即按 A→AB→B→BC→C→CA→A…方式通电,使电动机正转;反之,按 A→AC→C→BC→B→AB→A…方式通电,使电动机反转。三相六拍工作方式除具有三相双三拍的特点外,还可使步进电动机每改变一次通电状态仅旋转 15°。

4. 步进电动机的主要参数

(1) 静态特性

①相数:产生不同对极 N、S 磁场的激磁线圈对数,常用 m 表示。

②拍数:完成一个磁场周期性变化所需脉冲数或导电状态用 n 表示,或指电动机转过一个齿距角所需脉冲数,以四相电动机为例,有四相四拍运行方式即 AB→BC→CD→DA→AB,四相八拍运行方式即 A→AB→B→BC→C→CD→D→DA→A。

③步距角:对应一个脉冲信号,电动机转子转过的角位移用 θ 表示。θ＝360 度/(转子齿数×运行拍数),以常规二、四相,转子齿为 50 齿电动机为例。四拍运行时步距角为 $\theta＝360°/(50×4)＝1.8°$(俗称整步),八拍运行时步距角为 $\theta＝360°/(50×8)＝0.9°$(俗称半步)。

④定位转矩:电动机在不通电状态下,电动机转子自身的锁定力矩(由磁场齿形的谐波以及机械误差造成的)。

⑤静转矩:电动机在额定静态电压作用下,电动机不作旋转运动时,电动机转轴的锁定力矩。此力矩是衡量电动机体积的标准,与驱动电压及驱动电源等无关。虽然静转矩与电磁激磁安匝数成正比,与定齿转子间的气隙有关,但过分采用减小气隙,增加激磁安匝来提高静力矩是不可取的,这样会造成电动机的发热及机械噪声。

(2) 动态特性

①步距角精度:步进电动机每转过一个步距角的实际值与理论值的误差。用百分比表

示:误差/步距角×100%。不同运行拍数其值不同,四拍运行时应在 5% 之内,八拍运行时应在 15% 以内。

②失步:电动机运转时运转的步数,不等于理论上的步数。

③失调角:转子齿轴线偏移定子齿轴线的角度,电动机运转必存在失调角,由失调角产生的误差,采用细分驱动是不能解决的。

④最大空载起动频率:电动机在某种驱动形式、电压及额定电流下,在不加负载的情况下,能够直接起动的最大频率。

⑤最大空载运行频率:电动机在某种驱动形式、电压及额定电流下,电动机不带负载的最高转速频率。

⑥运行矩频特性:电动机在某种测试条件下测得运行中输出力矩与频率关系的曲线,称为运行矩频特性,这是电动机诸多动态曲线中最重要的,也是电动机选择的根本依据。

其他特性还有惯频特性、起动频率特性等。电动机一旦选定,电动机的静力矩确定,而动态力矩却不然,电动机的动态力矩取决于电动机运行时的平均电流(而非静态电流),平均电流越大,电动机输出力矩越大。要使平均电流大,尽可能提高驱动电压,采用小电感大电流的电动机。

⑦电动机正反转控制:当电动机绕组通电时序为 AB→BC→CD→DA 时为正转,通电时序为 DA→CD→BC→AB 时为反转。

5. 电动机选择因素

步进电动机有步距角(涉及相数)、静转矩及电流三大要素组成。一旦三大要素确定,步进电动机的型号便确定下来了。

(1)步距角的选择

电动机的步距角取决于负载精度的要求,将负载的最小分辨率(当量)换算到电动机轴上,每个当量电动机应走多少角度(包括减速)。电动机的步距角应等于或小于此角度。市场上步进电动机的步距角一般有 0.36 度/0.72 度(五相电动机)、0.9 度/1.8 度(二、四相电动机)、1.5 度/3 度(三相电动机)等。

(2)静力矩的选择

静力矩选择的依据是电动机工作的负载,而负载可分为惯性负载和摩擦负载两种。单一的惯性负载和单一的摩擦负载是不存在的。直接起动时两种负载均要考虑,加速起动时主要考虑惯性负载,恒速运行只要考虑摩擦负载。一般情况下,静力矩应为摩擦负载的 1~3 倍内,静力矩一旦选定,电动机的机座及长度便能确定下来(几何尺寸)。

(3)电流的选择

静力矩一样的电动机,由于电流参数不同,其运行特性差别很大,可依据矩频特性曲线图,判断电动机的电流。

6.5.2　直流伺服电动机

伺服电动机(servo motor)是指在伺服系统中控制机械元件运转的发动机可使控制速度、位置精度非常准确。伺服电动机转子转速受输入信号控制,并能快速反应,在自动控制系统中用作执行元件,具有机电时间常数小、线性度高、始动电压等特性,可把所收到的电信号转换成电动机轴上的角位移或角速度输出。分为直流和交流伺服电动机两大类,其主要特点是,当信号电压为零时无自转现象,转速随着转矩的增加而匀速下降。

1. 直流伺服电动机分类

直流伺服电动机有传统型和低惯量型两类。低惯量型又有圆盘电枢型、无槽电枢型和无刷型等结构方式。

（1）传统直流伺服电动机

传统直流伺服电动机就是微型他励直流电动机,由定子和电枢两部分组成。直流伺服电动机的磁极有永磁式和电磁式两种。永磁式直流伺服电动机是在定子上装置由永久磁铁做成的磁极,不需励磁电源,应用方便,我国生产的 SY 系列直流伺服电动机就属于这种结构。电磁式直流伺服电动机的定子通常用硅钢片冲压叠片而成为铁心,铁心上套有励磁绕组,使用时需加励磁电源,我国生产的 SZ 系列直流伺服电动机就属于这种结构。

传统型直流伺服电动机的电枢与普通直流电动机的电枢相同,铁心是用硅钢片冲压叠片制成,外圆均匀分布有槽齿,电枢绕组按一定规律嵌放在槽中,并经换向器和电刷引出。

（2）圆盘电枢直流伺服电动机

圆盘电枢直流伺服电动机的定子是由永久磁铁和前后磁轭所组成,其途径气隙的磁力线方向是轴向的,与普通电动机气隙中径向磁力线方向不同。永久磁铁可在圆盘电枢的一侧安置,也可在电枢两侧同时安置,电动机磁路的气隙位于圆盘电枢的两边,圆盘上具有电枢绕组,电枢绕组有印制绕组和绕线绕组两种形式。印制绕组用于制造电子电路板类似的工艺和材料制成,它可以为单面或双面印制板,甚至可为多层印制板。绕线绕组则是先绕制成单个线圆,然后将绕好的全部线圈沿径向圆周以一定规律排列好,再用环氧树脂浇注固定成圆盘形。圆盘电枢上电枢绕组中的电流沿着径向流过圆盘表面,与轴向的磁通相互作用而产生电磁转矩。圆盘电枢伺服电动机可以不用换向器,而利用绕组有效部分的导体表面直接与电刷接触兼作换向器,可进一步减小电动机的飞轮矩。

（3）无槽电枢直流伺服电动机

无槽电枢直流伺服电动机的电枢铁心上不开槽,电枢绕组直接排列在铁心的表面,然后用环氧树脂胶将绕组与铁心固化成一个铁心,在其他方面,结构与有槽电枢结构相同。无槽电枢直流伺服电动机的气隙较大,为普通直流电动机的 10 倍以上。无槽电枢直流伺服电动机具有转动惯性小、启动转矩大、反应快、灵敏度高、转速平稳、换向性能良好的优点。

（4）无刷直流伺服电动机

无刷直流伺服电动机由电动机、转子位置传感器和半导体开关电路三部分组成。它的磁极是旋转的永磁转子,静止的定子安放多相电枢绕组,各相绕组分别由半导体开关元件控制,半导体开关的导通由转子位置传感器所决定,使电枢绕组中的电流随着转子位置的改变而按一定的顺序进行换向,从而实现了无接触（无刷）电子换向。无刷直流伺服电动机既具有直流伺服电动机良好的机械特性和调节特性,又具有交流电动机的维护方便、运行可靠的优点。

2. 无刷直流电动机工作原理

图 6-33 为无刷直流电动机运行原理图,电动机要正常进行转动,就需要霍尔位置传感器不断将电动机转子的位置信息不断提供给开关主电路,开关主电路根据设定好的逻辑换相顺序导通相应的功率开关管,进而输出有效的 PWM 信号,使电流依次流过电动机线圈产

生的旋转磁场,并与转子相互作用。转子位置不断变化,定子磁场始终与转子永磁磁场保持垂直,持续产生驱动力矩推动转子旋转。下面以二二三相六步控制法为例具体说明电动机的工作过程。

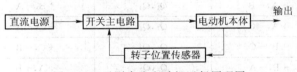

图 6-33 无刷直流电动机运行原理图

以图 6-34 为例,驱动芯片选用 International Rectifier 公司的 IR2136,此芯片为三相逆变器驱动器集成电路,适用于变速电动机驱动器系列,如直流无刷、永磁同步和交流异步电动机。当电动机正常运转过程中,控制芯片 STM32 根据当前电动机转子的位置,依据功率开关管的导通顺序输出对应的 PWM 信号给开关管主电路实现电枢电流换向。各电枢绕组依次通电,在定子上产生旋转的磁场驱动永磁转子转动。同时当电动机转子转动时,位置传感器输出的霍尔信号也不断发生变化。如此循环往复,实现电动机的正常转动。

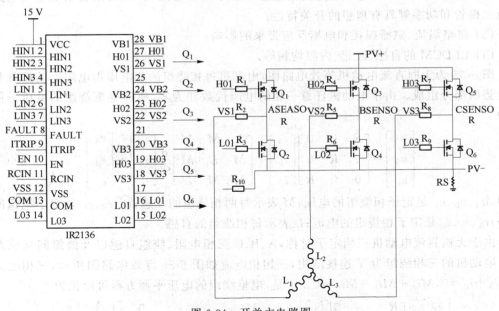

图 6-34 开关主电路图

二二导通方式是每次使两个开关管同时导通。其导通顺序为 Q_1、$Q_4 \to Q_1$、$Q_6 \to Q_3$、$Q_6 \to Q_3$、$Q_2 \to Q_5$、$Q_2 \to Q_5$、Q_4,共有 6 种导通状态。每隔 60°改变一次导通状态,每次改变仅切换一个开关管,每个开关管连续导通 120°。当 Q_1、Q_4 导通时,电流流通的方向为:电源(＋)→A 相绕组→B 相绕组→Q_4→地。设电流流入绕组产生的转矩为正,流出绕组产生的转矩为负,则合成转矩大小为 $Q_{14} = \sqrt{3} Q_A$($Q_A = Q_B = Q_C$),方向在 Q_A 与 $-Q_B$ 的角平分线上。无刷电动机正反转与开关管开关状态,绕组通电顺序以及传感器信号间的关系如表 6-7 所示。

表 6-7　二二三相六步法换相控制真值表

HALL 编码	正转		反转	
	绕组通电顺序	导通功率开关	绕组通电顺序	导通功率开关
5	$+A,-B$	Q_1,Q_4	$+B,-A$	Q_3,Q_2
4	$+A,-C$	Q_1,Q_6	$+C,-A$	Q_5,Q_2
6	$+B,-C$	Q_3,Q_6	$+C,-B$	Q_5,Q_4
2	$+B,-A$	Q_3,Q_2	$+A,-B$	Q_1,Q_4
3	$+C,-A$	Q_5,Q_2	$+A,-C$	Q_1,Q_6
1	$+C,-B$	Q_5,Q_4	$+B,-C$	Q_3,Q_6

3. 无刷直流电动机数学模型

无刷直流电动机是复杂的非线性系统,要准确对其建模有一定的难度,为了方便对于电动机进行模型分析,现以三相无刷直流电动机为例,在允许的范围内做出如下假设。

(1) 三相绕组、电流、定子磁场均相互对称,空间上互为 120°;

(2) 忽略 BLDCM 的饱和效应换相过程中带来的齿槽效应,驱动控制系统逆变电路的续流二极管和功率管具有理想的开关特性;

(3) 忽略涡流、磁滞损耗和电枢反应带来的影响;

(4) BLDCM 的自感、互感、内阻均相等。

图 6-35 为无刷直流电动机等效电路图,电动机每相绕组的相电压由电阻上的压降和感应电势两部分组成。由于电动机任意一相的电压代数和为零,所以电枢绕组的电压平衡方程为

$$\begin{bmatrix} u_A \\ u_B \\ u_C \end{bmatrix} = \begin{bmatrix} R & 0 & 0 \\ 0 & R & 0 \\ 0 & 0 & R \end{bmatrix} \begin{bmatrix} i_A \\ i_B \\ i_C \end{bmatrix} + \begin{bmatrix} L & M & M \\ M & L & M \\ M & M & L \end{bmatrix} \frac{d}{dt} \begin{bmatrix} i_A \\ i_B \\ i_C \end{bmatrix} + \begin{bmatrix} e_A \\ e_B \\ e_C \end{bmatrix} \qquad (6-17)$$

式中,u_A、u_B、u_C 是定子相绕组的电压;M 表示每两相绕组的互感;e_A、e_B、e_C 是定子绕组的电动势;i_A、i_B、i_C 是定子相绕组的电流;L 表示每相绕组的自感。

由于无刷直流电动机三相定子对称,A、B、C 三相电阻、绕组自感以及绕组间互感都相等。电动机的三相绕组为 Y 连接结构,三相相电流如图 6-35 等效电路图所示,三相电流有 $i_A+i_B+i_C=0$,$Mi_A+Mi_B+Mi_C=0$。于是,电枢绕组的电压平衡方程可简化为

$$\begin{bmatrix} u_A \\ u_B \\ u_C \end{bmatrix} = \begin{bmatrix} R & & \\ & R & \\ & & R \end{bmatrix} \begin{bmatrix} i_A \\ i_B \\ i_C \end{bmatrix} + \begin{bmatrix} L-M & & \\ & L-M & \\ & & L-M \end{bmatrix} \frac{d}{dt} \begin{bmatrix} i_A \\ i_B \\ i_C \end{bmatrix} + \begin{bmatrix} e_A \\ e_B \\ e_C \end{bmatrix} \qquad (6-18)$$

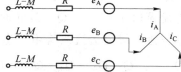

图 6-35　无刷直流电动机等效电路图

　　除了电压平衡方程外,无刷直流电动机另外一个基本的方程就是其运动方程,电动机在转动时,每相绕组产生的感应电动势为

$$e = \frac{PN}{30} \phi n \tag{6-19}$$

式中,N 为导体数;P 为极对数;n 为电动机转速;ϕ 为主磁通。

　　由于电动机的输出功率绝大部分转化为转子的动能,所以有驱动功率公式:

$$P_e = e_A i_A + e_B i_B + e_C i_C = T_e \omega \tag{6-20}$$

式中,T_e 为电磁转矩;ω 电动机机械角速度。

　　无刷直流电动机的电磁转矩方程为

$$T_e = \frac{(e_A i_A + e_B i_B + e_C i_C)}{\omega} \tag{6-21}$$

电动机的机械运动方程为

$$T_e - T_L = J \frac{d\omega}{dt} + B\omega \tag{6-22}$$

　　对于式(6-18),由于三相绕组对称,选用其中一相作为代表电动机电压平衡方程:

$$u(t) = Ri(t) + (L-M) \frac{d}{dt} i(t) + e(t) \tag{6-23}$$

　　对于式(6-23),忽略电感互感的影响,则电动机电压平衡方程变为

$$u(t) = Ri(t) + L \frac{d}{dt} i(t) + e(t) \tag{6-24}$$

式中:

$$e(t) = C'_e \Omega(t) \tag{6-25}$$

　　对于式(6-24)和式(6-25)取拉普拉斯变换可得输入电压和电枢电流的关系:

$$I(s) = \frac{U(s) - C'_e \Omega(s)}{Ls + R} \tag{6-26}$$

　　由于

$$T_e(t) = C'_T I(t) \tag{6-27}$$

　　对于式(6-22)和式(6-27)取拉普拉斯变换,可得:

$$\Omega(s) = \frac{C'_T I(s) - T_L(s)}{Js + B} \tag{6-28}$$

　　将(6-26)代入式(6-28)中,消去 $I(s)$,便可得输出角速度 $\Omega(s)$ 与输入电压 $u(s)$ 之间的关系:

$$\Omega(s) = \frac{C'_T}{JLs^2 + (JR+LB)s + RB + C'_e C'_T} U(s) - \frac{R+Ls}{JLs^2 + (JR+LB)s + RB + C'_e C'_T} T_L(s) \tag{6-29}$$

　　忽略黏性阻尼系数 B,则将式(6-29)进一步简化为

$$\Omega(s) = \frac{C'_T}{JLs^2 + JRs + C'_e C'_T} U(s) - \frac{R+Ls}{JLs^2 + JRs + C'_e C'_T} T_L(s) \tag{6-30}$$

　　同理,将式(6-28)带入式(6-26)中,消去 $\Omega(s)$,忽略黏性阻尼系数 B,可得电枢电流 $I(s)$ 与输入电压 $u(s)$ 之间的关系:

$$I(s) = \frac{Js}{JLs^2 + JRs + C'_e C'_T} U(s) + \frac{C'_e}{JLs^2 + JRs + C'_e C'_T} T_L(s) \tag{6-31}$$

由于电动机转动,飞轮产生的负载转矩为一常数,输入电压也为一常数,假设:

$$U(s) = \lambda T_L(s) \tag{6-32}$$

将式(6-31)带入式(6-30),可得无刷直流电动机电流环模型:

$$I(s) = \frac{Js + \frac{1}{\lambda}C'_e}{JLs^2 + JRs + C'_e C'_T} U(s) \tag{6-33}$$

同理,可得无刷直流电动机速度环模型:

$$\Omega(s) = \frac{-\frac{L}{\lambda}s + C'_T - \frac{R}{\lambda}}{JLs^2 + JRs + C'_e C'_T} U(s) \tag{6-34}$$

4. 特点

(1) 直流无刷伺服电动机特点

①转动惯量小、启动电压低、空载电流小;

②弃接触式换向系统,大大提高电动机转速,最高转速高达 100 000 rpm;

③无刷伺服电动机在执行伺服控制时,无须编码器也可实现速度、位置、扭矩等的控制;

④不存在电刷磨损情况,除转速高之外,还具有寿命长、噪声低、无电磁干扰等特点。

(2) 直流有刷伺服电动机特点

①体积小、动作快反应快、过载能力大、调速范围宽;

②低速力矩大、波动小、运行平稳;

③低噪声、高效率;

④后端编码器反馈(选配)构成直流伺服等优点;

⑤变压范围大、频率可调。

6.5.3 控制策略

伺服控制器为了实现伺服系统的控制精度以及控制效率要求,往往需要选择合适的控制算法,常见的控制算法有 PID 控制、自适应控制、智能控制等。

1. PID 控制

PID 控制作为一种简单而实用的控制方法,在步进电动机驱动中获得了广泛的应用。图 6-36 为 PID 控制系统结构框图。从图中可以看出,PID 控制系统主要由 PID 控制器和被控对象两部分组成。实际控制过程中主要是对反馈回来的 $y(t)$ 与参考输入 $r(t)$ 之间的误差 $e(t)$ 进行比例、微分和积分处理得到下一步的控制量 $u(t)$,然后对被控对象进行控制,如此反复直至将误差控制在一定范围内。

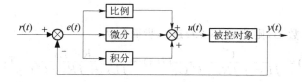

图 6-36 PID 控制系统结构框图

PID 控制器是一种线性控制器,它根据给定值 $r_{in}(t)$ 与实际输出值 $y_{out}(t)$ 构成控制偏差

$$\text{error}(t) = r_{\text{in}}(t) - y_{\text{out}}(t) \tag{6-35}$$

PID 控制规律为

$$u(t) = k_{\text{P}}\left(\text{error}(t) + \frac{1}{T_{\text{I}}}\int_0^t \text{error}(t)\,\text{d}t + \frac{T_{\text{D}}\text{derror}(t)}{\text{d}t}\right) \tag{6-36}$$

或写成传递函数的型式

$$G(S) = \frac{U(S)}{E(S)} = k_{\text{P}}\left(1 + \frac{1}{T_{\text{I}}S} + T_{\text{D}}S\right) \tag{6-37}$$

式中，k_{P}——比例系数，T_{I}——积分时间常数，T_{D}——微分时间常数。

简单说来，PID 控制器各校正环节的作用如下：

（1）比例环节。成比例地反映控制系统的偏差信号 $\text{error}(t)$，偏差一旦产生，控制器立即产生控制作用，以减少偏差。

（2）积分环节。主要用于消除静差，提高系统的无差度，积分作用的强弱取决于积分时间常数 T_{I}，T_{I} 越大，积分作用越弱，反之则越强。

（3）微分环节。反映偏差信号的变化趋势（变化速率），并能在偏差信号变得太大之前，在系统中引入一个有效的早期修正信号，从而加快系统的动作速度，减少调节时间。

由于电动机具有非线性、参数时变的特点，特别是当电动机在运转过程中，其模型参数发生变化时，单纯依靠经典的 PID 控制，难以满足伺服系统对于控制精度以及控制效率的要求，控制效果并不理想。目前，PID 控制更多的是与其他控制策略相结合，形成带有智能的新型复合控制。这种智能复合型控制具有自学习、自适应、自组织的能力，能够自动辨识被控过程参数、自动整定控制参数、适应被控过程参数的变化，同时又具有常规 PID 控制器的特点。

2. 自适应控制

自适应控制是在 20 世纪 50 年代发展起来的自动控制领域的一个分支。它是随着控制对象的复杂化，当动态特性不可知或发生不可预测的变化时，为得到高性能的控制器而产生的。其主要优点是容易实现和自适应速度快，能有效地克服电动机模型参数的缓慢变化所引起的影响。研究者根据步进电动机的线性或近似线性模型推导出了全局稳定的自适应控制算法，这些控制算法都严重依赖于电动机模型参数。将闭环反馈控制与自适应控制结合来检测转子的位置和速度，通过反馈和自适应处理，按照优化的升降运行曲线，自动地发出驱动的脉冲串，提高了电动机的拖动力矩特性，同时使电动机获得更精确的位置控制和较高较平稳的转速。

目前，很多学者将自适应控制与其他控制方法相结合，以解决单纯自适应控制的不足。比如设计鲁棒自适应低速伺服控制器，确保了转动脉矩的最大化补偿及伺服系统低速高精度的跟踪控制性能。自适应模糊 PID 控制器可以根据输入误差和误差变化率的变化，通过模糊推理在线调整 PID 参数，实现对步进电动机的自适应控制，从而有效地提高系统的响应时间、计算精度和抗干扰性。

3. 矢量控制

矢量控制是现代电动机高性能控制的理论基础，可以改善电动机的转矩控制性能。它通过磁场定向将定子电流分为励磁分量和转矩分量分别加以控制，从而获得良好的解耦特性，因此，矢量控制既需要控制定子电流的幅值，又需要控制电流的相位。由于步进电动机不仅存在主电磁转矩,还有由于双凸结构产生的磁阻转矩,且内部磁场结构复杂,非线性较一般电动机严重得多,所以它的矢量控制也较为复杂。有学者推导出了二相混合式步进电动机轴数学模型,用 PC 实现了矢量控制系统,系统中使用传感器检测电动机的绕组电流和转自位置,用 PWM 方式控制电动机绕组电流。还有学者推导出基于磁网络的二相混合式步进电动机模型,给出了其矢量控制位置伺服系统的结构,采用神经网络模型参考自适应控制策略对系统中的不确定因素进行实时补偿,通过最大转矩/电流矢量控制实现电动机的高效控制。

4. 智能控制

智能控制不依赖或不完全依赖控制对象的数学模型,只按实际效果进行控制,在控制中有能力考虑系统的不确定性和精确性,突破了传统控制必须基于数学模型的框架。目前,智能控制在步进电动机系统中应用较为成熟的是模糊逻辑控制和神经网络等。

(1) 模糊控制

模糊控制就是在被控制对象的模糊模型的基础上,运用模糊控制器的近似推理等手段,实现系统控制的方法。作为一种直接模拟人类思维结果的控制方式,模糊控制已广泛应用于工业控制领域。与常规控制相比,模糊控制无须精确的数学模型,具有较强的鲁棒性、自适应性,因此适用于非线性、时变、时滞系统的控制。

(2) 神经网络控制

神经网络是利用大量的神经元按一定的拓扑结构和学习调整的方法。它可以充分逼近任意复杂的非线性系统,能够学习和自适应未知或不确定的系统,具有很强的鲁棒性和容错性,因而在步进电动机系统中得到了广泛的应用。比如将神经网络用于实现步进电动机最佳细分电流,在学习中使用 Bayes 正则化算法,使用权值调整技术避免多层前向神经网络陷入局部极小点,有效解决了等步距角细分问题。

第7章　稳定隔离技术

　　载体在移动过程中,由于其姿态和地理位置发生变化,会引起原对准卫星天线偏离卫星,使通信中断,因此必须对载体的这些变化进行稳定隔离。天线波束稳定是提高"动中通"天线波束对准卫星精度的关键技术,其主要任务是隔离载体姿态变化对于天线波束的影响,使天线波束稳定在地理坐标系,为天线波束提供具有空间稳定性的参考基准。

7.1　坐标系定义

　　动中通涉及卫星、天线和载体等三个方面,同步轨道卫星在地球坐标系中可看成静止状态,载体的运动以及姿态的测量基准在地理坐标系内,而对天线波束姿态的测量则是在载体坐标系内进行的,为了克服载体扰动对波束的干扰,还需要惯性测量器件(如陀螺),它们的测量基准是惯性坐标系,从惯性系到地理系需要考虑地球自转的影响,它们之间的关系如图 7-1 所示,为此首先对这些坐标系进行定义,建立稳定隔离模型。

图 7-1　坐标系的选择

　　(1) 惯性坐标系 $i—o_e x_i y_i z_i$:原点 o_e 为地球质心,$o_e z_i$ 沿地球自转轴指向正北,$o_e x_i$、$o_e y_i$ 在地球赤道平面内相互垂直,且和 $o_e z_i$ 组成右手坐标系。坐标系不和地球固连,如图 7-2(a) 所示。

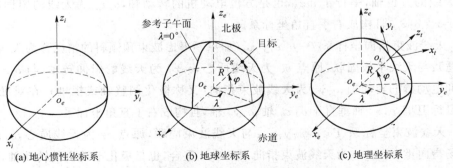

(a) 地心惯性坐标系　　　　(b) 地球坐标系　　　　(c) 地理坐标系

图 7-2　惯性坐标系、地球坐标系和地理坐标系

（2）地球坐标系 $e\text{—}o_ex_ey_ez_e$：与地球固连，原点 o_e 为地球质心，o_ez_e 沿地球自转轴且指向北极，o_ex_e 与 o_ey_e 在地球赤道平面内，o_ex_e 指向零子午线，o_ey_e 指向东经 $90°$ 方向。该坐标系相对惯性坐标系以地球自转角速度旋转。运动体在该坐标系内的定位多采用经度 λ，纬度 φ 和与地心的距离 R 来标定，如图 7-2（b）所示。

（3）地理坐标系 $g\text{—}o_tx_ty_tz_t$：载体地理坐标系是原点位于载体所在的地球表面，其中一轴与地理垂线重合的右手直角坐标系。对于研究车载"动中通"来讲，载体地理坐标系的原点 o_b 选取在车体旋转中心处，o_bX_t 指东、o_bY_t 指北、o_bZ_t 沿垂线方向指天，通常称东北天坐标系。如图 7-2（c）所示，o_bZ_t 轴与赤道平面间的夹角 L 即为当地纬度。载体地理坐标系是研究车载"动中通"的一个重要坐标系，如对于地理坐标系坐标轴的正向，在不同的文献中往往有不同的取法。有的文献采用北东地、北西天作为地理坐标系的轴向。坐标轴指向不同仅使向量在坐标系中取投影分量时的正负号有所不同，并不影响导航基本原理的阐述及导航参数计算结果的正确性。

载体地理坐标系随载体一起运动，不管载体如何运动，上述三个坐标轴的指向总是按原来规定的确定指向。由此可见，不仅地球的自转要带着当地地理坐标系一起转动，而且载体的运动也将引起当地地理坐标系转动。这时地理坐标系相对惯性坐标系的转动角速度应包括两个部分：一是载体地理坐标系相对地球坐标系的转动角速度；另一是地球坐标系相对惯性坐标系的转动角速度。

（4）载体坐标系 $b\text{—}o_bx_by_bz_b$：与载体固联，原点 o_b 为载体质心，o_bx_b 与载体的横轴重合，指向载体前进方向的右侧，o_by_b 与载体的纵轴重合，指向载体前进方向，o_bz_b 垂直于 o_bx_b、o_by_b，且构成右手直角坐标系。

（5）理想对准波束坐标系 $W\text{—}o_Tx_wy_wz_w$（当天线波束对准卫星时，该坐标系与天线波束坐标系 T 重合，下文以天线波束坐标系描述）：原点 o_T 为天线质心，o_Tx_w 与所选定的通信卫星的极化方向一致，o_Ty_w 指向所选定的通信卫星，o_Tz_w 垂直于 o_Tx_w、o_Ty_w 且构成右手直角坐标系。

为了得到伺服控制系统的控制量，还需要确定伺服电动机（方位、俯仰、极化）所在的坐标系。

（6）天线方位转盘坐标系 $a\text{—}o_Tx_ay_az_a$：与天线方位转盘固联，原点 o_T 为天线质心，o_Tz_a 为天线的方位轴，平行于 o_bz_b，也是方位电动机的转动轴，o_Tx_a 为天线的俯仰轴，o_Ty_a 垂直于 o_Tx_a、o_Tz_a，且构成右手直角坐标系。

（7）天线波束指向坐标系 $f\text{—}o_Tx_fy_fz_f$（如果不考虑波束预倾斜的情况称为天线坐标系更为合适）：与天线平板固联，原点 o_T 为天线质心，o_Tx_f 为天线的俯仰转轴，与 o_Tx_a 重合，也是俯仰电动机的转动轴，o_Ty_f 为天线波束指向（又称极化调整轴或视轴），在对准的情况下指向目标卫星，o_Tz_f 轴垂直于 o_Tx_f 轴、o_Ty_f 轴，且构成右手直角坐标系。

（8）天线波束坐标系 $T\text{—}o_Tx_Ty_Tz_T$：与天线波束固联，原点 o_T 为天线质心，o_Tx_T 轴与波束电场指向重合，o_Ty_T 为天线波束指向，与 o_Ty_f 重合，也是极化电动机的转动轴，o_Tz_T 轴垂直于 o_Tx_T、o_Ty_T，且构成右手直角坐标系。

惯性坐标系 i 与地球坐标系 e 的差异是由于地球自转导致的，地球坐标系 e 到地理坐标

系 g 的变换需要载体的经纬度(λ、φ)信息。如果载体在地理坐标系 g 内没有平动(经纬度没有变化),那么地理坐标系 g 相对于地球坐标系 e 是静止的,两个坐标系没有相对运动。由于卫星相对地球坐标系 e 静止,所以要求动中通天线波束在地球坐标系 e 内保持稳定,而载体平动产生的地理位置变化造成的波束指向偏差很小,可以不予考虑,所以将波束稳定在地球坐标系 e 内和稳定在地理坐标系 g 内是一致的。

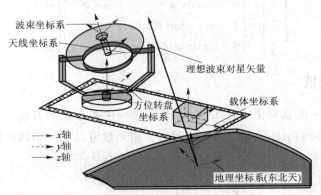

图 7-3　不同坐标系关系示意图

7.2　姿态表示方法

在确定了坐标系以后,需要选取姿态角表示方法来对载体姿态角进行表示。本节将对常用的姿态角表示方法——欧拉角、四元数以及旋转矩阵进行介绍。

7.2.1　欧拉角

欧拉角在 1776 年首次被莱昂纳多·欧拉提出,用以表示物体的姿态。充分表现两个坐标系之间的相对关系需要至少三个参数,每个参数对应着一个坐标轴。图 7-4 为 $ox'y'z'$ 坐标系到 $oxyz$ 坐标系的欧拉角旋转关系图。这三个参数就是绕 oz' 轴转动方位角 ψ,绕 oy_ψ 轴转动俯仰角 θ、绕 ox 轴转动横滚角 φ。

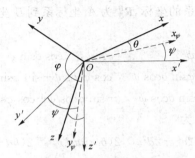

图 7-4　欧拉角旋转关系图

三次转动对应以下三个方位余弦矩阵:

$$\boldsymbol{R}_1 = \begin{pmatrix} \cos\psi & \sin\psi & 0 \\ -\sin\psi & \cos\psi & 0 \\ 0 & 0 & 1 \end{pmatrix}, \boldsymbol{R}_2 = \begin{pmatrix} \cos\theta & 0 & -\sin\theta \\ 0 & 1 & 0 \\ \sin\theta & 0 & \cos\theta \end{pmatrix}, \boldsymbol{R}_3 = \begin{pmatrix} 1 & 0 & 0 \\ 0 & \cos\varphi & \sin\varphi \\ 0 & -\sin\varphi & \cos\varphi \end{pmatrix}$$

假设 ω_x、ω_y、ω_z 为三轴角速度,则欧拉角的动态微分方程为

$$\begin{pmatrix} \dot{\theta} \\ \dot{\varphi} \\ \dot{\psi} \end{pmatrix} = \begin{pmatrix} 0 & \cos\varphi & -\sin\varphi \\ 1 & \sin\varphi\tan\theta & \cos\varphi\tan\theta \\ 0 & \sin\varphi/\cos\theta & \cos\varphi/\cos\theta \end{pmatrix} \begin{pmatrix} \omega_x \\ \omega_y \\ \omega_z \end{pmatrix} \tag{7-1}$$

7.2.2　四元数

四元数是威廉·哈密顿爵士在 1843 年提出的一种姿态表示方法。一个四元数对应着一个单位长度的旋转轴 $\boldsymbol{\mu} \in \mathscr{R}^3$ 和一个旋转角 β。四元数可以用一个四维向量 $\boldsymbol{q}$ 表示:

$$\boldsymbol{q} = \begin{pmatrix} a \\ b \\ c \\ d \end{pmatrix} = \begin{pmatrix} \cos(\beta/2) \\ (\mu_x)\sin(\beta/2) \\ (\mu_y)\sin(\beta/2) \\ (\mu_z)\sin(\beta/2) \end{pmatrix} \tag{7-2}$$

式中,μ_x、μ_y、μ_z 是 $\boldsymbol{\mu}$ 在某一坐标系的分量。四元数的微分方程为

$$\dot{\boldsymbol{q}} = \frac{1}{2} \begin{pmatrix} 0 & -\omega_x & -\omega_y & -\omega_z \\ \omega_x & 0 & \omega_z & -\omega_y \\ \omega_y & -\omega_z & 0 & \omega_x \\ \omega_z & \omega_y & -\omega_x & 0 \end{pmatrix} \begin{pmatrix} a \\ b \\ c \\ d \end{pmatrix} = \frac{1}{2} \begin{pmatrix} a & -b & -c & -d \\ b & a & -d & c \\ c & d & a & -b \\ d & -c & b & a \end{pmatrix} \begin{pmatrix} 0 \\ \omega_x \\ \omega_y \\ \omega_z \end{pmatrix} \tag{7-3}$$

7.2.3　旋转矩阵

旋转矩阵 $\boldsymbol{R}$ 属于三维特殊正交群中(3－dimension Special Orthogonal Group,SO(3))的元素,用来描述两个不同的坐标系之间的坐标变换关系。设 $\boldsymbol{v}^A = [\begin{matrix} v_x^A & v_y^A & v_z^A \end{matrix}]^T$ 是矢量 $\boldsymbol{v}$ 在 A 坐标系的坐标,则有:

$$\boldsymbol{v}^B = \boldsymbol{R}_A^B \boldsymbol{v}^A \tag{7-4}$$

式中,$\boldsymbol{v}^B$ 为是矢量 $\boldsymbol{v}$ 在 B 坐标系的坐标,$\boldsymbol{R}_A^B$ 为 A 坐标系到 B 坐标系所得的旋转矩阵。旋转矩阵与欧拉角的关系为

$$\boldsymbol{R} = \begin{pmatrix} \cos\theta\cos\psi & \cos\theta\sin\psi & -\sin\theta \\ -\cos\varphi\sin\psi + \sin\varphi\sin\theta\cos\psi & \cos\varphi\cos\psi + \sin\varphi\sin\theta\sin\psi & \sin\varphi\cos\theta \\ \sin\varphi\sin\psi + \cos\varphi\sin\theta\cos\psi & -\sin\varphi\cos\psi + \cos\varphi\sin\theta\sin\psi & \cos\varphi\cos\theta \end{pmatrix} \tag{7-5}$$

旋转矩阵与四元数的关系为

$$\boldsymbol{R} = \begin{pmatrix} 1 - 2c^2 - 2d^2 & 2(bc - ad) & 2(bd + ac) \\ 2(bc + ad) & 1 - 2b^2 - 2d^2 & 2(cd - ab) \\ 2(bd - ac) & 2(cd + ab) & 1 - 2b^2 - 2c^2 \end{pmatrix} \tag{7-6}$$

旋转矩阵的动态微分方程为

$$\dot{\boldsymbol{R}} = \boldsymbol{R}S(\omega) \tag{7-7}$$

式中，$S(\cdot)$ 是斜对称阵算子，对于任意 $x, y \in \mathcal{R}^3$ 有 $S(x)y = x \times y$。

7.3　典型指向稳定系统

指向稳定是运动平台实现行进间跟踪对准的关键技术。目前，在舰载、车载和机载雷达光电跟瞄系统中，普遍采用了两轴制陀螺稳定方式，即采用速率陀螺测量载体姿态，将测量信息通过一定的计算再引入到伺服回路作为扰动补偿量进行控制，用以消除载体运动对瞄准线的扰动。

7.3.1　稳定原理和数学模型

将三个陀螺（定义为横滚陀螺、俯仰陀螺和航向陀螺）分别沿车体坐标系三个轴方向（x、y 和 z 轴）安装在车体旋转中心附近，如图 7-5 所示，分别为横滚角（Roll）、俯仰角（Pitch）和航向角（Yaw）。

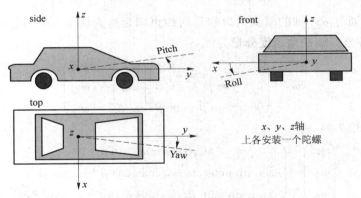

图 7-5　陀螺的安装位置

图 7-6 表示了一个车体坐标系与天线坐标系的对应关系示意图。

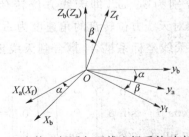

图 7-6　车体坐标系与天线坐标系的对应关系

先考虑方位、俯仰伺服回路不工作的情况，当载体有角速度 ω_{ib} 时，将通过系统安装轴的几何约束和摩擦约束向方位转盘耦合。陀螺输出 ω_{ibx}、ω_{iby}、ω_{ibz} 为车体姿态角速度沿三个轴的分量,定义为 $\omega_{ib}=(\omega_{ibx}\quad \omega_{iby}\quad \omega_{ibz})^{T}$。车体坐标系 b、天线方位转盘坐标系 a 和天线坐标系 f 之间的角速度关系如图 7-7 和图 7-8 所示。

ω_{ibx}、ω_{iby}、ω_{ibz} 将通过 oz_a 轴的摩擦约束和几何约束耦合给方位转盘坐标系,即 ω_{ibx}、ω_{iby}、ω_{ibz} 分解到方位转盘各坐标轴的角速度分量为

$$\boldsymbol{\omega}_{ia}=\begin{pmatrix}\cos\alpha & -\sin\alpha & 0\\ \sin\alpha & \cos\alpha & 0\\ 0 & 0 & 1\end{pmatrix}\begin{pmatrix}\omega_{ibx}\\ \omega_{iby}\\ \omega_{ibz}\end{pmatrix}=\begin{pmatrix}\omega_{iax}\\ \omega_{iay}\\ \omega_{iaz}\end{pmatrix} \tag{7-8}$$

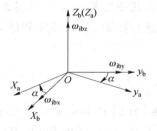

图 7-7　车体坐标系与方位转盘坐标系
的相对位置和角速度

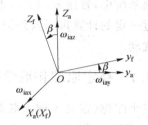

图 7-8　天线方位转盘与天线坐标系
的相对位置和角速度

与此同理,ω_{ia} 将通过 ox_f 轴的摩擦约束和几何约束耦合给天线坐标系,即 ω_{iax}、ω_{iay}、ω_{iaz} 分解到天线坐标系各坐标轴的角速度分量为

$$\omega_{if}=\begin{pmatrix}1 & 0 & 0\\ 0 & \cos\beta & \sin\beta\\ 0 & -\sin\beta & \cos\beta\end{pmatrix}\begin{pmatrix}\omega_{iax}\\ \omega_{iay}\\ \omega_{iaz}\end{pmatrix}=\begin{pmatrix}\omega_{ifx}\\ \omega_{ify}\\ \omega_{ifz}\end{pmatrix} \tag{7-9}$$

将式(7-8)代入式(7-9),得

$$\begin{pmatrix}\omega_{ifx}\\ \omega_{ify}\\ \omega_{ifz}\end{pmatrix}=\begin{pmatrix}\omega_{ibx}\cos\alpha-\omega_{iby}\sin\alpha\\ \omega_{ibx}\sin\alpha\cos\beta+\omega_{iby}\cos\alpha\cos\beta+\omega_{ibz}\sin\beta\\ -\omega_{ibx}\sin\alpha\sin\beta-\omega_{iby}\cos\alpha\sin\beta+\omega_{ibz}\cos\beta\end{pmatrix} \tag{7-10}$$

此时再考虑方位、俯仰伺服回路工作时的情况,载体或天线在惯性空间的角运动使陀螺的输出发生改变,该输出经过一定的变换之后,驱动天线的方位、俯仰伺服系统工作,以保证波束稳定,设产生的角速度分别为 ω_{α}、ω_{β},即天线方位转盘相对车体的角速度为 $\omega_{ba}=(0\quad 0\quad -\omega_{\alpha})^{T}$,天线俯仰板相对天线方位转盘的角速度为 $\omega_{af}=(\omega_{\beta}\quad 0\quad 0)^{T}$。方位、俯仰伺服系统所产生的角速度也向天线坐标系耦合,耦合到天线坐标系中的角速度由式(7-11)定义:

$$\begin{pmatrix}\omega_{jfx}\\ \omega_{jfy}\\ \omega_{jfz}\end{pmatrix}=\begin{pmatrix}1 & 0 & 0\\ 0 & \cos\beta & \sin\beta\\ 0 & -\sin\beta & \cos\beta\end{pmatrix}\begin{pmatrix}0\\ 0\\ -\omega_{\alpha}\end{pmatrix}+\begin{pmatrix}\omega_{\beta}\\ 0\\ 0\end{pmatrix}=\begin{pmatrix}\omega_{\beta}\\ -\omega_{\alpha}\sin\beta\\ -\omega_{\alpha}\cos\beta\end{pmatrix} \tag{7-11}$$

天线坐标系最终的角速度等于载体耦合到天线坐标系的角速度和方位、俯仰伺服系统耦合到天线坐标系的角速度叠加,即

$$\begin{pmatrix} \omega_{\mathrm{fx}} \\ \omega_{\mathrm{fy}} \\ \omega_{\mathrm{fz}} \end{pmatrix} = \begin{pmatrix} \omega_{\mathrm{ifx}} \\ \omega_{\mathrm{ify}} \\ \omega_{\mathrm{ifz}} \end{pmatrix} + \begin{pmatrix} \omega_{\mathrm{jfx}} \\ \omega_{\mathrm{jfy}} \\ \omega_{\mathrm{jfz}} \end{pmatrix} = \begin{pmatrix} \omega_{\mathrm{ibx}} \cos\alpha - \omega_{\mathrm{iby}} \sin\alpha + \omega_\beta \\ \omega_{\mathrm{ibx}} \sin\alpha\cos\beta + \omega_{\mathrm{iby}} \cos\alpha\cos\beta + \omega_{\mathrm{ibz}} \sin\beta - \omega_\alpha \sin\beta \\ -\omega_{\mathrm{ibx}} \sin\alpha\sin\beta - \omega_{\mathrm{iby}} \cos\alpha\sin\beta + \omega_{\mathrm{ibz}} \cos\beta - \omega_\alpha \cos\beta \end{pmatrix} \quad (7\text{-}12)$$

按照指向稳定的要求,即要保持指向在方位和俯仰方向上不变,要求式(7-12)中满足以下条件:

$$\begin{cases} \omega_{\mathrm{fx}} = 0 \\ \omega_{\mathrm{fz}} = 0 \end{cases} \quad (7\text{-}13)$$

则两轴天线指向稳定惯性稳定方程为

$$\begin{cases} \omega_\alpha = -\sin\alpha \cdot \tan\beta \cdot \omega_{\mathrm{ibx}} - \cos\alpha \cdot \tan\beta \cdot \omega_{\mathrm{iby}} + \omega_{\mathrm{ibz}} \\ \omega_\beta = -\cos\alpha \cdot \omega_{\mathrm{ibx}} + \sin\alpha \cdot \omega_{\mathrm{iby}} \end{cases} \quad (7\text{-}14)$$

通过以上分析,得到在两轴稳定系统中,由于载体运动产生的干扰角速度而分别需要在方位、俯仰伺服回路补偿的角速度的一般表达式。

7.3.2 两轴天线指向稳定的原理性缺陷

上述分析可知,两轴天线指向稳定有以下缺陷。

1. 保证指向范围不变时仰角工作范围加大

通常固定地面站卫星天线的仰角工作范围为 $3° \sim 87°$。若移动载体上的卫星天线仍要保证上述工作范围(相对于惯性坐标系)时,由于仰角系统要补偿载体姿态变化的影响,则仰角的工作范围需要增大。设载体的横滚角为 $R = \pm15°$,俯仰角范围为 $P = \pm30°$,当天线方位角为 $90°$ 时,仰角的工作范围应为 $-21° \sim +102°$。仰角工作范围的增大给天线座的结构设计带来了困难,如平衡问题,结构刚度问题等。

2. 所需的方位角及仰角角速度和加速度大大增加

由于两轴稳定跟踪的方位角和仰角系统所需的速度和加速度应该补偿载体姿态变化所需的附加速度和加速度。分析计算表明,补偿方位运动的附加值比仰角的大且与仰角的正切有关,当仰角较大时,要求的方位速度和加速度将达到难以实现的程度。

3. 天线波束绕波束轴线发生滚动

式(7-13)中只是给出了保持视线稳定指向的条件,而载体扰动角速度耦合到极化方向的速度分量为

$$\omega_{\mathrm{fy}} = (\omega_{\mathrm{ibx}} \sin\alpha + \omega_{\mathrm{iby}} \cos\alpha)(\cos\beta + \sin\beta\tan\beta) \quad (7\text{-}15)$$

在通常情况下,式(7-15)中 $\omega_{\mathrm{fy}} \neq 0$,说明载体姿态变化时,由于基座相对水平面的倾斜变化,必然导致天线仰角轴的倾斜(相对于水平面)变化,从而导致波束绕其轴线扭转滚动。所以两轴稳定跟踪仅能实现波束轴线稳定,不能实现波束极化稳定。但是国家标准规定,国内卫星系统均采用线极化方式,这样就造成了通信时极化失配,导致极化损耗,影响着数据传输的误码率和通信质量;严重时,会干扰卫星其他用户。

如果要解决极化(旋转)问题,则需要补偿极化轴,使 $\omega_{\mathrm{fy}} \neq 0$,可行的办法就是建立三轴天线稳定,实现波束的姿态稳定。

7.4 三轴天线波束稳定隔离方程推导

7.4.1 波束对准量干扰分析

相对于固定地球站，"动中通"的卫星天线将受到载体运动的干扰使天线波束偏离卫星，同时卫星的摄动也会使天线波束偏离卫星。为使天线波束始终对准卫星，必须排除这些扰动。将这些扰动分为卫星摄动和载体运动，而载体在地理坐标系的运动又可分解为四种：平移运动、上下运动、航向姿态变化及由于车体发动机工作造成的高频微幅振动。

（1）卫星的摄动。对静止卫星来说，由于受到太阳、月球引力、太阳辐射压力、地球引力场不均匀等因素的影响，卫星运动的实际轨道不断发生不同程度的偏离开普勒定律所确定的理想轨道，这一现象称为摄动。摄动对静止卫星定点位置的保持非常不利，为此，在静止卫星通信系统中必须采取位置保持技术，以克服摄动的影响，使卫星位置的经纬度误差始终保持在允许的范围内。经分析，通过位置保持后，目前卫星的每天典型漂移值为 $0.5°\sim3.0°$，即每小时 $0.021°\sim0.125°$，则可以断定在一个小时内卫星摄动对于波束指向几乎没有影响。因此，由于卫星摄动造成的指向偏差，通过简单的跟踪即可将其消除掉。

（2）载体的运动。车体发动机工作造成的载体振动是一个高频微幅振动，这个运动频率高，幅度很小，它对于天线的影响是使天线波束在对准的基础上，在其周围进行微幅高频振动，振动的幅度远远小于十分之一波束宽度，即对于波束对准影响不大，可以忽略不计；同时平移运动和上下运动对于波束指向对准影响不大。

然而对于载体的姿态变化来说，它包括了载体的航向运动、俯仰运动和横滚运动。其中航向运动频率低、幅度大，俯仰运动和横滚运动频率高、幅度小。车体的航向姿态变化对天线波束造成的影响变化很快，单凭跟踪卫星信号是达不到要求的，必须进行稳定；车体姿态变化造成的极化失配角远大于 $1.8°$，因此，不能仅仅稳定指向，而是要稳定波束。

7.4.2 隔离载体扰动补偿方程

当运动载体有相对惯性空间的扰动角速度 ω_{ib} 时，通过平台环架轴间几何约束、摩擦约束和直接带动约束耦合到天线波束，从而引起波束晃动。下面对天线波束稳定隔离机理进行运动学分析，从而得出隔离载体扰动的补偿方程。

先考虑方位、俯仰伺服回路和变极化系统不工作的情况，根据坐标系的定义，可以画出天线坐标系 f 和天线波束坐标系 T 之间的相对位置和角速度关系，如图 7-9 所示。

由图可以解算出天线坐标系 f 和天线波束坐标系 T 之间的变换矩阵：

$$\boldsymbol{C}_f^T=\begin{pmatrix}\cos\gamma & 0 & -\sin\gamma\\ 0 & 1 & 0\\ \sin\gamma & 0 & \cos\gamma\end{pmatrix} \tag{7-16}$$

ω_{if} 将通过 Oy_T 轴的摩擦约束和几何约束耦合给天线坐标系，即 ω_{ifx}、ω_{ify}、ω_{ifz} 分解到天线波束坐标系各坐标轴的角速度分量为

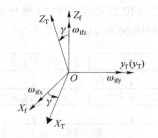

图 7-9　天线坐标系与天线波束坐标系之间的相对角位置和角速度

$$\boldsymbol{\omega}_{\mathrm{iT}}=\begin{pmatrix}\cos\gamma & 0 & -\sin\gamma\\ 0 & 1 & 0\\ \sin\gamma & 0 & \cos\gamma\end{pmatrix}\begin{pmatrix}\omega_{\mathrm{ifx}}\\ \omega_{\mathrm{ify}}\\ \omega_{\mathrm{ifz}}\end{pmatrix}=\begin{pmatrix}\omega_{\mathrm{iTx}}\\ \omega_{\mathrm{iTy}}\\ \omega_{\mathrm{iTz}}\end{pmatrix} \tag{7-17}$$

此时再考虑方位、俯仰伺服回路和变极化系统工作时的情况,载体或天线在惯性空间的角运动使陀螺的输出发生改变,该输出经过一定的变换之后,驱动天线的方位、俯仰伺服系统、极化调整系统工作,以保证波束稳定,设产生的角速度分别为 ω_α、ω_β、ω_γ,即天线方位转盘相对车体的角速度为 $\omega_{\mathrm{ba}}=(0\quad 0\quad -\omega_\alpha)^T$,天线俯仰环相对天线方位转盘的角速度为 $\omega_{\mathrm{af}}=(\omega_\beta\quad 0\quad 0)^T$。天线波束相对天线俯仰环的角速度为 $\omega_{\mathrm{fT}}=(0\quad \omega_\gamma\quad 0)^T$。它们所产生的角速度也向天线波束坐标系耦合,耦合到天线坐标系中的角速度由式(7-18)定义:

$$\begin{pmatrix}\omega_{\mathrm{jTx}}\\ \omega_{\mathrm{jTy}}\\ \omega_{\mathrm{jTz}}\end{pmatrix}=\begin{pmatrix}\omega_\alpha\cos\beta\sin\gamma\\ -\omega_\alpha\sin\beta\\ -\omega_\alpha\cos\beta\cos\gamma\end{pmatrix}+\begin{pmatrix}\omega_\beta\cos\gamma\\ 0\\ \omega_\beta\sin\gamma\end{pmatrix}+\begin{pmatrix}0\\ \omega_\gamma\\ 0\end{pmatrix}=\begin{pmatrix}\omega_\alpha\cos\beta\sin\gamma+\omega_\beta\cos\gamma\\ -\omega_\alpha\sin\beta+\omega_\gamma\\ -\omega_\alpha\cos\beta\cos\gamma+\omega_\beta\sin\gamma\end{pmatrix} \tag{7-18}$$

天线坐标系三轴的最终角速度等于载体耦合到天线波束坐标系的角速度和方位、俯仰伺服系统和变极化系统耦合到天线波束坐标系的角速度叠加,即

$$\begin{pmatrix}\omega_{\mathrm{Tx}}\\ \omega_{\mathrm{Ty}}\\ \omega_{\mathrm{Tz}}\end{pmatrix}=\begin{pmatrix}\omega_{\mathrm{iTx}}\\ \omega_{\mathrm{iTy}}\\ \omega_{\mathrm{iTz}}\end{pmatrix}+\begin{pmatrix}\omega_{\mathrm{jTx}}\\ \omega_{\mathrm{jTy}}\\ \omega_{\mathrm{jTz}}\end{pmatrix} \tag{7-19}$$

将式（7-13）和式（7-14）代入式（7-15）中,若要使天线波束稳定,则有 $\omega_{\mathrm{T}}=(\omega_{\mathrm{Tx}}\quad \omega_{\mathrm{Ty}}\quad \omega_{\mathrm{Tz}})^T=0$。解得天线波束稳定隔离方程:

$$\begin{cases}\omega_\alpha=-\sin\alpha\cdot\tan\beta\cdot\omega_{\mathrm{ibx}}-\cos\alpha\cdot\tan\beta\cdot\omega_{\mathrm{iby}}+\omega_{\mathrm{ibz}}\\ \omega_\beta=-\cos\alpha\cdot\omega_{\mathrm{ibx}}+\sin\alpha\cdot\omega_{\mathrm{iby}}\\ \omega_\gamma=-(\sin\alpha\cdot\omega_{\mathrm{ibx}}+\cos\alpha\cdot\omega_{\mathrm{iby}})\sec\beta\end{cases} \tag{7-20}$$

通过以上分析,即可得到为克服载体角运动对天线波束的干扰而分别在方位、俯仰伺服系统以及变极化系统补偿的角速度的一般表达式。式中,α、β、γ 分别为天线波束相对于车体坐标系的姿态角,即为方位、俯仰和极化。

通过接收 GPS 得出载体的地理信息,得到天线波束姿态角的理论值,利用姿态传感器(磁罗盘 HMR3000)敏感载体的初始姿态,通过坐标变换,提供初始对准信号,由安装在车体上的三个相互正交的速率陀螺敏感车体姿态变化的角速度,通过式(7-20)的隔离载体扰动补偿方程模型得到波束指向角的变化量 $\Delta\omega_\alpha$、$\Delta\omega_\beta$、$\Delta\omega_\gamma$,然后在伺服系统的控制下完成指

定的指令,再通过 PID 控制方式进行位置补偿来保证载体运动过程中平台的稳定,从而达到波束指向稳定的目的。具体流程图如图 7-10 所示。

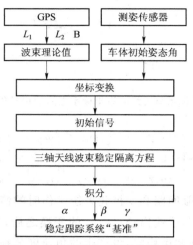

图 7-10　天线波束正向控制流程图

第8章 闭环跟踪技术

由于微机械惯性传感器的漂移误差,基于开环稳定的天线指向保持时间有限;另外,由于伺服系统误差以及卫星漂移等其他因素,天线波束指向会逐渐偏离卫星。因此,往往需要通过闭环跟踪修正由惯性器件累计误差引起的天线波束指向误差。常用的闭环跟踪有步进跟踪、圆锥扫描跟踪和单脉冲跟踪等方式。这三种跟踪方式在本质上是相同的,都是在取得多个接收信号的强度后比较并确定天线的转动方向和幅度。其中,步进跟踪和圆锥扫描跟踪都是建立在同一个天线波束的基础上,既利用天线波束与卫星通信,又利用波束在卫星周围进行机械扫描,跟踪速度较慢;而单脉冲跟踪需要多通道设计,成本较高。因此,天线闭环跟踪系统采用何种跟踪技术,应该对其跟踪速度和跟踪精度做一个折中的考虑。

8.1 卫星信号检测

闭环跟踪实质是通过闭环控制方法找到目标卫星的信号最大值,所以闭环跟踪以信号强度检测为前提,而信号的检测首先要确定信号的来源。卫星信号检测方法指的是利用卫星下行信号中的特征信息完成卫星的识别。根据信号携带内容的不同,可将下行信号分为信标信号、卫星电视信号、通信载波信号。不同卫星的信标频率通常不唯一,因此可通过信标机检测不同频率的信标完成卫星的识别;通信卫星下发的卫星电视信号具有唯一的网络识别符(NID),数字调谐器可通过解调解码后数据流中的网络识别符(NID)完成卫星的识别;不同卫星的通信载波信号的调制编码参数组合(符号率、前向纠错编码率、卷积律等)通常也不同,因此可通过调制解调器得到通信载波的编码参数,完成卫星的识别。

8.1.1 信标信号检测方法

1. 卫星信标信号

卫星下行通信频带中叠加了低电平信标信号,信标信号是由卫星发射的一个频率固定的单载波信号,通常在每个波段每个极化方向上都会有一个信标信号,用于卫星地面站的天线对星和识别跟踪。信标信号频带窄,其带宽通常为几十千赫兹(kHz),主要分布在下行信号的两端,如图 8-1 所示。以亚洲 3S 卫星为例,Ku 波段水平极化的信标信号频率为 12.749 GHz,LNB 的本振频率为 11.3 GHz,经过 LNB 下变频后的频率为 1.449 3 GHz,如图 8-2 所示。

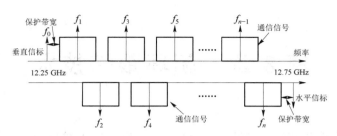

图 8-1　信标频率和通信频带示意图

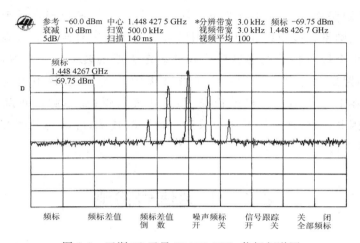

图 8-2　亚洲 3S 卫星 12 749 MHz 信标频谱图

中国上空常用卫星信标参数如表 8-1 所示。

表 8-1　中国上空常用卫星信标参数表

轨位 东经（度）	卫星名称	C 波段信标/MHz	极化	Ku 波段信标/MHz	极化
66	国际 704	3 947.5	圆极化		
		3 952.5			
68.5	泛美-10			12 749.5	水平
				11 699.0	垂直
68.5	泛美-7	3 698.000	水平	11 457.0	水平
				11 453.0	水平
72.0	泛美-4	4 199.000	水平	12 500.0	圆极化
		4 199.500	水平		
76.5	亚太-ⅡR	4 199.625	水平	12 749.0	水平
		3 627.000	垂直	12 251.0	垂直
87.5	中卫一号	4 199.500	水平	12 749.5	水平
		3 700.500	垂直	12 250.5	垂直

续表

轨位 东经（度）	卫星名称	C 波段信标/MHz	极化	Ku 波段信标/MHz	极化
92.2	中星 9 号			12199（左旋） 11701（右旋）	
98.0	神通	3 845.88	水平	12 510.0	水平
		3 868.02	水平		
100.5	亚洲二号	（4 197.500）（4 198）	水平	12 504.0	水平
		（4 199.500）	水平	12 503.0	垂直
		（4 199.000）	垂直		
103.0	中星 20 号			12 510.0	水平
105.5	亚洲 3S	4 198.（500）	水平	12 749.0	水平
		4 199.625	（水平）	（12 250.0）	（垂直）
108.0	Telkom-1	4 199.875	水平		
		3 701.750	垂直		
110.5	鑫诺一号	4 193.000	水平	12 260.0	双线性极化
				12 260.4	双线性极化
115.5	中星 6B	4 199.000	水平		水平
		3 701.000	垂直		垂直
120.0	Thaicom-1A	4 199.350	垂直		
		4 199.850	垂直		
122.2	亚洲四号	4 198.250	水平	12 254.0	水平
		4 199.250	水平	12 253.0	垂直
125	中星 6A	3 700.08 4 196.34	水平		
134.0	亚太Ⅵ号	4 199.825	水平		
		3 700.000	垂直	12 250.5	垂直
138.0	亚太Ⅴ号	4 199.000	水平	12 749.0	水平
		3 630.000	垂直	12 251.0	垂直
166.0	泛美-8	3 698.000	水平	11 457.0	水平
				11 453.0	水平
169.0	泛美-2	41 985.000	水平	12 500.0	圆极化
177	国际 702	3 947.5 3 952.5	圆极化		

2. 信标机

信标机是信标信号检测的专用设备，信标机检测法是国内动中通系统通常采用的卫星信号检测方案。相比于其他检测方法，信标机检测法识别卫星不需要解调解码，只需要检测出特定频率的信号，并且信号强度超过一定阈值即可判定识别目标卫星。

　　通常,信标接收机是一个由下变频器、锁相环路以及自动增益控制电路(AGC)所组成的锁相式接收机,它能够消除因信标频率漂移(相对于本振频率而言)而引起解调后信标电平的起伏,从而使信标接收和输出的 AGC 直流电压真实地反映天线位置的变化。信标接收机输出的直流电压与信标功率成正比,而输入信标接收机的信标信号功率取决于天线偏离卫星波束中心的程度。天线偏离卫星波束中心的角度越小,信标功率越大;反之,信标功率越小。因此,可以采用信标接收机输出的电平信标信号作为电平扫描时的参考信号。

　　图 8-3 为盟升科技 MS-LTRSUB3G 型信标机实物图,图 8-4 为对应的信标机组成图。MS-LTRSUB3G 型信标机主要由下变频模块、L 波段跳频源、中频数字处理模块和接口电路等电路组成。下变频模块将第一中频信号下变频到第二中频信号,L 波段跳频源产生点频输出作为下变频模块的本振,中频数字处理模块采用高性能微处理器及嵌入式实时操作系统处理 A/D 采样后的信号。该信标机具有 USB 2.0 接口、伺服 RS-232 口、远控 RS-232 接口、15 V 直流电压输入口、模拟 AGC 和锁定输出口。

图 8-3　盟升科技 MS-LTRSUB3G 型信标机

　　L 波段射频信号经过低噪放大后与 L 波段跳频源产生的本振混频,产生 70 MHz 的第二中频信号。第二中频信号经过滤波后进入中频数字处理模块,中频数字处理模块完成对第二中频信号的 A/D 采样、数字滤波滤除高频杂波、频谱变换检测出信标信号的强度和锁定等参数。同时中频数字处理模块对整个信标机的工作进行总的控制。

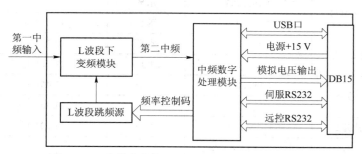

图 8-4　盟升科技 MS-LTRSUB3G 型信标机组成图

　　由于卫星在太空中受到摄动力的影响、信标信号在下行链路中受云层反射、移动载体运动速度较快引起的多普勒效应、动中通系统本振不稳等不确定原因都会使卫星的信标信号发生频偏(卫星发射信标频率与地面站接收信标频率之差),而卫星的信标信号频带窄,一旦频偏超过阈值将无法识别目标卫星。对信标机而言,尤其应该重视以下的几个因素。

（1）信标接收机的捕星时间

信标接收机的捕星时间就是天线位于卫星的波束范围中时信标接收机能够解算出信标电平的时间。这个时间应该越小越好,对于盲扫对星时尤其重要。因为天线扫过卫星的波束范围时,如果不能及时得到信标电平,扫描程序就不能判断天线是否进入卫星的波束范围并停止天线的转动,换言之,即使天线已经进入卫星的信号区也不能使天线停止,从而导致其继续转动并最终离开卫星的信号区。在此情况下,天线可能永远不能对准卫星。

（2）输出信标电平的稳定度

在静态时,同一信标电平值的输出波动要求较小,波动太大,会导致使用信标电平作为反馈控制信号时,天线调整误动作的概率大大增加,信号接收质量大大降低。

8.1.2 数字调谐器检测法

卫星电视信号通常存在于同步地球轨道卫星的下行信号当中,带宽较宽,通常为几兆赫兹（MHz）到几十兆赫兹,采用了复杂的编码技术。我国数字电视广播标准采用的是欧洲提出的 DVB（Digital Video Broadcasting）标准,DVB 标准主要有两种制式,分别是 DVB-S 和 DVB-S2,两种制式都采用了 MPEG-2 的信源编码技术,区别在于信道编码方式,DVB-S2 标准在发送端采取 QPSK、8PSK、16APSK、32APSK 并用的调制方式,在接收端采用 8PSK 的解调方式,能够极大地提高传输速率,充分利用卫星资源。卫星电视信号（DVB-S、DVB-S2）经解调、解码后输出的数据流中除了音视频内容外,还加入了许多辅助数据信息,通过这些辅助数据信息,可以完成卫星的识别。数据流是以包的格式传送的,包头标识字节为 0X47,数据流中的 NIT（网络信息表）提供有关物理网络的信息,NIT 携带了网络识别符（network_id,NID）信息,由于 NIT 中的 NID 具有唯一性,可以通过提取数据流中的 NID 来识别卫星。部分卫星网络识别符（NID）如表 8-2 所示。

表 8-2 部分卫星网络识别符

卫星	地理方位	NID（频率 GHz）
中卫 1 号	87.5°E	7 000（3.869）
中新 1 号	88°E	1 121（3.632）
亚洲 3S	105.5°E	100（12.316）
鑫诺 1 号	110.5°E	65（12.320）
亚洲 4 号	122°E	8 888（12.320）
亚太 6 号	134°E	8 022（12.302）
亚太 5 号	138°E	41 029（12.720）

数字调谐器检测法是采用数字调谐器检测期望卫星信号的方法。数字调谐器能够完成动中通的 DVB-S 信号检测,是卫星电视接收机中必不可少的模块之一,数字调谐器输出的数据流中包含有网络识别符（NID）用于卫星识别的网络识别符（NID）。目前,主要生产数字调谐器的制造商有夏普公司、三星公司和 LG 公司等。其中,夏普公司的数字调谐器市场占用率高,在国内外市场的卫星电视接收机中应用广泛。如图 8-5 所示为夏普公司 BS2F7HZ0194A 数字调谐器的实物图。

图 8-5　夏普公司 BS2F7HZ0194A 数字调谐器的实物图

8.1.3　调制解调器检测法

1. 通信载波信号

通信载波信号主要用于通信信号的传输。上行链路中,卫星地面站需要对通信信号进行调制和编码后再发送给卫星。在下行链路中,卫星地面站则要完成对卫星通信信号的解调和解码。因为不同的卫星利用不同的频段传输通信信号,且不同卫星的通信载波信号采用的极化方式、符号率、前向纠错编码率等参数通常不同,因此可通过分析这些特征参数完成目标卫星的识别。通信载波信号的带宽一般为几兆赫兹(MHz),图 8-6 为亚洲五号卫星水平极化的 12 458 MHz 通信载波下变频后的频谱,带宽为 4 MHz 左右。

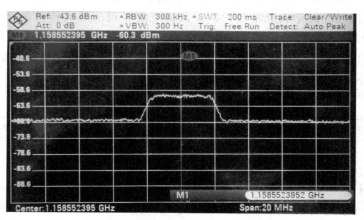

图 8-6　亚洲五号卫星通信载波频谱

2. 调制解调器信号检测

调制解调器主要用于在数据通信接收和发射时的调制、编码和解调、解码,此处的调制解调器指的是卫星地面站用于检测卫星下行信号中的通信载波信号的调制解调器。由于不同卫星的通信载波信号采用的极化方式、卷积率、符号率、前向纠错编码率等参数通常不同,因此调制解调器检测法识别目标卫星具有较高的识别率,但调制解调器成本高,结构复杂,对天线的指向误差不够敏感,容易造成丢失卫星的情况发生,而且一些卫星的通信时段不固定,有时卫星的下行链路中会缺失通信载波信号,如军事应用中的无线电静默阶段。此时将无法使用调制解调器检测法识别目标卫星,此方法的通用性较差,无法满足动中通系统"全地域""全时段"的工作需求。

（1）CDM-570L 型卫星调制解调器

图 8-7 为美国 Comtech 公司研制的 CDM-570L 型卫星调制解调器实物图。CDM-570L 型卫星调制解调器主要由前面板、调制器、解调器、发送编码器、接收解码器、测控处理器、数据交换处理器、电源以及各种接口电路组成。前面板、远控端口和以太网端口与测控处理器相连接，均可以独立完成对调制解调器的参数设置和读取。数据交换处理器完成调制解调器与数据终端设备（DTE）的数据交换，其接收输入数据并传输给发送编码器，同时也将解码后的数据输出给数据终端设备。发送解码器完成对输入数据的信道编码，编码方式由测控处理器设定。接收解码器完成对卫星下行数据的信道解码，解码方式由测控处理器设定。调制器和解调器分别完成信号的调制和解调，具体的调制和解调方式由测控处理器设定。CDM-570L 调制解调器结构图如图 8-8 所示。

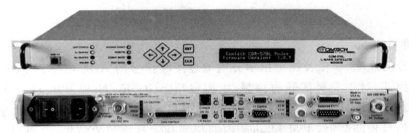

图 8-7　调制解调器实物图

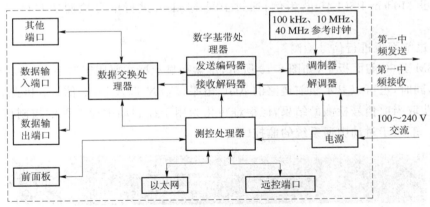

图 8-8　CDM-570L 结构组成图

CDM-570L 型卫星调制解调器主要的功能是调制与解调卫星信号。

解调的原理：来自 LNB（卫星高频头）的第一中频信号首先进入调制解调器的中频接收电路，中频接收电路将其下变频到基带并进行 A/D 变换，而后信号进行数字解调和前向纠错解码，前向纠错解码后信号根据需要进行解扰，解扰后还原出数据信号，再经过缓冲区发送给数据终端设备。

调制原理：来自数据终端设备的数据信号经过数据输入接口进入数据交换处理器的发送缓冲区，而后根据需要进行数据信号的加扰，而后进入前向纠错编码，编码结束后进行 FIR（有限长冲激响应）滤波器滤去高频噪声，而后进入调制器进行调制并将调制好的信号上行给上变频功率放大器。CDM-570L 调制解调原理图如图 8-9 所示。

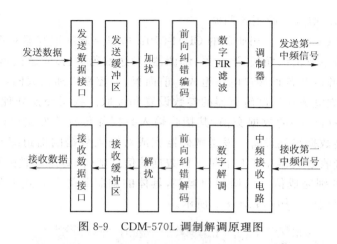

图 8-9　CDM-570L 调制解调原理图

（2）检测方法

卫星信号的强度、质量及锁定指示分别通过接收信号的 AGC 电平、E_b/N_0 和 Lock 信号来体现。因此,对于卫星信号的检测,主要包括 AGC、E_b/N_0 以及 Lock 三种信号的提取和检测。对于动中通系统来说,一般都拥有卫星 Modem 设备。和利用数字卫星电视接收机进行信号检测类似,卫星 Modem 内部存储有信号检测的结果,它通过一定的参数形式提供给用户,因此,通过 Modem 内部参数的设置和读取可以完成信号检测。以 M5 系列的卫星 Modem PSM-4900 为例,通过卫星 Modem 进行信号检测通常可以采用以下几种方法。

1）通过前面板进行信号检测

在 PSM-4900 前面板中,如图 8-10 所示,键盘和显示屏主要用于对卫星 Modem 的参数进行设置,同时,也可以显示当前链路的 AGC 电平、E_b/N_0 以及 Lock 信号。因此,通过这种方法可以获取当前信号检测的结果,但很难转化为用于控制动中通系统的控制信号,因此,这种方法一般用于对动中通系统的监控。

图 8-10　PSM-4900 前面板

2）通过 Alarm 端口进行信号检测

在 PSM-4900 后面板中,如图 8-11 所示,Alarm 端口（对应 J5）提供了信号检测的功能。

图 8-11　PSM-4900 后面板

在 Alarm 端口中,各个引脚及功能分配如表 8-3 所示,通过前面板键盘的简单设置,继电器可以输出 Lock 信号,模拟输出端口可以输出 AGC 或者 E_b/N_0。因此,通过 Alarm 端口可以实现信号检测。需要注意的是,引脚 5 输出的是模拟信号,如果需要数字信号,则需要附加 A/D 转换器进行转换。

表 8-3　Alarm 引脚及功能分配

引脚	功能简介
1~3	告警继电器 A
4	空
5	模拟输出端口
6	模拟地
7~9	告警继电器 B

3）通过监控端口进行信号检测

在 PSM-4900 后面板中,监控端口 Remote Control(对应 J6)主要用于对 Modem 内部参数的设置和读取,它提供了与前面板键盘和显示屏相同的功能。因此,通过监控口也可以完成信号检测的功能,而且它采用标准的 RS232(或者 RS485,需要通过前面板设置)接口,容易与室内监控 IDU 互联。所以,该种方法成为动中通系统信号检测的首选方法,因为它不仅可以获取信号的检测结果,同时也可以实现对 Modem 设备的监控。

采用监控口进行信号检测需要遵循一定的通信协议,不同的卫星 Modem 采用不同的通信协议。PSM-4900 所采用的通信协议为二进制报文(Binary Packet)格式,报文分为控制报文(Controller-to-target)和响应报文(Target-to-controller),其格式如图 8-12 所示。

M5 Satellite Modem Remote Control Protocol

Controller-to-target

Byte 1 Pad Byte FF hex	Byte 2 Opening Flag A5 hex	Byte 3 Destination Address 8 bits	Byte 4 Source Address 8 bits	Byte 5 Binary Command 8 bits	Byte 6 Mode Byte 8 bits
Byte 7 Data Byte Count	Byte 8-(n-3) Data Bytes 128 maximum	Byte n-2 Closing Flag 96 hex	Byte n-1 Checksum	Byte n Pad Byte FF hex	

Target -to-controller

Byte 1 Pad Byte FF hex	Byte 2 Opening Flag 5A hex	Byte 3 Destination Address 8 bits	Byte 4 Source Address 8 bits	Byte 5 Binary Command 8 bits	Byte 6 Status Byte 8 bits
Byte 7 Error Byte Count	Byte 8 Data Byte Count	Byte 9-(n-3) Data Bytes 128 maximum	Byte n-2 Closing Flag 96 hex	Byte n-1 Checksum	Byte n Pad Byte FF hex

图 8-12　PSM-4900 卫星 Modem 通信协议

8.2 跟踪方法

动中通跟踪方式的基本原理是根据接收到的卫星信号检测出天线波束指向与卫星方向间的误差角,将之转换成对应的误差电信号,控制器利用误差电信号控制天线,使天线向误差信号减小的方向运动,如图 8-13 所示。显然,这是一种闭环跟踪卫星方式。常见的跟踪方式有步进跟踪、圆锥扫描跟踪和单脉冲跟踪等。

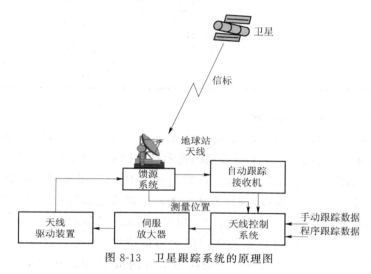

图 8-13 卫星跟踪系统的原理图

8.2.1 步进跟踪

步进跟踪又称极值跟踪,它是一步一步地控制天线在方位面内和俯仰面内以一个微小的角度作阶跃状转动,使天线逐步对准卫星。直到接收到的信号达到最大值后,系统才进入休息状态。经过一段时间后,再开始进入到跟踪状态,如此周而复始地进行工作。步进跟踪分为"爬山式"与"扫描式"两种。

"爬山式"步进,又称搜索式步进,是一种试探性的跟踪方式,以期寻找到最大信号方向,如图 8-14 所示。天线在控制器的控制下,分别在方位和俯仰两个轴上以一定的步进间隔输入控制电压,使它们步进运行。最终使天线波束的最大方向对准目标卫星。在步进过程中,通过判断步进前后所接收信号电平的大小,决定下一步天线运动的方向,最后使天线波束在目标卫星附近作某种运动,当天线波束到达目标卫星附近时,步进自动停歇,停歇一定时间后,又开始新一轮的循环。这样,周而复始,保证了天线始终以一定的精度对准目标卫星。

"扫描式"步进是在天线波束宽度内,使天线围绕所处的位置,作矩形扫描,并得到 4 个角点位置的接收信号电平值,通过比较处理,得出天线最大方向与目标方向的相对位置,确定出下一个扫描矩形的方向,一旦当矩形 4 个角点接收信号电平相等时,目标即处于矩形的中心,再将天线波束运动到矩形中心位置,完成一次角度的跟踪与测量,如图 8-15 所示。

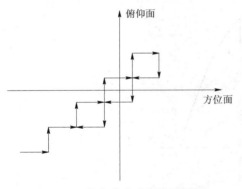

图 8-14　搜索式步进跟踪原理图

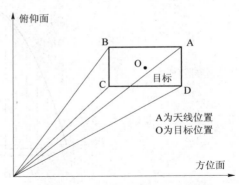

图 8-15　扫描式步进原理示意图

在这种方式中,天线的进动分为搜索步和调整步两种。搜索步动作后,整个跟踪系统就开始工作,包括对信号数据取样、场强记忆、比较等,待经过若干次搜索,并确定天线应该转动的方向后,天线就回到原来位置,然后向卫星方向转动一步,这最后的一步就称为调整步。调整步与搜索步的主要区别在于调整步动作后天线不会回到原处,而搜索步则不一样,不管搜索步动作多少次,只要完成规定的次数后,天线就回到原处,接着天线就转动一个调整步。在实际系统中它们可以是分开的,也可以是同一步。同一步的逻辑关系简单,但由于干扰的影响会引起误动作。如果搜索步与调整步分开,如搜索开始时,天线先向前行进四步取场强值为 A,然后向后退八步取场强值为 B,如图 8-16 所示。如果 $A>B$,则调整步走五步,相当于天线在原出发点向前调整一步;如果 $A<B$,则调整步走三步,相当于天线在原出发点后退一个调整步。相距八步的两个信号的差值比较大,一般不会引起误动作。

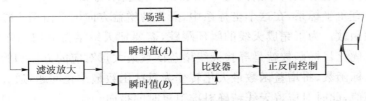

图 8-16　步进跟踪系统原理框图

单平面的步进跟踪控制策略如图 8-17 所示,其具体工作过程包括以下步骤。

步骤 1:根据指向信息控制天线波束大致指向卫星方向,如图 8-17 中的 O 点。

步骤 2:以 O 为基点控制天线波束在方位或俯仰面内以固定步长分别向正反方向转动,对应图中的 A 点和 B 点。

步骤 3:抽样并比较 A 点和 B 点接收信号的强度即 $S(\mathrm{Az_A}, \mathrm{El_A})$ 和 $S(\mathrm{Az_B}, \mathrm{El_B})$。

步骤 4:推导出天线波束的转动方向,并以 O 为基点使天线波束在方位或俯仰面内以固定步长转动到 B' 点。

步骤 5:等待并设置 B' 为下一次调整的基点。

步骤 6:在方位和俯仰面内交替重复步骤 2～步骤 5。

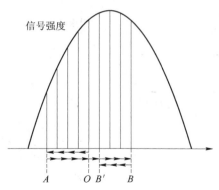

图 8-17 单平面步进跟踪控制策略

8.2.2 基于梯度法的改进步进跟踪

传统的步进跟踪的跟踪精度不高,而且响应速度慢,信号幅度波动影响跟踪精度。由于天线的增益图可看作是一个非线性的阶梯状的目标函数,因此,步进跟踪可以与优化算法结合实现精确跟踪。

1. 定义目标函数

卫星信标接收机输出的 AGC 可以用来反映信号强度大小,经常被用作检验天线是否精确对准卫星的标准。天线的增益方向图显示了由于天线视轴的偏离造成的接收信号强度的变化,AGC 的强度就是一个指向误差的函数,换句话说,天线的增益方向图可以描述 AGC 的强度是如何随着指向误差而变化的。指向误差可以分解为方位角 Az 和俯仰角 El 两个垂直的角度分量。

天线总的指向误差可以简单的用方位角和俯仰角表示为 $\Delta = \sqrt{El^2 + Az^2}$,方位角和俯仰角构成了一个直角坐标系,在这个坐标系中,天线的增益方向图是由两个指向误差分量决定的一个非线性函数。为了完成天线的闭环跟踪,需要把天线增益方向图作为目标函数来进行最优化。最优化目标函数就是寻找天线增益函数最大点对应的方位和俯仰角坐标。通过设计合适的目标函数,将增益函数最大化转变为目标函数最小化问题,通过优化算法寻找目标函数的最小值,此时对应着天线精确对准卫星时的指向。

从天线增益方向图 8-18 可以看出,目标函数的最小值在原点处,一些局部极小值对应于天线波束的旁瓣。在局部极小值周围,函数值只在一些方向上是增大的,而在全局最小值周围,所有的方向上都是增大的。这就是最小值和局部极小值的区别。

2. 最优化算法需要解决的几个问题

最优化步进跟踪算法应用到卫星动中通中,还存在几个问题。

(1)只有通过测量扫描点的信号强度才能得到对应的目标函数值,进而运用有限差分逼近的方法求解目标函数的一阶和二阶导数。因此,最优化算法需要对目标函数在扫描点进行求导运算,还要对其周围的点进行估计,导致跟踪算法的计算量较大。

(2)在有限差分逼近法中,选择一个合适的差分间隔很重要。

(3)目标函数包含了许多局部极小值和极大值点,对应天线增益方向图中波束旁瓣的波峰和波谷。算法必须有能力把全局最小值与许多极小值、极大值区别开。

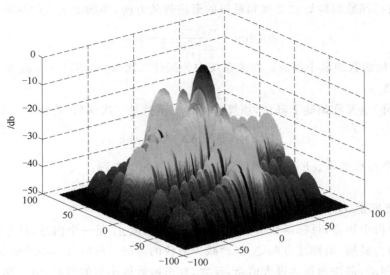

图 8-18　天线增益方向图

（4）系统的噪声使目标函数不精确，导致 AGC 信号的测量值存在误差。

总之，最优化跟踪算法要求在最小计算量的条件下，准确完成天线增益方向图目标函数的最优化。通过对增益方向图进行非线性最优化求解，可以使步进跟踪方法可靠地完成天线指向的闭环跟踪。非线性函数最优化算法是一种迭代算法，在 n 维空间里从一点迭代到下一点，直到程序终止。如果目标函数包含 n 维独立变量，那么 n 维空间里任意点坐标都是一个 n 维的位置向量。具体到该系统的跟踪最优化算法，变量 X 是包含方位和俯仰两个惯性指向角的二维向量。一般的，最优化算法必须满足：

$$F_{k+1} \leqslant F_k$$

式中，F_k 是算法第 k 次迭代出的函数值。该方程表明，最优化算法每次迭代都能够产生一个连续减小的值。对于非线性目标函数最优化算法有迭代公式：

$$x_{k+1} = x_k + \alpha p_k$$

式中，x_k 是当前位置，x_{k+1} 是目标函数将要估计的下一个测量点。p_k 是函数下一步的步进方向，α 是 p_k 方向上的步长。有如下约束条件：

$$p_k^T G_k p_k \leqslant 0$$

式中，p_k 是函数的负梯度（一阶导数）方向，G_k 是目标函数的二阶偏导数矩阵在第 k 个实验点的值。具体选择的最优化方法决定了搜索方向 p_k，步长 α 的值表示沿着搜索方向走一步的距离，由具体的搜索程序决定。

算法的终止条件又是一个关键问题。如果跟踪算法程序用来完成空间指向跟踪，那么算法终止在对准视轴的最大值。视轴瞄准即增益方向图波束主瓣的峰值点，在这一点目标函数的梯度为零，然而在波束旁瓣的极小值点上，梯度也为零。为充分准确地完成空间指向跟踪，算法必须找到绝对最小值点，这时算法才能终止。目标函数中还存在一些零点，对应增益方向图中的局部最大值，这些点是波束旁瓣的波谷，所以跟踪程序也不能在这里终止。实际运用中，为了保证动中通系统的连续通信能力，跟踪模块需要时刻不停地运行，程序在完成闭环跟踪时会消除这些终止条件，无限循环地运行跟踪算法。

非线性目标函数跟踪算法要找到最快的渐进收敛方向,要满足下式的约束条件:

$$0 \leqslant \lim_{k \to \infty} \frac{\parallel x_{k+1} - x^* \parallel}{\parallel x_k - x^* \parallel^o} \leqslant \infty$$

式中,x^* 是目标函数的最小值点。在本系统中为最佳二次收敛,所以 o 取值为 2。

3. 梯度法

梯度(下降)法又称最陡下降法,该算法的目标函数是二次函数,有如下一般形式:

$$F(x) = \frac{1}{2} X^T A X + b^T X + c$$

式中,A 是一个对称矩阵。$F(x)$ 的梯度和二阶导数为如下方程:

$$g(x) = AX + b \qquad G(x) = A$$

式中,g 是梯度向量,G 二阶导数矩阵(Hessian matrix)。

从数学分析中知道,目标函数 $F(x)$ 在某点 x_k 的梯度 g_k 是一个向量,其方向是 $F(x)$ 增长最快的方向。显然,负梯度方向是 $F(x)$ 减少最快的方向。所以可以在求函数极大值的时候,沿梯度方向走,最快地到达极大值点;反之,在求函数极小值的时候,沿负梯度方向走,则可以最快地到达极小值点。在解决跟踪问题时梯度法是最简单的优化算法,对于任意点 x_k,可以定义在 x_k 点的负梯度搜索方向的单位向量为

$$\hat{p}_k = -\frac{g_k}{\parallel g_k \parallel}$$

从 x_k 点出发,沿着 $\hat{p}_k$ 方向走一步,步长为 α_k,得到点 x_{k+1},表示为

$$x_{k+1} = x_k + \alpha_k \hat{p}_k \qquad\qquad (8-1)$$

式(8-1)建立了一种迭代算法,从 x_0 就可以得到序列:$x_0, x_1, x_2, \cdots, x_k, x_{k+1}, \cdots$,可以证明,在一定的限制条件下,该序列将收敛于使 $F(x)$ 极小的解 x^*。式(8-1)就是梯度法的迭代公式。

在算法中,一个关键的问题是步长 α_k 的选择,下面讨论如何找到最佳步长 α_k。在梯度法中步长 α_k 有很多种选择方式,例如选 α_k 为常数,或逐渐减小的序列等。若 α_k 选的太小,则算法收敛很慢;若 α_k 选的太大,则会使修正过度,甚至引起发散。显然最好的办法应是在 x_k 点恰恰走到沿 $\hat{p}_k$ 方向上 $F(x)$ 的极小点,在数学意义上就是取使 $F(x)$ 对 α_k 求导数为零的 α_k,这称沿 $\hat{p}_k$ 方向进行一维搜索。

可推导出最佳步长为

$$\alpha_k^* = \frac{\parallel g(x) \parallel^3}{g^T(x) G(x) g(x)}$$

遗憾的是 $F(x)$ 的二阶偏导数矩阵 G 的计算量较大,实际问题中通常根据情况权衡是否需要计算最佳步长 α_k^*。由于有

$$x_{k+1} = x_k - \alpha_k \frac{g_k}{\parallel g_k \parallel}$$

在不必求最佳步长时,上式中 $\parallel g_k \parallel$ 只是改变 α_k 的尺度,而 α_k 本来也是人为选定,因此可将 $\parallel g_k \parallel$ 去掉,从而梯度法的迭代公式变为

$$x_{k+1} = x_k - \alpha_k g_k$$

下降方向为

$$p_k = -g_k$$

梯度法运用到跟踪程序时,需要通过准确的一维搜索来确定搜索方向的步长,在完成每步主要的算法迭代时,精确的线性搜索会大大增加函数每步的搜索点,这与收敛速度的要求是相悖的。最优步长梯度法逼近函数极小值点的过程是"之"字形的,并且越靠近极小值时步长越小,造成迭代点越移动越慢。梯度法虽然有上述的缺点,但这些缺点往往是在极小值附近区域比较显著,同时梯度算法整体非常稳定,迭代过程简单,程序复杂程度也比其他算法低很多,而且即使从一个不好的初始点出发也能收敛到较好的效果。由于是按照目标函数轮廓的切线方向进行搜索,因此只要提供合适的步长,理论上都可以通过迭代达到最优化点。

8.2.3　圆锥扫描跟踪

圆锥扫描跟踪可看成是由步进跟踪技术发展而来,由波束来回转换改变为波束围绕天线轴线连续旋转,即把馈源喇叭绕天线对称轴作圆锥运动,或把天线副面倾斜旋转,这样天线波束呈圆锥状旋转。通过这种方式来获得指向误差信息,由这个误差信息驱动角伺服系统把天线波束向减小误差的方向转动,从而实现对目标卫星的跟踪。圆锥扫描跟踪的典型情况如图 8-19 所示。以天线轴线为中心做机械旋转,使得所形成的天线波束围绕天线轴线做相应的圆锥扫描。当目标处于天线轴线上时,波束旋转一周,目标脉冲幅度不变;当目标偏离天线轴线时,波束旋转一周接收到的目标脉冲的幅度大小形成一个周期性的变化,如图 8-19(b)所示。这个输出视频脉冲包络调制包含了目标角度偏离的误差信息,其包络调制的幅度正比于角偏离的大小,而其相对于波束扫描的相位则表示角偏离的方向。

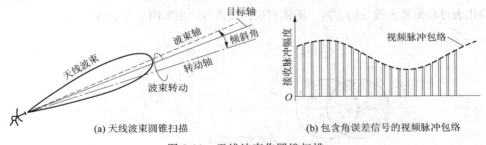

(a) 天线波束圆锥扫描　　　　　　　　(b) 包含角误差信号的视频脉冲包络

图 8-19　天线波束作圆锥扫描

圆锥扫描跟踪组成如图 8-20 所示。该方式是将馈源喇叭绕对称轴作圆周运动或把副反射面倾斜旋转,这样可使天线波束绕旋转轴以一定的频率呈圆锥状旋转。当目标偏离旋转轴方向时,接收信号是被波束旋转频率调制的信号,调制的深度和相位分别取决于目标偏离旋转轴的大小和方向。跟踪接收机检测出该调制信号并用波束旋转时产生的正交基准信号对检出的调制信号进行方位、俯仰相敏解调,解调出的直流误差信号控制天线向误差减小的方向转动,直到检测出的调制信号为最小。

当抛物面天线的馈源相对于天线轴线适当偏焦后,可偏离天线轴的波束。若在一个方向设置两个偏焦馈源,即可获得两个同样的波束,如图 8-21 所示。

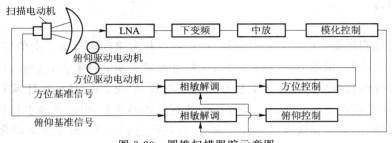

图 8-20　圆锥扫描跟踪示意图

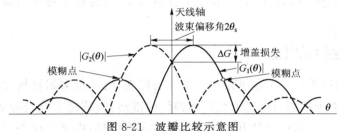

图 8-21　波瓣比较示意图

　　图中 $G_1(\theta)$ 和 $G_2(\theta)$ 分别表示两个偏离焦点的波束方向图。当目标处于天线轴位置时,两波束接收信号相等。当目标处于天线轴一侧时,两波束接收信号不同,误差为 $|G_1(\theta)|-|G_2(\theta)|$。由此可获得目标偏离天线轴的角误差信号。当用一个横向偏焦馈源围绕天线轴作快速旋转(围绕天线轴进行章动旋转)时,天线波束也相应地围绕天线轴以相同的速度旋转。比较在空间轮流出现的波束所接收的信号就可获得方位、俯仰角误差信号。因波束轴在空间描绘出一个圆锥体,所以把这种方法称为圆锥扫描。波束旋转一周,接收信号的幅度受到调制,基本按正弦变化,调制相位代表目标偏离天线轴的方向。圆锥扫描误差信号产生如图 8-22 所示。

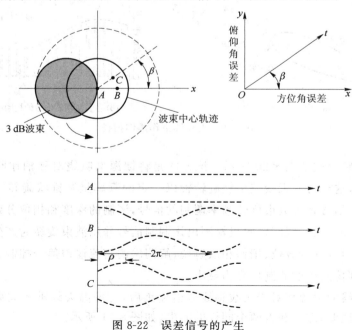

图 8-22　误差信号的产生

接收信号可以在数学上简单表示为

$$E=A_m[1+K\theta\sin(\Omega t-\beta)]\cos\omega_c t \tag{8-2}$$

式中，A_m——接收信号的平均值，ω_c——信号载波角频率，Ω——圆锥扫描角频率，K——与角误差斜率，θ——目标偏离天线轴的角度，β——误差角 θ 与基准线的夹角。

将式(8-2)展开可得

$$E=A_m[1+K\theta\sin\Omega t\sin\beta+K\theta\cos\Omega t\cos\beta]\cos\omega_c t \tag{8-3}$$

式中，$K\theta\cos\beta$——方位角误差信号，$K\theta\sin\beta$——俯仰角误差信号。

再用两个正交的圆锥扫描基准信号 $R\sin\Omega t$、$R\cos\Omega t$ 分别对此信号进行检波，可得正比于方位和俯仰误差的电压 U_a 和 U_c。

$$\begin{cases} U_a=K^*K\theta\sin(\Omega t+\beta)R\sin\Omega t=\dfrac{K^*KR}{2}\theta\cos\beta+高频项 \\[2mm] U_c=K^*K\theta\sin(\Omega t+\beta)R\cos\Omega t=\dfrac{K^*KR}{2}\theta\sin\beta+高频项 \end{cases} \tag{8-4}$$

此两信号滤去高频项即得误差电压，送入伺服系统，推动天线转动，使天线跟踪目标。

8.2.4 单脉冲跟踪

步进跟踪技术和圆锥扫描技术均是建立在单一天线波束的基础上，通过顺序扫描来检测目标角偏离误差的。由于目标角误差的形成至少要经过一个步进或扫描周期，而在一个周期内，接收信号本身的幅度起伏会被计入指向误差信息，从而使这种体制的跟踪精度受到严重限制。

单脉冲跟踪是一种精密跟踪，它是为了克服这种接收信号本身幅度起伏对指向误差信息的提取带来的影响而提出来的，顾名思义，就是在一个脉冲的时间间隔内天线能同时形成若干个波束，将各波束回波信号的振幅和相位进行比较，确定天线波束偏离卫星的方向，并通过伺服系统驱动天线迅速对准卫星。单脉冲跟踪早在 20 世纪 60 年代就已广泛应用，这种跟踪方式是一个闭环系统，实时性强，可以获得很高的跟踪精度。通常有比幅单脉冲跟踪、比相单脉冲跟踪两类。

1. 比幅单脉冲跟踪

幅度比较单脉冲跟踪是利用比较偏轴波束收到的目标回波信号幅度的方法来获得角误差信息，通常由四个天线馈电单元与三个接收支路组成。四个馈源都偏离抛物面焦点并对称排列，产生四个偏离抛物面对称轴物角的独立波束，如图 8-23 所示。

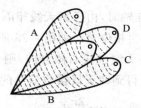

图 8-23　经典单脉冲天线的四个波束

早期的单脉冲馈源采用四喇叭型，即在等效抛物反射面焦点附近安置 4 个喇叭 a、b、c、d。这些源辐射体与高频网络相连，将发射机的功率馈给天线，又作为接收馈源接收目标回波信号,经高频网络得到一路和信号及两路差信号。如图 8-24 所示,4 个喇叭产生的四个波束彼此成一小角度。喇叭 a、b 及喇叭 c、d 所接收的信号分别经过 T_1、T_2 得到和信号 $(a+b)$、$(c+d)$ 及差信号 $(a-b)$、$(c-d)$,两个和信号再在 T_3 中得到 $(a+b+c+d)$ 及 $(a+b)-(c+d)$,两个差信号经 T_4 得到 $(a+b)-(c+d)$。和信号 $(a+b+c+d)$ 经接收放大、检波后传输给距离跟踪系统。差信号 $[(a+b)-(c+d)]$ 表示方位误差,差信号 $[(a+b)-(c+d)]$ 表示俯仰误差,分别输到方位和俯仰角接收机。当天线轴瞄准卫星、每个馈源收到的信号大小相等时,这四个信号通过比较电路后,只有 "和信号"输出,而"俯仰差信号和"方位差信号为零无输出。当天线轴偏离卫星方向时,比较电路除输出"和信号"外,还有"俯仰差信号"和"方位差信号"。用这两个误差信号分别控制两组电动机去驱动天线对准卫星,直至无误差信号输出为止。

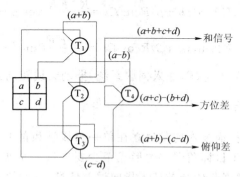

图 8-24　和差法单脉冲跟踪雷达原理框图

但需要注意的是,在比幅单脉冲跟踪法中,不同馈源接收的信号应该是同相的,这对于小的反射面天线来说不存在问题,因为天线尺寸只有几个波长;但对于天线阵来说,天线阵面很大,容易造成相位模糊,这就需要先通过相位补偿,再产生误差信号。

2. 比相单脉冲雷达

相位比较单脉冲跟踪利用比较两个天线收到的目标回波信号的相位来获得角误差信息。通过在水平和垂直平面上各采用两个相同而略为分离的天线,在水平面上,两个方位测角波束形状相同,波束轴(波束最强辐射方向)以一定间隔与天线瞄准轴平行对称排列。处于远场区的目标与二波束轴所形成的角度几乎相等,因而接收的回波信号幅度也相等。当目标在方位上位于天线瞄准轴上时,这两个波束接收的回波信号相位也相同,其差信号为零。

当目标在方位上偏离天线瞄准轴时,由于两天线相隔一段距离,两天线所接收的回波信号由于存在波程差而相位不同,产生相位差。如图 8-25 所示,图中天线 A 和天线 B 相距 d,ON 为天线轴线方向。若目标处在天线轴线右侧方向,则天线 A 所接收的回波信号在相位上滞后天线 B 所接收的信号,最后得到两天线接收信号的相位差为

$$\varphi = \frac{2\pi}{\lambda} d \sin \theta$$

式中,d 是两天线中心之间的距离,λ 是波长,θ 是目标方向与天线几何轴线之偏差角。经相位检波器检测出方位误差信号,用以驱动天线在方位上精确跟踪目标。仰角支路的工作情况与方位支路类似。

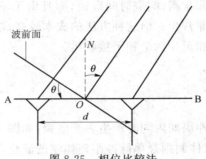

图 8-25　相位比较法

相位比较单脉冲测角方法的优点是天线结构比较简单,缺点是电轴稳定性差,很难获得高精度的定向,因此,它只适合用在一些定向精度要求不高的系统中。

3. 和差法单脉冲的测角原理

和差法是同时比较两路信号的幅度和相位,可得到比以前所述的相位法和振幅法更高的跟踪灵敏度。如果在方位角和俯仰角平面内,天线波束和振幅法一样交叉安排,则目标对天线几何轴线的任何偏离都将使两天线接收信号的振幅和相位发生差异。

和差法是在高频部分比较两路信号的振幅而不是在视频进行,得到的误差信号由接收机放大,因而避免了接收机增益不稳定对系统工作的严重影响。和差法的接收和发射共用一个天线,可使天线结构简化,故和差法是最优的单脉冲系统。

早期的单脉冲馈源采用四喇叭型,即在等效抛物反射面焦点附近安置 4 个喇叭 a、b、c、d。这些源辐射体与高频网络相连,将发射机的功率馈给天线,又作为接收馈源接收目标回波信号,经高频网络得到一路和信号及两路差信号。高频网络形成和、差信号的关键部件是有加减功能的双 T 型高频器件,通过 4 个双 T 变换可以得到和、差信号。

和差法单脉冲跟踪的简易框图如图 8-26 所示。4 个喇叭产生的四个波束彼此成一小角度。喇叭 a、b 及喇叭 c、d 所接收的信号分别经过 T_1、T_2 得到和信号 $(a+b)$、$(c+d)$ 及差信号 $(a-b)$、$(c-d)$,两个和信号再在 T_3 中得到 $(a+b+c+d)$ 及 $(a+b)-(c+d)$,两个差信号经 T_4 得到 $(a+b)-(c+d)$。和信号 $(a+b+c+d)$ 经接收放大、检波后输给距离跟踪系统。差信号 $[(a+b)-(c+d)]$ 表示方位误差,差信号 $[(a+b)-(c+d)]$ 表示俯仰误差,分别输到方位和俯仰角接收机。

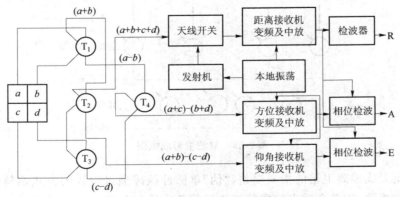

图 8-26　和差法单脉冲跟踪雷达原理框图

单脉冲跟踪技术的精度非常高,响应时间很短,而且由于不需要额外的机械装置,所以馈源系统需要的辅助设备也非常少。但这种方法的成本较高,馈源系统比较庞大和复杂,并需要良好的射频相位稳定度和至少两个相干接收机。

8.2.5 伪单脉冲跟踪

1. 基本原理

单脉冲跟踪是在一个脉冲周期内同时产生多个波束,如图 8-27(a)所示,从而确定方位、俯仰误差;而"伪"单脉冲跟踪体制则是单脉冲跟踪体制的简化,它是按时间顺序在主波束中心、上、下、左、右位置交替产生跟踪波束,如图 8-27(b)所示。

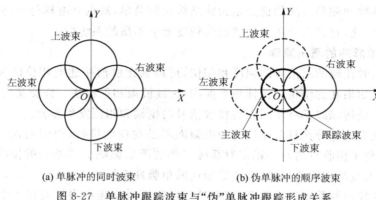

(a) 单脉冲的同时波束   (b) 伪单脉冲的顺序波束

图 8-27　单脉冲跟踪波束与"伪"单脉冲跟踪形成关系

为了避免步进跟踪方式下天线波束不能停留在对准卫星的方向上,而是在该方向的周围不断摆动扫描的缺陷,系统可以采用双波束机制。双波束是在单波束天线阵的基础上再在每个子阵上接上一个附加移相器,如图 8-28 所示,信号经功分网络分成两部分,通过各自的移相网络控制下,产生双波束。其中,主波束用于与卫星通信,跟踪波束用于跟踪接收机确定天线的指向偏差。

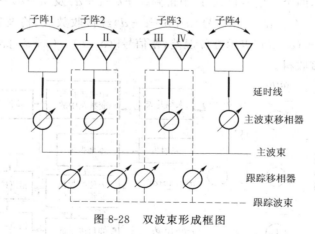

图 8-28　双波束形成框图

为了确定天线偏离卫星的指向误差,"伪"单脉冲跟踪通过电控的方式调整波束形成网络中移相器的相移,用单个波束的顺序扫描代替几个同时波束。为了准确地从信标信号中解调出位置误差信号,最少需要四个以上的信标信号。这样,通过跟踪波束在主波束中心、上、下、左、右扫描,顺序产生五个跟踪波束。假设初始坐标中心$(u_0,v_0)=(0,0)$,主波束宽度为 a dB,跟踪波束以中心(u,v),有效跟踪范围为 b dB。如果卫星变化到了(u',v'),则跟踪波束上、下、左、右接收到的强度不同。跟踪接收机顺序输出的 AGC 幅度信号经过 A/D 变换,并在计算机中存储一个循环的五个 AGC 幅度值。上、下、左、右四个信标电平与天线波束偏离卫星信号波束的角度之间存在非线性关系。控制器将存储的信息加以比较,并利用测角算法估计出方位、俯仰偏差。控制机构根据上述差值利用跟踪测角算法估算出的指向偏差,调整波束中心从$(0,0)$移向(u',v')。

与上述几个常见的跟踪方式相比,它具有很大的优越性:采用普通跟踪接收机代替单脉冲接收机,而且避免了和差网络与多个接收通道的设计,可以有效简化系统的复杂性和降低成本;移相器的速度可以达到微秒量级,所以可以快速循环,通过增大信标信号的采样频率以提高本项目的跟踪速度。因此,"伪"单脉冲跟踪系统的跟踪精度可以很接近单脉冲系统;通过波束电子倾斜,避免了机械扫描,降低了机械磨损。

"伪"单脉冲跟踪系统主要由跟踪接收系统、控制系统、伺服驱动系统、电源系统等组成,其框图如图 8-29 所示。天馈子系统完成信号的接收和放大后,经跟踪接收系统完成跟踪与接收信号的分离、跟踪波束形成和信标信号的输出,控制系统根据姿态位置传感系统提供的位置、姿态信息加上信标接收机输出的 AGC 信号,按照相应算法完成相关解算,并输出控制信号至伺服控制器和波束控制器。其中,跟踪接收系统是设计的关键,它包括信号分离支路、跟踪波束形成单元和信标接收机。

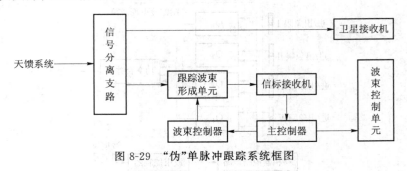

图 8-29 "伪"单脉冲跟踪系统框图

(1) 信号分离支路

卫星下行通信频带中叠加了频率固定,并有较高频率稳定度的低电平信标信号。信号分离支路(图 8-30)主要完成通信信号与信标信号的分离,它将信号分为两路,一路进入 LNB,LNB 输出的中频信号进入卫星接收机,经处理后最终输出需要的音频和视频信号;另一路则送入跟踪波束形成网络,顺序产生中心、上、下、左、右跟踪波束,在主波束四周扫描,经过信标接收机处理后,输出系统跟踪所需要的电平信标信号。

在单脉冲体制下,往往将天线平面分成四个象限,通过多个波束合成网络同时产生多个瞬时波束,通过比较各个瞬时波束的信标 AGC 电平来判别指向误差[8]。因此,对于"伪"单脉冲跟踪体制也需要将天线按区域划分为四个对称的象限,这里为降低系统复杂性,在满足相应信标接收机增益的条件下,只对子阵天线 2、3 进行信标分离,将子阵天线 2、3 按区域划分为四个象限,分别对应Ⅰ、Ⅱ、Ⅲ、Ⅳ象限(图 8-31)。每个象限大小相等,包含相同数目的天线单元,四个辐射中心的位置是对称的,馈电网络采用中心并馈连接,4 路信号经信号分离支路馈给跟踪波束形成支路。

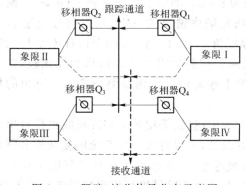

图 8-30 跟踪、接收信号分离示意图

图 8-31 单脉冲跟踪的阵列划分示意图

（2）跟踪波束形成单元

跟踪波束形成单元主要是用来产生跟踪波束,包括波束控制器、波束控制电路、四个数字移相器 Q_1、Q_2、Q_3、Q_4 和一个四路功率合并单元（图 8-32）,它利用相控的原理使跟踪波束顺序扫描。为了控制每个象限输出信号的相位,四路合并网络包括四个数控移相器,其输出在四路功率合并网络合并,移相器的相移受控于波束控制器。

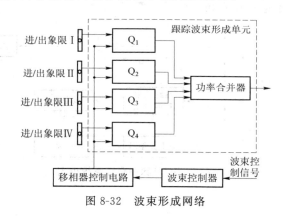

图 8-32 波束形成网络

波束控制器的功能是产生一系列控制代码,以数字的形式给出,经激励放大后,控制跟踪移相器,产生顺序跟踪波束。波束控制器计算出各跟踪移相器 Q_i 所需的配相值,并将该配相值转化为二进制码,再将该码加上插入相移调整码,做为激励器的输入码,并按单元地址送到每个激励器。其中,相移值与信标频率、天线俯仰角 θ 和跟踪波束偏离角 θ_0（方位上为 ϕ_0）有关,跟踪波束偏离角 θ_0 在波束控制器初始化时由主控制器赋予,信标频率由信标接收机提供,天线俯仰角 θ 则由跟踪时编码器反馈。

2. 跟踪测角算法

信标电平差与天线偏离卫星信号波束中心角度的关系模型是确定跟踪算法的依据。天线调整角度的大小,需要实际采集上、下、左、右四个信标电平值,分析它们与偏离角度差之间的关系。在数据分析过程中,"伪"单脉冲跟踪产生的跟踪波束相当快,因此,上、下、左、右四个信标电平的作用与单脉冲跟踪中的四个馈源产生的四个波束作用类似。上、下信标电平差表示天线俯仰角偏离卫星信号波束中心的程度,左、右信标电平差表示天线方位角偏离卫星信号波束中心的程度。上、下信标电平差和左、右信标电平差与天线偏离卫星信号波束中心的角度差关系的变化规律相似,因此,这里利用比幅测向原理分析上、下信标电平差与俯仰角的关系。

经过实际测量,天线波束形状可近似拟合为对称的抛物线形状,如图 8-33 所示。这里假设波束方向图为:$G=12\left(\dfrac{\theta}{\theta_{3\,\text{dB}}}\right)^2$ dB,$\theta_{3\,\text{dB}}$ 为天线波束宽度。当目标方向偏离等强方向为 α(跟踪误差)时,在波束 1 会收到卫星信号强度 G_1,在波束 2 则为 G_2,满足:

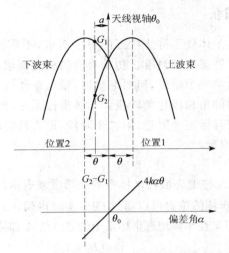

图 8-33　波束比幅测角关系原理

$$G_1 = k(\theta-\alpha)^2$$
$$G_2 = k(\theta+\alpha)^2$$
$$k = \frac{12}{\theta_{3\,\text{dB}}^2}$$

则信号强度差为

$$G_2 - G_1 = \Delta G = k\{\theta^2 + 2\alpha\theta + \alpha^2 - \theta^2 + 2\alpha\theta - \alpha^2\}$$

或者简化为

$$G_2 - G_1 = 4k\alpha\theta \text{ dB} \tag{8-5}$$

因此,信号幅度差值 ΔG 是与天线指向误差 α 成正比的,通过采样两个位置的信号强度,可以计算出卫星的位置目标仰角为 $\theta_1 = \theta_0 + \alpha$,$\theta_0$ 为天线视轴方向基准角。

在实际应用中,可预先测量出信号幅度差值 ΔG 是与天线指向误差 α 的关系曲线,称为角敏函数,将其预先存储在 ROM 中。测角系统装订角敏函数,方位和仰角各需装订一条曲线。这里用方位差波瓣 $V_{\Delta a}$ 和俯仰差波瓣 $V_{\Delta e}$ 分别表示方位角敏函数和俯仰角敏函数。工作中,当波束指向 (A_0, E_0) 时,如果检测到有目标,而此时接收机输出差信号为 ΔU_a、ΔU_e,则数据处理机即根据该比值查表输出方位偏离角 ΔA 和俯仰偏离角 ΔE,进而给出目标角坐标 $(A, E) = (A_0 + \Delta A, E_0 + \Delta E)$,于是调整波束指向该坐标,最终形成角跟踪闭环。

8.3　初始对星方法

初始对准技术是实现动中通的一个关键技术,它的对准精度直接影响到跟踪精度和卫星信号的接收质量。初始对准的过程相当于自动对星的过程,其对星的结果是整个系统的相对传感器,如陀螺等的参考基准,所以对准的精度对整个系统正常工作的影响很大。快速、精确的初始对准是动中通系统工作的客观要求。按照对准的精度它可分为粗对准和精对准,按照动中通系统启动时载体的运动状态又可分为静态初始捕获和动态初始捕获。

8.3.1　静态初始捕获

静态初始对准,也就是车体处于静止状态的卫星对准,不需要考虑车体运动等干扰,实现较为简单,所以首先介绍静态初始对准。初始对准的精度要求越高越好,在初始对准的过程中一般可分为两个阶段:第一个阶段,粗对准阶段,根据车体的姿态角,通过坐标变换将卫星在地理系中的方位角、俯仰角和极化角转换到车体坐标系中,然后驱动天线运动到既定位置来完成,此时指向应该在目标卫星附近;第二个阶段,进入精对准阶段,搜索信号强度最大的点以调整天线精确对准卫星。

1. 粗对准

卫星的位置一般通过卫星在地心惯性坐标系的经纬度来表示,假设卫星的经纬度是:L_1 为卫星经度,B_1 为卫星纬度。车体的位置可以通过 GPS 实时得到,GPS 的测量值可以得到:L_2 为车体经度,B 为车体纬度。卫星在车体地理坐标系中的方位角 A 和俯仰角 E、极化角 V 满足

$$\begin{cases} A = 180 + \arctan \dfrac{\tan(L_1 - L_2)}{\sin B} \\[2mm] E = \arctan \dfrac{\cos B \cos(L_1 - L_2) - 0.151}{\sqrt{1 - [\cos B \cos(L_1 - L_2)]^2}} \\[2mm] V = \arctan \dfrac{\sin(L_1 - L_2)}{\tan B} \end{cases} \quad (8\text{-}6)$$

当车体静止在水平面上或近似水平的情况下,计算得到的方位角 A、俯仰角 E 和极化角 V 可以用来调整天线直接对星。如果没有采用寻北传感器,在初始情况下无法获得载体方位信息,还需要在方位上采用大范围扫描的方式来锁定卫星。

在静态情况下首先调整天线的俯仰和极化维对准,到位之后开始方位旋转搜索。此时采用圆锥扫描等搜索方式,在方位扫描的同时信号检测模块开始检测信号强度。当信号强度大于门限值时,表明搜索到一颗卫星。此时,利用信标接收机对这颗卫星的下行信标进行识别,确定是否为目标卫星。由于相同的俯仰角可能在不同的方位上对应不同的卫星,所以圆锥粗扫描搜索可能接收到其他卫星的信号,必须经过卫星识别锁定。如果不能锁定卫星,则保持初始俯仰角继续圆锥粗扫描搜索。经过一个方位旋转周期之后,如果仍然没有锁定目标卫星,则调整俯仰一个小的角度,继续搜索,直到锁定目标卫星,实现粗对准。

图 8-34 是静态初始捕获的流程图。需要注意的是,如果粗扫描旋转一周搜索不到卫星时,那么调制俯仰角再次进行方位扫描。比如:第一次俯仰角增大一定角度 δ 扫描,如果仍然没有收到目标卫星信号,就需要缩小调整角,δ 根据天线的俯仰方向上半波束宽度设定。

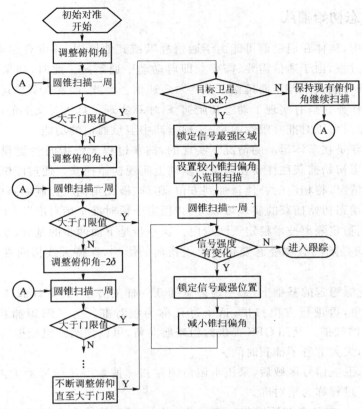

图 8-34　静态初始捕获流程图

2. 精对准

在接收机锁定后,说明已经寻找到目标卫星,并且此时的方位、俯仰已经大致指向卫星。精对准是在粗对准的基础上,进一步实现方位、俯仰、极化的三维精确对准。此时,选取的很小的锥扫偏角进行小范围的圆锥精扫描,如图 8-35 所示,主要目的在于实现精确的视线对准。由于静态极化角已经计算并调整到位,即完成了卫星的三维对准。

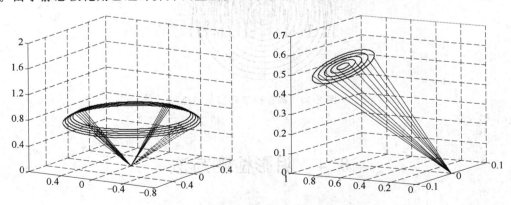

图 8-35　圆锥粗扫描、精扫描轨迹仿真图

8.3.2　动态初始捕获

在实际情况中,载体在启动前可能由于通信静默或其他原因,并没有启动动中通系统;而在载体运动的过程,由于通信需要,需要立即启动动中通系统。此时,如果让载体停下来进行卫星捕获,则可能由于停车而延误了某些紧急通信。因此,需要在载体运动的状态下完成卫星初始捕获任务。只有实现了动态初始捕获,才算实现了真正意义上的动中通,即无论载体如何移动,随时可以对准并跟踪卫星,实现运动中卫星通信的功能。

动态初始捕获是在车体运动的情况下实现的,捕获过程天线指向会受到载体姿态变化的影响,因此,动态初始捕获往往要在稳定的基础上实现初始捕获。通过陀螺检测出载体或天线的姿态变化情况,将相应的补偿量加到方位、俯仰、极化角伺服控制回路中,保证波束稳定在惯性空间。动态初始捕获的实现可以分为"稳定+粗对准+精对准"三个步骤。

第一步,采用稳定隔离技术稳定天线指向。这一步是下面两步的基础,也是动中通测控系统的基础,目的是隔离载体姿态变化对天线指向的影响,保持天线指向在地理坐标系内不变。

第二步,在陀螺稳定的基础上,采用与静态捕获一样的方法,先调好载体坐标系中天线对准卫星的俯仰角,再进行方位扫描,这个过程称为粗对准。为了缩短捕获时间,可引入GPS的信息来辅助扫描。利用GPS提供的粗略航向角,可以把圆锥粗扫描的空域缩小到一定的范围内进行,大大节省了捕获时间。

第三步,进入卫星信号区域后,采用小偏角圆锥扫描搜索卫星信号最大点,调整天线精确对准卫星,这个过程称为精对准。

如图8-36所示,在动态初始捕获的第二步,引入GPS的信息来辅助扫描,这时扫描范围比较大,采用三角波扫描快速找到信号区域;在动态初始捕获的第三步,进入卫星信号区域后,采用圆锥扫描高效率地完成精对准。

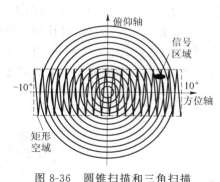

图 8-36　圆锥扫描和三角扫描

8.4　阴影检测方法

动中通系统在工作的过程中必须保证能够锁定目标卫星。然而,在动中通运行过程中,尤其是车载动中通会受到周围障碍物的遮挡。Ku 频段的电磁波长较短,只有几厘米,当跟踪的目标卫星受到高楼、广告牌、树木、涵洞等障碍物的遮挡时,动中通将无法收到信号。根据动中通天线波束宽度、障碍物尺寸以及两者之间的位置关系,视线遮挡可分为部分遮挡和完全遮挡。在部分遮挡的条件下,如电线杆、广告牌等障碍物的遮挡,天线仍然能接收到部分信号,但会引起接收卫星信号的强度减弱、质量下降,甚至导致锁定信号失锁。在完全遮挡条件下,例如道路旁的高楼和涵洞的遮挡,接收机完全收不到信号,卫星通信将会阻断。此时,动中通的控制器中陀螺校正和闭环跟踪算法必须暂时停止进行,系统进入指向保持状态,否则此时遮挡造成的信号强度和质量的下降会被控制器误认为是由于天线指向偏角而引起,这会促使控制器控制天线去寻找信号强度最大的方向,进而偏离本来准确的指向。所以,快速准确检测遮挡,并且在遮挡消失后快速恢复跟踪是确保动中通稳定跟踪的必然条件,也是衡量动中通性能的重要指标。

8.4.1　阴影检测

处理阴影问题的前提是检测阴影,不同程度的遮挡对动中通系统的性能有不同程度的影响,区别主要在遮挡面积与持续时间的不同。

遮挡类型分类如下所述。

根据遮挡物的遮挡程度和遮挡时间,可将遮挡划分为长时间完全遮挡、短时完全遮挡、长时间部分遮挡和短时部分遮挡。完全遮挡是卫星信号完全中断的遮挡,长时间完全遮挡和短时完全遮挡均为完全遮挡,区别在于持续时间的不同,如桥梁对于横向经过其下面动中通的遮挡属于短时完全遮挡,而较长的持续隧道属于长时完全遮挡;部分遮挡是遮挡物只遮挡天线一部分的遮挡类型,长时部分遮挡和短时部分遮挡均属于部分遮挡,区别在于持续时间的不同,如路旁独立的一颗树木就属于短时部分遮挡,而茂密的林间小路的树木就属于长时部分遮挡。

以东经 105.5°的亚洲 3S 卫星为例,分别是无遮挡、高架桥、单个棵树木和长距离树木,分别对应着无遮挡、短时完全遮挡、短时部分遮挡和长时部分遮挡共四种遮挡类型。

(1) 无遮挡下的信号检测

无遮挡条件下 DVB 检测模块中 DVB-S 信号的信号强度和信号质量保持较高的水平,由于一体化调谐器的寄存器值跳变步进较大,在动中通无遮挡下稳定跟踪卫星时,其信号强度和信号质量值较少波动,AGC 积分寄存器值越高表明信号强度值越高,噪声指示寄存器值越低表明信号质量越高。DVB-S 信号在无遮挡下的信号检测如图 8-37 所示。

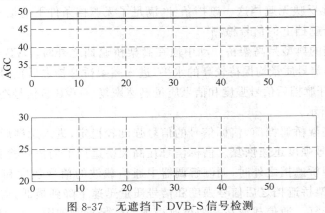

图 8-37　无遮挡下 DVB-S 信号检测

无遮挡条件下信标信号的信号强度较稳定并伴随一定的波动,原因在于信标机的输出电压精度为 0.01 V 左右,可以很好地敏感天线指向的微小波动。信标信号在无遮挡下的信号检测如图 8-38 所示。

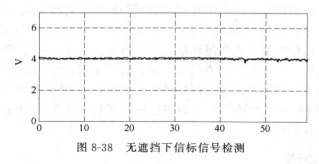

图 8-38 无遮挡下信标信号检测

无遮挡条件下调制解调器中通信载波的信号强度和质量较高,信号强度在动中通稳定跟踪卫星时较少波动,信号质量有一定的波动,原因在于信号质量的敏感精度较高。无遮挡下的通信载波检测如图 8-39 所示。

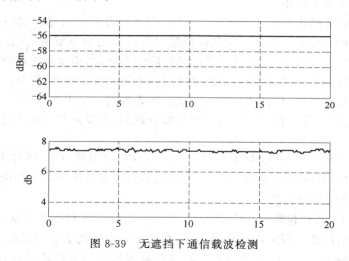

图 8-39 无遮挡下通信载波检测

从上述三种检测手段在无遮挡条件下的检测结果可以看出,三种信号检测手段的检测结果均可以直观地反映无遮挡这一遮挡条件,满足了无遮挡条件下的信号检测。

(2) 短时完全遮挡下的信号检测

短时完全遮挡的典型是高架桥。动中通在高架桥遮挡之外时,DVB 检测模块中 DVB-S 信号的信号强度和信号质量均保持较高的水平,进入高架桥遮挡之后信号强度和信号质量迅速下降到最低,离开遮挡后信号强度和信号质量迅速恢复。DVB-S 信号在高架桥遮挡下的信号检测如图 8-40 所示。

动中通进入高架桥遮挡前,信标信号的信号强度较稳定,进入遮挡后信号强度迅速降为零,离开遮挡后信号强度迅速恢复。信标信号在高架桥遮挡下的信号检测如图 8-41 所示。

动中通在高架桥遮挡之外时,调制解调器中通信载波的信号强度和信号质量均保持较高的水平,进入高架桥遮挡之后信号强度和信号质量迅速下降到最低,离开遮挡后信号强度和信号质量迅速恢复。通信载波在高架桥遮挡下的信号检测如图 8-42 所示。

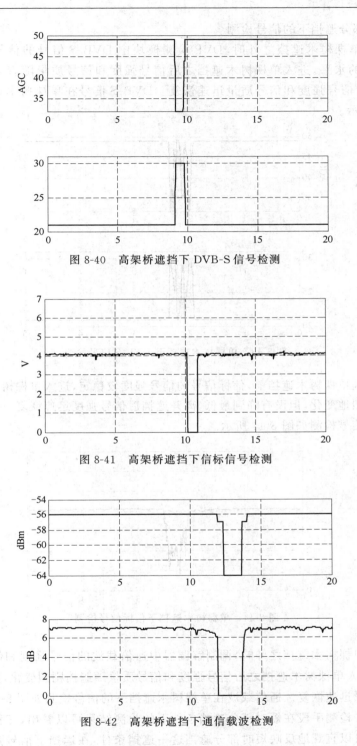

图 8-40　高架桥遮挡下 DVB-S 信号检测

图 8-41　高架桥遮挡下信标信号检测

图 8-42　高架桥遮挡下通信载波检测

　　从上述三种检测手段在短时完全条件下的检测结果可以看出,三种信号检测手段的检测结果均可以直观地反映短时完全遮挡这一遮挡条件,信号强度或质量在遮挡时剧烈地下降到最低,遮挡之外时为较高水平,满足了短时完全遮挡条件下的信号检测。

（3）短时部分遮挡下的信号检测

动中通在单棵树木遮挡之外时，DVB 检测模块中 DVB-S 信号的信号强度和信号质量均保持较高的水平，进入单棵树木遮挡之后信号强度和信号质量随着遮挡而剧烈地变化，离开遮挡后信号强度和信号质量迅速恢复。DVB-S 信号在单棵树木遮挡下的信号检测如图 8-43 所示。

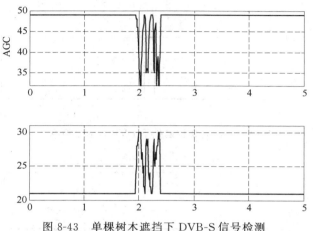

图 8-43　单棵树木遮挡下 DVB-S 信号检测

动中通进入单棵树木遮挡前，信标信号的信号强度较稳定，进入单棵树木遮挡后信号强度随遮挡而剧烈地变化，但没有降到最低，离开遮挡后信号强度迅速恢复。信标信号在单棵树木遮挡下的信号检测如图 8-44 所示。

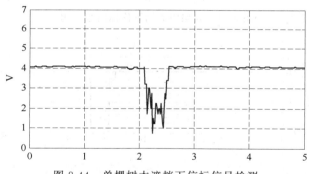

图 8-44　单棵树木遮挡下信标信号检测

动中通在单棵树木遮挡之外时，调制解调器中通信载波的信号强度和信号质量均保持较高的水平，进入单棵树木遮挡之后信号强度和信号质量随遮挡剧烈变化，离开遮挡后信号强度和信号质量迅速恢复。通信载波在单棵树木遮挡下的信号检测如图 8-45 所示。

从上述三种检测手段在短时部分遮挡条件下的检测结果可以看出，三种信号检测手段的检测结果均可以直观地反映短时部分遮挡这一遮挡条件，在遮挡下信号强度或质量均出现了剧烈的波动，遮挡之外则保持较高的水平，满足了短时部分遮挡条件下的信号检测。

（4）长时部分遮挡下的信号检测

长距离树木遮挡是典型的长时部分遮挡，如图 8-46 所示。

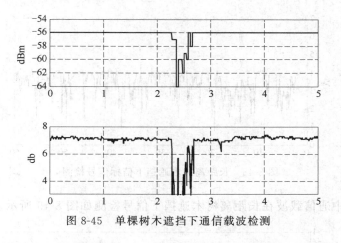

图 8-45 单棵树木遮挡下通信载波检测

图 8-46 长时部分遮挡图

动中通在长距离树木遮挡之外时,DVB 检测模块中 DVB-S 信号的强度和质量均保持较高的水平,进入长距离树木遮挡之后信号强度和信号质量随着遮挡而剧烈地变化,离开遮挡后信号强度和信号质量恢复较高水平。DVB-S 信号在长距离树木遮挡下的信号检测如图 8-47 所示。

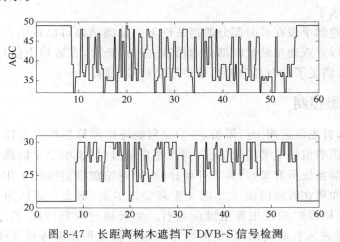

图 8-47 长距离树木遮挡下 DVB-S 信号检测

动中通进入长距离树木遮挡后,信标信号的信号强度随遮挡而剧烈地变化,但没有降到最低。信标信号在长距离浓密树木遮挡下的信号检测如图 8-48 所示。

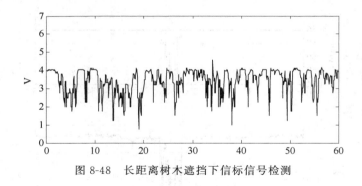

图 8-48　长距离树木遮挡下信标信号检测

调制解调器中通信载波在长距离树木遮挡下信号检测如图 8-49 所示。

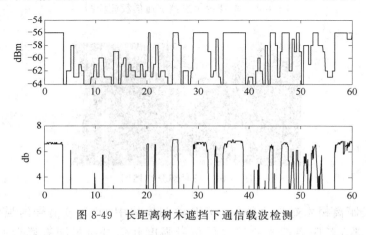

图 8-49　长距离树木遮挡下通信载波检测

　　动中通在长距离树木遮挡之外时,通信载波的信号强度和信号质量均保持较高的水平,进入长距离树木遮挡之后信号强度和信号质量随遮挡剧烈变化,离开遮挡后信号强度和信号质量保持较高水平。

　　从上述三种检测手段在长时部分遮挡条件下的检测结果可以看出,三种信号检测手段的检测结果均可以直观地反映长时部分遮挡这一遮挡条件,在遮挡下信号强度或质量均剧烈地长时间变化,满足了长时部分遮挡条件下的信号检测。

8.4.2　阴影控制

　　处理阴影时,首先设定两个门限值,一个是判断陀螺漂移累积误差较大的时间 T_{gyro},另一个是判断出阴影的信号电平门限 L_{bk}。当无锁定信号时,说明卫星链路中断进入阴影,控制器记忆此时刻的系统所有参数,并且开始计时,同时陀螺稳定继续工作,闭环跟踪和校正算法停止运行。如果在时间门限 T_{gyro} 内又重新锁定卫星,那么可以认为是短时间遮挡,系统正常工作后,闭环跟踪和校正算法继续运行。如果超过时间门限 T_{gyro} 仍然没有锁定卫星,那么就认为是进入长时间阴影,此时由于陀螺漂移累积误差导致天线指向偏离卫星方向,陀螺稳定已经不能够保证天线波束指向卫星,即使已经走出阴影也无法检测到,所以在超过门限 T_{gyro} 时,需要进行一次窗口搜索,如果检测到信号电平大于 L_{bk},说明已经走出阴影,出现锁定信号则重新捕获到卫星,未出现锁定信号则表明丢星,需要重新进行初始对准;

如果信号电平仍然低于门限 L_{bk}，认为仍然处于阴影内，此时运行动态初始对准程序，俯仰角和极化角均以阴影发生时刻的记忆为准。图 8-50 为阴影控制的示意图。

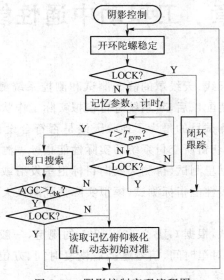

图 8-50　阴影控制实现流程图

　　图 8-50 中的窗口搜索作为一种阴影再捕获的方法，也就是设定一定的空间搜索区域，在处于阴影一定时间后在此区域中扫描以得到卫星信号，如果能够锁定，则成功捕获到目标卫星。在具体的实现过程中，可以根据得到的卫星信号强度确定卫星的位置以移动窗口或者加大窗口，但是需要注意的是得到卫星信号的最终目标是能够锁定卫星，否则可能是对准了其他的卫星。

第 9 章　卫星动中通性能测试

　　动中通性能测试包括天线、天线罩的静态测试和测控系统测试两部分。天线静态测试是在动中通天线系统生产装配以后,对系统进行模拟实际工作状况的测试,包括静态性能指标测试和上星链路测试。测试目的是为了检验天线是否符合设计指标、是否满足用户的实际使用要求,以及经过测试获得所交付系统的实际性能指标。测试项目包括:天线罩插损测试、极化隔离度测试、载波上星测试(待测天线向目标卫星发射载波,要求在调试后待测天线对载波发射/接收正常)、天线性能指标测试(模拟实际情况测试天线性能指标,指标参数应满足系统的工作要求)。

　　动中通跟踪系统的测试,根据 GJB 2383—1995 的规定,一般从以下六方面对动中通车载跟踪系统测试验收:初始对星时间、信号遮挡后恢复时间、方位驱动范围、俯仰驱动范围、极化驱动范围、与通信车系统联试。

9.1　天线性能测试

　　天线测试内容包括天线增益、交叉极化隔离度、第一旁瓣特性、电压驻波比、收发端口隔离度等指标。

9.1.1　天线增益测试

　　卫星通信天线增益的测试通常采用增益比对法进行测量。增益比对法的测量框图如图 9-1 所示,待测天线从馈源网络后端连接波导同轴转换接口及频谱仪(或矢量网络分析仪),要求必须准确安装与指定接收机和发射机匹配的波导、连接线缆及旋转关节等过渡器件,且此项测试必须在装车适应性检查合格后进行。

图 9-1　天线增益比对法测试框图

　　首先测量天线的接收增益,将标准增益喇叭与待测天线分别与信标发射喇叭对准,测出两者接收端口的最大接收信标电平值分别为 P_{RS} 和 P_{RX}，而标准增益喇叭的接收增益 G_{RS} 是已知量，利用式(9-1)可计算出待测天线的接收增益：

$$G_{RX} = G_{RS} + P_{RX} - P_{RS} \tag{9-1}$$

由天线的收发互易性可知，天线发射端口的发射特性和接收特性是相同的。因此，天线的发射增益也可采用上述增益比对法进行测量，不同点在于发射和接收的频率差异。鉴于标准增益喇叭的发射增益 G_{TS} 是已知量，故只需分别测出标准增益喇叭在发射通路上接收到的信标电平值 P_{TS} 和待测天线发射端口接收到的信标电平值 P_{TX}，即可按式(9-2)计算得到待测天线的发射增益：

$$G_{TX} = G_{TS} + P_{TX} - P_{TS} \tag{9-2}$$

在高、中、低三种仰角下，分别对不同极化方式、不同频点的收/发增益进行测量。对于待测的 Ku 频段线极化天线，应采用标准线增益喇叭作为发射源，并始终保持天线与发射源的极化方式一致，分别测试垂直和水平两种极化方式下的收/发增益值。详细的测试步骤如下所述。

1. 接收增益测试步骤

(1) 按图 9-1 建立测试系统，天线的接收端口连接低噪频谱分析仪。调整待测天线的指向和极化，使天线波束与信号塔天线对准，且极化匹配，使用频谱分析仪测量接收信号的最大电平值，记录为 P_{RX}（频谱仪参数设置为 RBW 3 kHz，VBW 3 kHz，SPAN 50 kHz，AVG 100 次）。

(2) 在待测天线附近，用三角架安装一个标准增益喇叭，将待测天线的射频测试电缆接到标准增益喇叭上，调整标准增益喇叭的方位和俯仰，使标准增益喇叭天线与信标天线对准，并调整标准增益喇叭的极化与信标极化匹配，使频谱分析仪测量的信标信号电平最大，记录为 P_{RS}（此时频谱仪参数设置为 RBW 3 kHz，VBW 3 kHz，SPAN 50 kHz，AVG 100 次）。

(3) 由式(9-1)、式(9-2)可计算待测天线的接收增益。

(4) 按测试计划，更换接收频率，重复步骤(1)～(3)，得出相应频点的天线接收增益值。

(5) 按测试计划，更换极化方式，重复步骤(1)～(4)，得出相应极化方式下的天线接收增益值。

(6) 按测试计划，调整转台的仰角，即天线的指向（天线指向信号塔天线的方向）与天线甲板之间的俯仰角。待测天线仰角读数变化时，待测天线转台由于跟踪系统会相应地反向变化，这样可以保持天线始终指向信标。重复步骤(1)～(5)，得出不同仰角位置下的天线接收增益值。

2. 发射增益测试步骤

(1) 按图 9-1 建立测试系统，天线的发射端口连接低噪频谱分析仪。调整待测天线与信标天线对准，且极化匹配，使频谱分析仪测量的信号电平最大，记录为 P_{TX}（此时频谱仪参数设置为 RBW 3 kHz，VBW 3 kHz，SPAN 50 kHz，AVG 100 次）。

(2) 在待测天线附近，用三角架安装一个标准增益喇叭，将待测天线的射频测试电缆接到标准增益喇叭上，调整标准增益喇叭的方位和俯仰，使标准增益喇叭天线与信标天线对准,并调准标准增益喇叭的极化与信标极化匹配,使频谱分析仪测量的信标信号电平最大,记录为 P_{TS}(此时频谱仪参数设置为 RBW 3 kHz,VBW 3 kHz,SPAN 50 kHz,AVG 100 次)。

(3) 由式(9-2)计算待测天线的发射增益。

(4) 按测试计划,更换发射频率,重复步骤(1)～(3),得出相应频点的天线发射增益值。

(5)按测试计划,更换极化方式,重复步骤(1)～(4),得出相应极化方式下的天线发射增益值。

(6)按测试计划,调整转台的仰角,重复步骤(1)～(5),得出不同仰角位置下的天线发射增益值。

接收测试口为天线馈源的滤波器输出端口,发射测试口为天线的波导输入口,即天线接收和发射全部工作在射频频率点上。

9.1.2 天线 G/T 值测试

天线 G/T 值的大小对接收系统影响较大,工程上常见的 G/T 值测试方法主要有载噪比比较法、间接法和绝对法,下面对这三种测试方法的基本原理和步骤分别进行详解。

1. 载噪比比较法

(1) 测试方法

如图 9-2 所示,待测天线从馈源口(含滤波器、波导及旋转关节等)处,连接频谱仪;标准喇叭连接同一个 LNB 后连接频谱仪,Ku 频段天线对准线极化卫星信标测试。

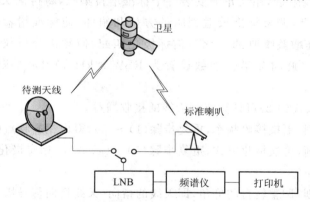

图 9-2　载噪比比较法测量天线 G/T 值的原理框图

将待测天线和标准增益喇叭分别对准目标卫星信标,使接收电平最大,并记录归一化载噪比分别为 $\left(\dfrac{C}{N_0}\right)_x$ 和 $\left(\dfrac{C}{N_0}\right)_s$。然后,测量标准增益喇叭的 G/T 值:

$$\left(\frac{G}{T}\right)_s = G_s - 10\lg T_s \tag{9-3}$$

式中,G_s 为标准喇叭的增益;T_s 为喇叭的噪声温度,采用 Y 因子法进行测量:

$$T_s = \frac{T_0 + T_{LNB}}{Y} \tag{9-4}$$

式中，T_0 表示环境温度（K），用温度计测量；T_{LNB} 为 LNB 的噪声温度，可用噪声分析仪测得噪声系数 NF，并由式（9-5）计算：

$$T_{LNB} = (10^{NF/10} - 1) \times T_0 \tag{9-5}$$

Y 因子可通过式（9-6）计算获得：

$$Y = 10^{\frac{P_{喇叭} - P_{负载}}{10}} \tag{9-6}$$

式中，$P_{喇叭}$ 和 $P_{负载}$ 分别表示 LNB 连接喇叭和匹配负载的接收电平值。

最后，按式（9-7）计算待测天线的 G/T 值：

$$\frac{G}{T} = \left(\frac{G}{T}\right)_S + \left(\frac{C}{N_0}\right)_X - \left(\frac{C}{N_0}\right)_S \tag{9-7}$$

测试中，需要在天线工作仰角范围内测量不同仰角的 G/T 值（取高、中、低 3 个角度），每个角度测量水平和垂直极化两组数据。

（2）测试步骤

①按图 9-2 所示，建立好测试系统，测试设备加电预热，使系统仪器设备工作正常。

②将频谱分析仪接到待测天线上，驱动待测天线，使待测天线对准卫星，并调整待测天线极化，使其 RBW 极化匹配，此时频谱分析仪接收的卫星信标信号最大。将频谱仪参数设置为 RBW 3 kHz，VBW 3 kHz，SPAN 50 kHz，AVG100 次，读出待测天线的归一化载噪比，并重复 5 次，记录平均值。

③将频谱分析仪接到标准增益喇叭上，调整标准增益喇叭的方位和俯仰，使标准增益喇叭与卫星信标对准，且极化匹配，读出标准增益喇叭的归一化载噪比，并重复 5 次，记录平均值（测试时将频谱仪参数设置为 RBW 3 kHz，VBW 3 kHz，SPAN 50 kHz，AVG 100 次）。

④利用 Y 因子法测量标准增益喇叭的噪声温度，其中，喇叭口及负载的朝向保持载噪比噪声基底测试时的位置，频谱仪参数设置为 RBW 1 MHz，VBW 1 kHz，SPAN 0 Hz，AVG100 次，计算标准增益喇叭 G/T 值。

⑤按测试计划，更换接收频率和极化方式，重复步骤①～④，得出相应的 G/T 值；

⑥按测试计划，调整转台仰角，重复步骤①～⑤，得出相应仰角的 G/T 值。

2. 间接法

（1）测试方法

如图 9-3 所示，采用间接法测量 G/T 值，待测天线从馈源口（含滤波器、波导及旋转关节等）接 LNA/LNB 后，连接频谱仪。利用 Y 因子法测量系统的噪声温度，然后根据已测得的天线接收增益，计算 G/T 值。

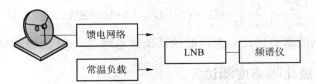

图 9-3　间接法测量天线 G/T 值的原理图

（2）测试步骤

①选择天线指向无遮挡的开阔地形，置天线仰角为 20°～70°；

②连接常温负载,将 LNB 直接接入频谱仪记录噪声电平 $P_{负载}$;

③使用步骤②中的连接线缆将 LNB 连接天线,接入频谱仪记录噪声电平 $P_{喇叭}$,计算出两次电平差值的线性值,即 Y 因子

$$Y = 10^{\frac{P_{喇叭} - P_{负载}}{10}} \tag{9-8}$$

④根据下列公式计算出天线噪声温度:

$$T_x = \frac{T_0 + T_{LNB}}{Y} \tag{9-9}$$

式中,T_0 表示环境温度(K),用温度计测量;T_{LNB} 为 LNB 的噪声温度,现场采用噪声分析仪测得噪声系数 NF,并由式(9-10)计算:

$$T_{LNB} = (10^{NF/10} - 1) \times T_0 \tag{9-10}$$

⑤计算系统接收 G/T 值:

$$\left(\frac{G}{T}\right)_x = G_x - 10\log T_x \tag{9-11}$$

3. 绝对法

如图 9-4 所示,采用绝对法测量 G/T 值,待测天线射频输出端接连频谱仪需要连接波导及旋转关节等模块;标准喇叭连接同一个 LNB 后连接频谱仪。

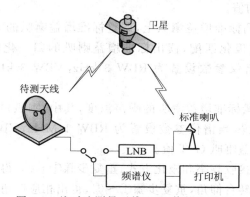

图 9-4　绝对法测量天线 G/T 值的原理图

将待测天线对准目标卫星信标,使接收电平最大,并记录归一化载噪比分别为 $\left(\dfrac{C}{N_0}\right)_x$,将标准增益喇叭分别对准目标卫星信标,使接收电平最大,并记录信号强度为 C_s。然后,利用公式计算待测天线的 G/T 值:

$$\frac{G}{T} = \left(\frac{C}{N_0}\right)_x - C_s + G_s + G_{AB} + 10\log(BW) - 228.6 \tag{9-12}$$

式中,G_s 为标准喇叭的增益值;G_{AB} 为串联的低噪放总增益;BW 为频谱仪设置带宽。

9.1.3　交叉极化隔离度测试

为提高频谱使用效率,卫星通信天线的收发系统通常采用正交极化,然而实际系统在工作过程中,存在极化隔离问题。若通信系统中,卫星地球站天线的交叉极化隔离度值较小,那么卫星天线在发射信号时,可能会干扰别的卫星,在接收信号时,可能会接收

到很多干扰。天线交叉极化隔离度的测试通常采用发射源旋转的方法进行测试,测试原理和步骤如下所述。

1. 测试方法

交叉极化隔离度的测试原理框图如图 9-1 所示,被测天线安装在测试场上,用位于远区的线极化源天线照射,两天线应为标称同极化,并精确置于最大增益位置,记录待测天线接收电平(P_{max})。

然后,将源天线围绕它的波束轴旋转到最小功率传输的位置(即极化零点),记录待测天线接收电平(P_{min}),需检测转动角近似 $90°$,再将源天线精确地旋转 $90°$,检查接收功率与最大功率有无明显的差别。

交叉极化隔离度(XPD)由式(9-13)给出:

$$XPD = P_{max} - P_{min}(dBm) \tag{9-13}$$

2. 测试步骤

(1) 将待测天线置于转台上,建立如图 9-1 所示的测试系统,加电预热使测试系统仪器设备工作正常。

(2) 在接收端利用标准增益喇叭对发射源的同轴性进行检验,即分别在发射源的垂直和水平两种极化下,调整接收喇叭的方位和俯仰使接收电平最大,若两个最大值之间的差值小于 0.5 dB,则可认为发射源同轴性较好,可继续下一步,否则需更换发射源或继续校准。

(3) 调整发射天线极化与待测天线极化匹配,并使发射天线对准待测天线,调整信号源发射功率,直至频谱仪监测的信号电平满足测试要求。

(4) 驱动转台,使待测天线波束中心对准信标塔的发射天线,此时频谱分析仪接收的信号电平最大。

(5) 将频谱仪参数设置为 RBW 1 kHz,VBW 10 Hz,SPAN 0 Hz,Sweep Time 60 s,将发射源天线的极化由当前值慢慢匀速旋转约 $100°$,同时利用频谱仪的 Single(单扫)记录此过程中待测天线的电平变化曲线。

(6) 利用计算机采集测量数据,通过数据处理获得电平的最大值和最小值,两者之差即为待测天线的交叉极化隔离度。

(7) 改变频率、极化方式、仰角,重复上述步骤(2)~(6)。

9.1.4　旁瓣特性测试

为检验天线的旁瓣特性,需首先对天线的方向图进行测量。天线方向图是指天线接收或发射等幅平面波能力随天线指向角度变化情况的图形描述。照射被测天线的等幅平面波由设置在远区的某一固定源产生,接收能力的大小表现为接收天线的接收机所显示的功率电平。测试方向图时,依据天线指向旋转轴的取向不同,可得到不同平面的方向图,并由此获得天线的第一旁瓣电平值和旁瓣包络特性。常见的测试方法主要采用场地法测试,根据场地的不同,可分为室内紧缩场测试和室外远场测试法。

在紧缩场内测试时,如图 9-5 所示,可使用矢量网络分析仪替代频谱仪和信号源,通过发射扫频信号,单次可测量多个频点。测试时,使用线极化标准增益喇叭作为发射源,并分别在垂直和水平极化两种情况下记录待测天线的方位面及俯仰面方向图。

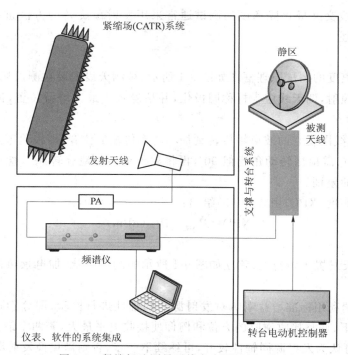

图 9-5　紧缩场法测量天线方向图的原理框图

1．场地法的测试步骤

（1）将待测天线置于转台上，建立如图 9-5 所示的测试系统，加电预热使测试系统仪器设备工作正常。微波暗室测量如图 9-6 所示。

图 9-6　微波暗室测量

（2）按照测试大纲规定的频率和极化，用信号源发射单载波信号，调整发射天线极化与待测天线极化匹配，并使发射天线对准待测天线，调整信号源发射功率，直至频谱仪监测的信号电平满足测试要求。

（3）驱动转台，使天线波束中心对准信标塔的发射，此时频谱分析仪接收的信号的功率最大。

（4）设置频谱分析仪参数：RBW 300 Hz，VBW 10 Hz，SPAN 0 Hz，并依据天线测试要求以及天线转动速度，合理设置频谱仪的扫描时间。

（5）此时待测天线和发射天线精确对准,固定待测天线俯仰角不变,让待测天线方位逆时针转动至 $-\theta_1$（θ_1 为方位面方向图最大扫描角度,具体数值依测试环境而定,要求 $\theta_1 \geqslant 30°$）。

（6）让待测天线顺时针旋转至 $+\theta_1$,频谱仪 CRT 实时记录待测天线的方位方向图,将记录曲线存储在频谱仪的存储器内,并可用打印机打印测试曲线。

（7）将待测天线的方位回到波束中心,即待测天线对准发射天线,固定待测天线的方位角,将待测天线向下转动至 $-\theta_2$（θ_2 为俯仰面方向图最大扫描角度,具体数值依测试环境而定）,待测天线从下向上转动,同时频谱仪实时记录待测天线的俯仰方向图,当待测天线向上转动到 $+\theta_2$ 时,即可停止。然后,将待测天线回到波束中心。

（8）利用计算机对采集的方向图数据进行处理,可获得待测天线的第一旁瓣电平、波束宽度以及旁瓣包络特性。

（9）依据测试计划要求,更换测试频率,重复上述测量步骤（2）～（8）,同理可获得其他频率点的天线方向图及相应的旁瓣包络特性。

（10）依据测试计划要求,调整转台的仰角,即天线的指向（即天线指向信标的方向）与天线甲板之间的俯仰角,若天线仰角读数变化时,转台也相应的反向变化,这样可以保持天线始终指向信标。重复步骤（2）～（9）,得出不同仰角位置下的天线方向图及相应的旁瓣特性。

2. 室外远场测试步骤

（1）按图 9-1 将系统仪器、馈线连接好;

（2）调整接收天线,使其对准发射天线,选定测试频率,并使发射频率和频谱分析仪的接收频率一致,调整收发馈源极化,使收发极化一致,记录此时接收天线方位、俯仰位置为中心位置。

（3）固定方位,在俯仰方向上偏开总测试角度的一半。

（4）在俯仰方向维度上,上下转动天线,同时触发频谱分析仪单扫键,使其描绘出俯仰方向图。

（5）控制天线在俯仰方向维度上返回到中心位置。

（6）固定俯仰在中心位置,在方位方向逆时针偏开总测试角度一半。

（7）在方位的方向维度上,顺时针转动天线,同时触发频谱分析仪单扫键,使其描绘出方位方向图。

（8）第一旁瓣电平值的大小可直接从测试的方向图上读出。

9.1.5　电压驻波比测试

电压驻波比采用标量网络分析仪直接进行测量,其测试原理框图如图 9-7 所示。

图 9-7　天线电压驻波比原理框图

详细的测试步骤如下:

（1）按图 9-7 所示,连接整个系统,打开标量网络分析仪,加电预热,使系统仪器设备工作正常;

（2）按测试计划,将标量网络分析仪和信号源的频率设置为测试频率,进行校准;

（3）标量网络分析仪发射所需频段的扫频信号,利用 marker 键可以读出不同频率对应的驻波值。

9.1.6　收发隔离度测试

在卫星通信中,发射和接收系统通常共用一面天线,因此接收端口和发射端口不是物理隔离的,存在一定的相互耦合。这种耦合的大小,通常用收发端口隔离度来衡量。端口隔离度采用频谱仪信号源法进行测量,测试框图如图 9-8 所示。

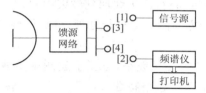

图 9-8　收发隔离度测试框图

详细的测试步骤如下:

（1）按照图 9-8 所示,建立端口隔离度测试系统;

（2）按照测试计划要求,在发射频段使信号源发射一单载波信号,一般使信源输出功率最大,将信号源的输出口 1 与频谱仪输入口 2 直通,则频谱仪测量的信号电平为 P_1(dBm);

（3）关闭信号源射频输出,将信号源的输出口 1 与天线馈源网络发端口 3 联接,频谱仪输入口 2 与天线馈源网络收端口 4 联接;

（4）打开信号源射频输出,且信号源的输出电平不变,此时频谱仪测量的信电平为 P_2;

（5）计算 P_1 和 P_2 的信号电平的差值,可获得天线网络端口隔离度为 $P_1 - P_2$;

（6）改换测试频率,重复以上步骤,同理可获得其他频点的收发端口隔离度。

9.2　天线罩测试

天线罩作为天线的保护部件,其对电磁波的衰减会直接恶化动中通天线系统性能的指标参数,为衡量衰减的大小,需要对天线罩的插损进行测试。

详细的测试步骤如下。

（1）如图 9-9 所示的测试框图,接收天线和发射喇叭极化方式为水平,调节远场发射喇叭,使得接收端的天线接收信号电平最大。并记录接收端天线接收最大时频谱仪上显示的功率值。

（2）天线罩罩住接收天线,记录上罩后频谱仪上显示的接收能量最大值,然后大约每相隔 90°依次转动天线罩,分别记录天线罩在 0°、90°、180°、270°时的最大功率值。

（3）以 Ku 频段为例,分别在 14.0～14.5 GHz 频率段内选取发射(14.00 GHz、14.25 GHz、14.50 GHz)、在 12.25～12.75 GHz 频率段内选取接收（12.25 GHz、12.50 GHz、12.75 GHz)频率点进行天线罩插损测试。

（4）改变天线的极化方式,重复步骤（3）、（4）、（5）,记录数据并分析处理结果。

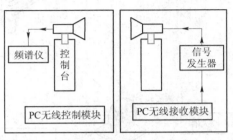

图 9-9　天线罩测试框图

9.3　测控性能测试

9.3.1　天线跟踪精度

天线跟踪精度是卫星动中通系统的核心技术指标,决定着卫星动中通在载体行进过程中的通信能力,一般需要借助摇摆台完成。

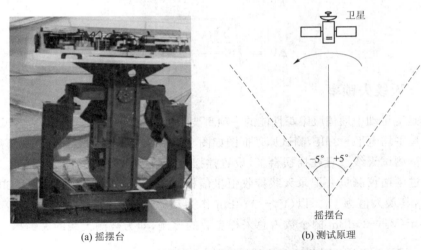

(a) 摇摆台　　　　　　　　　　(b) 测试原理

图 9-10　摇摆台和天线跟踪精度测试原理

通过摇摆台跟星实验,可测试天线跟踪精度和失锁率,其原理框图如图 9-11 所示,要求摇摆台的可动维度大于三维,各维度摇摆周期 3 s、幅度±8°。

详细的测试步骤如下所述。

（1）按照图 9-11 将天线系统放到摇摆测试台,摇摆测试台静止不动,手动控制天线对准目标卫星,用频谱仪以 10 Hz 的采样频率记录信标接收机的电平值,Sweep time:600 s,Points:6 000,RBW:10 kHz,VBW:30 Hz,并计算得出此时的平均电平值(V_0)。

（2）按照测试要求对应参数设置摇摆测试台,并分别用秒表和电子倾斜仪检查摇摆测试台各轴的频率和幅度是否和预置的测试条件一致。

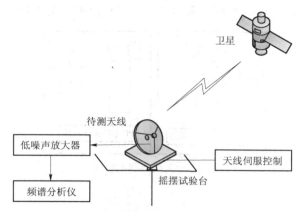

图 9-11　卫星通信天线摇摆台试验原理框图

（3）使伺服控制系统进入稳定跟踪状态后，启动摇摆测试台，等待 30 s 以上，待摇摆测试台运转稳定以后，按下（Single）键以 10 Hz 的采样频率记录接收信标的电平值 V_1，V_2，V_3，$\cdots$，V_N，扫描时间设置 40 s，在此过程观察信标能量跌落值 Sweep time：600 s，Points：6 000，RBW：10 kHz，VBW：30 Hz。

（4）根据下面公式，计算出天线接收到信标电平的误差均方根值 ΔV，即为天线的跟踪精度。

$$\Delta V = \sqrt{\frac{\sum\limits_{i=1}^{N}(V_i - V_0)^2}{N}}$$

9.3.2　天线失锁率

失锁率是卫星动中通伺服跟踪性能的一项重要指标，其技术指标要求：$\leqslant 1\%$；天线失锁门限取静态对星平均电平 -3 dB，测试原理框图如图 9-11 所示。详细的测试步骤如下所述。

（1）将被测试天线放置在摇摆台上，设置摇摆台参数（$\pm 8°$，3 s），启动摇摆台。

（2）通过频谱仪测量并记录天线接收卫星信标电平 V_i（$i = n$），记录时间为 600 s，并进行数据采集，其最大值为 V_0。以（$V_0 - 3$）dBm 作为动态跟踪失锁率的门限，计算动态电平采样点中小于（$V_0 - 3$）dBm 的个数占总采样点数的比例，即为被测天线的失锁率。

9.3.3　天线开通时间

天线开通时间是指从系统上电开始到锁定目标卫星所使用的时间。天线开通时间可分为静态开通时间和动态开通时间，其技术指标要求：$\leqslant 3$ min。测试方法及步骤如下所述。

（1）静态开通时间测试：将天线安装到越野车或其他载体上，并使载体处于无遮挡区域，用频谱仪检测目标卫星信标的电平大小，用频谱仪记录对准后的电平值 P_0（取 100 次平均）；关闭天线控制器，将载体原地转动超过 180°，然后再次打开天线控制器，并同时用频谱仪单扫，记录天线从上电开始到锁定目标卫星所使用的时间（以自动跟踪接收电平开始稳定在（$P_0 - 1$）$\sim P_0$ 范围内的状态视为稳定）。

（2）动态开通时间测试：寻找一条无遮挡的公路（或高速公路），将天线安装到越野车或其他载体上,首先在静止状态下,用频谱仪检测目标卫星信标的电平大小,记录静态对准时的电平 P_0(取 100 次平均);将频谱仪设置为单扫,Sweep time:300 s,Points:3 000,参考电平为 P_0,关闭天线控制器,然后将车辆以 40 km/h 速度匀速行驶,用频谱仪单扫记录测试天线系统从上电开始到锁定目标卫星所使用的时间(以自动跟踪接收电平开始稳定在(P_0-1)~P_0 范围内的状态视为稳定)。

9.3.4　再捕获时间

对目标卫星的再捕获时间技术指标要求:小于 5 s(目标丢失 1 200 s 以上),指标参数的测试方法可分为摇摆台测试和整机测试。摇摆台测试再捕获时间如图 9-12 所示。

图 9-12　摇摆台测试再捕获时间

1. 摇摆台测试步骤

(1)将天线安装到测试摇摆台上,连接好相关设备,分别设置摇摆台的方位、俯仰和横滚轴参数,周期 4 s,幅度±50°,并分别用秒表和电子倾斜仪测量摇摆台各轴的周期和幅度与要求指标一致。

(2)被测天线加电对准某颗卫星,设置好频谱仪(或接收机),摇摆台运转,等待 30 s(摇摆台运转稳定),以 30 Hz 的采样频率记录天线收到的卫星信标值,记录 2 min;计算出所记录数据的标准偏差值。

2. 整机测试再捕获时间指标步骤

将天线安装到越野车或其他载体上,如图 9-13 所示,并使载体处于不遮挡区域,控制天线对准目标卫星,使伺服控制系统进入稳定跟踪状态后,记录此时的电平值 P_0(取 100 次平均);接着用一大块柔性铝塑隔热膜(或其他类似柔性材料)沿天线罩表面整体包住,用频谱仪检测接收电平大小,若此时信标电平明显淹没于噪声中,则表明天线处于遮挡状态。

图 9-13　车载试验

将载体在平地沿"8"字转动两圈以上,使跟踪接收机出现失锁;然后将天线保持遮挡状态 1 200 s;最后,将频谱仪参数设置为 RBW:1 kHz,VBW:1 Hz,SPAN:0 Hz,Sweep time:60 s,Points:600,Reference:P_0,从天线对星的反方向迅速拖拽撤离表面遮挡物,同时按下频谱仪的 Single 键(单扫),记录天线自动跟踪接收电平变化情况。单扫结束后,对频谱仪记录的电平曲线进行判读,若从某点开始,接收电平开始基本稳定在(P_0-1)~P_0 范围内,且其后续采样点的波动不超过规定的跟踪精度,则该点的时间记为再捕获时间;若单扫时间内无法找到这样的点,则结果记为再捕获失败。

9.4　车载综合运行测试

车载综合运行测试是在完成各分系统测试后,进行的整机测试,主要目的是检验整机是否能够实现设计的功能,是否达到设计的指标要求。常见的车载综合运行测试可分为两大类,即静态测试和动态测试。静态测试主要包括启动测试和卫星切换(切星)测试;由于动中通主要工作在运动过程中,因此动态测试内容和结果更加重要,动态测试内容可包括启动测试、卫星切换(切星)测试、直线测试、转圈测试、S 弯测试、颠簸测试、遮挡测试、跟踪精度测试、失锁率测试等内容。

9.4.1　静态启动测试

静态启动测试的技术指标要求:≤120 s,具体测试方法及步骤如下所述。

静止状态下,打开天线控制器电源开关,在设置菜单中选择目标卫星,天线自动进入寻星状态,待显示屏幕中显示锁定卫星时,记录选择目标卫星后到天线自动锁定目标卫星的时间,即为静态启动测试的时间。典型测试表格形式如表 9-1 所示。

表 9-1　静态启动测试记录表

测试项目	第一次	第二次	是否合格
	锁定时间	锁定时间	
中星十号水平			是 □　否 □
中星十号垂直			是 □　否 □
亚太 9 号水平			是 □　否 □
亚太 6C 水平			是 □　否 □
亚洲四号水平			是 □　否 □
亚洲四号垂直			是 □　否 □
合格标准	天线锁定卫星时间在 120 s 之内即为合格		

9.4.2　静态切星测试

静态切星测试的技术指标要求:<30 s,具体测试方法及步骤如下所述。

静止状态下,天线锁定卫星后,操作天线控制器"系统设置→卫星选择",选取锁定的卫星,同时记录选定目标卫星到天线自动锁定目标卫星的时间。典型测试表格形式如表 9-2 所示。

表 9-2 静态切星测试记录表

测试项目	静态水平切星测试		
测试内容	亚太 9 号→亚太 6C	亚太 6C→亚太 9 号	亚太 9 号→亚太 6C
所用时间			
是否合格	是 □　否 □	是 □　否 □	是 □　否 □
测试项目	静态垂直切星测试		
测试内容	中星 10 号→中星 12 号	中星 12 号→中星 10 号	中星 10 号→中星 12 号
所用时间			
是否合格	是 □　否 □	是 □　否 □	是 □　否 □
合格标准	切星时间<30 s 即为合格		

9.4.3 动态启动测试

动态启动测试技术指标要求:(1) 自检时间<45 s;(2) 锁定时间≤120 s。具体测试方法及步骤如下所述。

车辆动态行驶中,打开天线控制器电源开关,在设置菜单中选择目标卫星,天线自动进入寻星状态,待显示屏幕中显示锁定卫星。并记录选择目标卫星后到天线自动锁定目标卫星的时间。典型测试表格形式如表 9-3 所示。

表 9-3 动态启动测试记录表

测试项目	测试路况	第一次		第二次		是否合格
		自检时间	锁定时间	自检时间	锁定时间	
中星十号水平						是□否□
中星十号垂直						是□否□
中星十号水平						是□否□
中星十号垂直						是□否□
合格标准	自检时间在 45 s 之内;锁定时间在 120 s 之内即为合格					

9.4.4 动态切星测试

动态切星测试技术指标要求:<30 s,具体测试方法及步骤如下所述。

车辆动态行驶中,天线锁定卫星后,操作天线控制器"系统设置→卫星选择",选取锁定的卫星,同时记录选定目标卫星到天线自动锁定目标卫星的时间。典型测试表格形式如表 9-4 所示。

表 9-4　动态切星测试记录表

测试项目	动态水平切星测试		
测试内容	亚太 9 号亚太 9 号→亚太 6C 亚太 6C	亚太 6C 亚太 6C→亚太 9 号	亚太 9 号→亚太 6C
所用时间			
是否合格	是 □　否 □	是 □　否 □	是 □　否 □
测试项目	动态垂直切星测试		
测试内容	中星 10 号→中星 12 号	中星 12 号→中星 10 号	中星 10 号→中星 12 号
所用时间			
是否合格	是 □　否 □	是 □　否 □	是 □　否 □
合格标准	切星时间＜30 s 即为合格		

9.4.5　动态直线测试

动态直线测试的技术指标要求：(1) E_b/N_o：标准差≤0.5 dB；(2) E_b/N_o：最大偏差≤1.0 dB，详细测试方法及步骤如下所述。

(1) 待天线锁定卫星，设置卫星调制解调器 CDM-570L 自发自收，记录 E_b/N_o 的数据；

(2) 启动测试车，分别向东、南、西、北四个方向行驶直线；

(3) 分别记录在四个方向行驶过程中 E_b/N_o 的数据；典型测试表格形式如表 9-5 所示。

表 9-5　动态直线测试记录表

CDM-570L 设置速率	1 024 kbit/s			
直线行驶方向	向东直线行驶	向南直线行驶	向西直线行驶	向北直线行驶
静态时 E_b/N_o 值				
动态时 E_b/N_o 值				
是否合格	是 □　否 □	是 □　否 □	是 □　否 □	是 □　否 □
合格标准	标准差≤0.5 dB，最大偏差≤1.0 dB			

9.4.6　动态转圈测试

动态转圈测试技术指标要求：(1) E_b/N_o：标准差≤1.0 dB；(2) E_b/N_o：最大偏差≤2.0 dB，详细测试方法及步骤如下所述。

(1) 待天线锁定卫星，设置 CDM-570L 自发自收，记录 E_b/N_o 的数据；

(2) 启动测试车，分别顺时针、逆时针旋转 5 圈；

(3) 分别记录在两个方向转圈行驶过程中 E_b/N_o 的数据；典型测试表格形式如表 9-6 所示。

表 9-6　动态转圈测试记录表

CDM-570L 设置速率	1 024 kbit/s	
转圈行驶方向	顺时针行驶	逆时针行驶
静态时 E_b/N_o 值		
动态时 E_b/N_o 值		
是否合格	是 □　否 □	是 □　否 □
合格标准	标准差≤1.0 dB,最大偏差≤2.0 dB	

9.4.7　动态 S 弯测试

动态 S 弯测试技术指标要求:(1) E_b/N_o:标准差≤1.0 dB;(2) E_b/N_o:最大偏差≤2.0 dB,详细测试方法及步骤如下所述。

(1)待天线锁定卫星,设置 CDM-570L 自发自收,记录 E_b/N_o 的数据;

(2)启动测试车辆行驶 S 弯路线;

(3)记录在 S 弯行驶过程中 E_b/N_o 的数据;测试表格形式如表 9-7 所示。

表 9-7　动态 S 弯测试记录表

CDM-570L 设置速率	1 024 kbit/s
行驶方式	S 弯路线行驶
静态时 E_b/N_o 值	
动态时 E_b/N_o 值	
是否合格	是 □　否 □
合格标准	标准差≤1.0 dB,最大偏差≤2.0 dB

9.4.8　动态颠簸测试

动态颠簸测试技术指标要求:(1) E_b/N_o:标准差≤1.0 dB;(2) E_b/N_o:最大偏差≤2.0 dB,详细测试方法及步骤如下所述。

(1)待天线锁定卫星,设置 CDM-570L 自发自收,记录 E_b/N_o 的数据;

(2)启动测试车辆行驶颠簸路段;

(3)记录在颠簸行驶过程中 E_b/N_o 的数据,测试表格形式如表 9-8 所示。

表 9-8　动态颠簸测试记录表

570L 设置速率	1 024 kbit/s
行驶方式	颠簸路段行驶
静态时 E_b/N_o 值	
动态时 E_b/N_o 值	
是否合格	是 □　否 □
合格标准	标准差≤1.0 dB,最大偏差≤2.0 dB

9.4.9 动态遮挡测试

动态遮挡测试技术指标要求:(1)65 s 遮挡恢复锁定时间≤3 s;(2)1 200 s 遮挡恢复锁定时间≤5 s,详细测试方法及步骤如下所述。

(1)待天线锁定卫星,启动测试车辆行驶至遮挡区域,并用秒表同时计时遮挡时间;

(2)遮挡时间到达,测试车辆掉头驶出遮挡区域,以便改变车辆航向,驶出遮挡区域并同时计时天线恢复锁定时间,测试表格形式如表 9-9 所示。

表 9-9　动态遮挡测试记录表

天线遮挡时间	遮挡 65 s		遮挡 1 200 s	
天线恢复时间	第一次	第二次	第一次	第二次
是否合格	是 □　否 □	是 □　否 □	是 □　否 □	是 □　否 □
合格标准	65 s 遮挡恢复锁定时间≤3 s,1 200 s 遮挡恢复锁定时间≤5 s			

9.4.10 动态跟踪精度测试

与前面分项测试(测控系统性能测试)中的指标不同,此时的跟踪精度需要将动中通天线安装在载体上,实现运动中的动态跟踪精度测试,其技术指标要求:≤0.5 dB(R. M. S),详细测试方法及步骤如下所述。

(1)按照图 9-14 将天线系统安装在测试车上,测试车辆保持正常行驶状态,通过 ACU 设置天线自动指向目标卫星,用频谱仪以 10 Hz 的采样频率记录信标电平值,Sweep time:600 s,Points:6 000,RBW:10 kHz,VBW:30 Hz 并计算得出此时的平均电平值(V_0)。

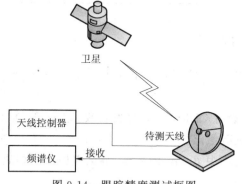

卫星

天线控制器

频谱仪

待测天线

接收

图 9-14　跟踪精度测试框图

(2)使伺服控制系统进入稳定跟踪状态后,按下(Single)键以 10 Hz 的采样频率记录接收信标的电平值 $V_1,V_2,V_3,\cdots,V_N$,到零扫模式,扫描时间设置 40 s,在此过程观察信标能量跌落值 Sweep time:600 s,Points:6 000,RBW:10 kHz,VBW:30 Hz。

(3)根据下面公式,计算出天线接收到信标电平的误差均方根值 ΔV,即为天线的跟踪精度。

$$\Delta V = \sqrt{\sum_{i=1}^{N} (V_i - V_o)^2 / N}$$

测试记录表格形式如表 9-10 所示。

表 9-10　动态跟踪精度测试记录表

测试项目	技术要求/dB	测试结果	合格判定
跟踪精度	≤0.5(R. M. S)		

9.4.11　动态失锁率测试

与动态跟踪精度的测试方法一样,该指标的测试需要将动中通天线安装在载体上,实现运动中的动态失锁率测试,动态失锁率测试的技术指标要求:≤10%,详细测试方法及步骤如下所述。

(1) 按照图 9-15 将被测试天线安装在测试车上,测试车辆正常行驶,通过 ACU 设置天线自动指向目标卫星。

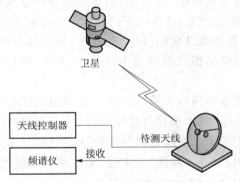

图 9-15　动态失锁率测试框图

(2) 通过频谱仪测量并记录天线接收卫星信标电平 $V_i(i=n)$,记录时间为 10 min,并进行数据采集,其最大值为 V_0。以 $(V_0 - 3)$dBm 作为动态跟踪失锁率的门限,计算动态电平采样点中小于 $(V_0 - 3)$dBm 的个数占总采样点数的比例,即为被测天线的失锁率。测试记录表格形式如表 9-11 所示。

表 9-11　跟踪失锁率测试记录表

测试项目	技术要求	测试结果	合格判定
跟踪失锁率	≤10%		

参 考 文 献

[1] 王秉钧,王少勇,田宝玉,等.现代卫星通信系统[M].北京:电子工业出版社,2004.

[2] 张建飞.航天测量船卫星通信地球站技术[M].北京:人民邮电出版社,2018.

[3] 沈永明.卫星电视接收完全DIY[M].2版.北京:人民邮电出版社,2011.

[4] 钱平.伺服系统[M].北京:机械工业出版社,2000.

[5] 瞿元新.航天测量船测控通信设备船摇稳定技术.北京:国防工业出版社,2009.

[6] 简仕龙.航天测量船海上测控技术[M].北京:国防工业出版社,2009.

[7] 宗鹏.卫星地球站设备与网络系统[M].北京:国防工业出版社,2015.

[8] 贾维敏,金伟,李义红.遥测技术及应用[M].北京:国防工业出版社,2016.

[9] 李白萍,姚军.微波与卫星通信[M].西安:西安电子科技大学出版社,2016.

[10] 夏克文.卫星通信[M].西安:西安电子科技大学出版社,2016.

[11] 毛奔,张晓宇.微惯性系统及应用[M].哈尔滨:哈尔滨工业大学出版社,2013.

[12] 丁衡高,朱荣,张嵘.微型惯性器件及系统技术[M].哈尔滨:哈尔滨工业大学出版社,2014.

[13] 沈永明.浅谈卫星接收机高频头及馈源[J].无线电,2005,(519):9-15.

[14] 郭军,王义明."动中通"技术现状及发展趋势[J].卫星应用,2010,(3):24-26.

[15] 田敬波.低剖面动中通天线发展现状与趋势[J].电信技术,2012,(8):46-49.

[16] 张晓燕,杨夏青,武秀广.Ka频段"动中通"地球站频率使用技术规范研究[J].中国无线电,2018,(10):1-4.

[17] 戴军,黄纪军,莫锦军.现代微波与天线测量技术[M].北京:电子工业出版社,2008.